Dresden, Februar 2010

Für Herrn Walter Wimmer,
als Erinnerung für Sie,
als Dank für unsere hervorragende,
freundschaftliche Zusammenarbeit
während der vergangenen vier Jahre.

Mit den besten Wünschen!
Ihr *[Signature]*

Experimentelle und numerische Untersuchung der Strömungsvorgänge in hydrostatischen Verdrängereinheiten am Beispiel von Außenzahnrad- und Axialkolbenpumpe

Von der Fakultät Maschinenwesen
der Technischen Universität Dresden

zur

Erlangung des akademischen Grades
Doktoringenieur (Dr.-Ing.)
angenommene Dissertation

Dipl.-Ing. Walther Wustmann
geb. am 21.06.1980 in Dresden

Tag der Einreichung: 24.07.2009
Tag der Verteidigung: 06.10.2009

Gutachter: Prof. Dr.-Ing. S. Helduser
Prof. Dr.-Ing. B. Schlecht

Prof. Dr.-Ing. habil. J. Fröhlich
Vorsitzender der Prüfungskommission

Berichte aus dem Maschinenbau

Walther Wustmann

Experimentelle und numerische Untersuchung der Strömungsvorgänge in hydrostatischen Verdrängereinheiten am Beispiel von Außenzahnrad- und Axialkolbenpumpe

Shaker Verlag
Aachen 2010

Bibliografische Information der Deutschen Nationalbibliothek
Die Deutsche Nationalbibliothek verzeichnet diese Publikation in der Deutschen
Nationalbibliografie; detaillierte bibliografische Daten sind im Internet über
http://dnb.d-nb.de abrufbar.

Zugl.: Dresden, Techn. Univ., Diss., 2009

Copyright Shaker Verlag 2010
Alle Rechte, auch das des auszugsweisen Nachdruckes, der auszugsweisen
oder vollständigen Wiedergabe, der Speicherung in Datenverarbeitungs-
anlagen und der Übersetzung, vorbehalten.

Printed in Germany.

ISBN 978-3-8322-8891-4
ISSN 0945-0874

Shaker Verlag GmbH • Postfach 101818 • 52018 Aachen
Telefon: 02407 / 95 96 - 0 • Telefax: 02407 / 95 96 - 9
Internet: www.shaker.de • E-Mail: info@shaker.de

Danksagung

Die vorliegende Arbeit entstand während meiner Tätigkeit als wissenschaftlicher Mitarbeiter am Institut für Fluidtechnik der TU Dresden.

Herzlich danke ich meinem Doktorvater, Herrn Prof. Dr.-Ing. S. Helduser, der mir den Weg zur Promotion ermöglicht und meine Arbeit mit großer Aufmerksamkeit und Engagement begleitet und unterstützt hat.

Herrn Prof. Dr.-Ing. B. Schlecht, Leiter des Institutes für Maschinenelemente und Maschinenkonstruktion, danke ich für die Annahme der Arbeit als Zweitgutachter.

Bei meinen Kollegen bedanke ich mich für sehr schöne gemeinsame Jahre am Institut für Fluidtechnik, für eine schöpferische Atmosphäre und ein hervorragendes Arbeitsklima, viele intensive fachbezogene und -übergreifende Gespräche und vor allem ihre Herzlichkeit. Es ist schön, in Eurem Kreise Kollege gewesen zu sein. Herrn Alexander Leonhard, mit dem ich über mehrere Jahre ein Büro teilte, bin ich in besonderer Weise verbunden, da er mich in all den Jahren unterstützt hat. Wesentliche Impulse habe ich von Herrn Jörg Weingart und Herrn Steffen Räcklebe erfahren, deren eigene experimentelle Untersuchungen Einklang in diese Arbeit gefunden haben. Weiterhin danke ich meinen Diplomanden und Belegstudenten, die zum Gelingen dieser Arbeit ebenfalls beigetragen haben. Schließlich haben die Mitarbeiter der Werkstatt zahlreiche Komponenten für die Experimente gefertigt, für deren Professionalität ich ebenfalls sehr dankbar bin.

Nicht zuletzt betone ich meine Eltern an dieser Stelle für Ihre unermüdliche Unterstützung auf meinem persönlichen und beruflichen Werdegang.

Dresden, Januar 2010

Inhaltsverzeichnis

Seite

1	**Einleitung**	1
2	**Wissenschaftliche Problemstellung**	3
3	**Stand der Forschung und Technik**	5
3.1	Zahnradpumpen	5
3.2	Kolbenpumpen	8
3.3	Pulsationsarten	11
3.4	Kavitation	13
3.4.1	Klassifikation der Kavitation	15
3.4.2	Rayleigh-Plesset-Gleichung	17
3.4.3	Besonderheiten von Mineralöl	18
3.5	Numerische Strömungsberechnung CFD	19
4	**Zielsetzung, Aufgabenstellung und Vorgehensweise**	23
5	**Strömungsanalyse an Zahnradpumpen**	25
5.1	Numerische Voruntersuchungen	27
5.2	Einflankengedichtete Außenzahnradpumpe	38
5.2.1	Prüfstand	38
5.2.2	Reduziertes CFD-Modell und Experiment im Vergleich	41
5.2.3	CFD-Gesamtmodell und Experiment im Vergleich	48
5.2.4	Modifikation der Druckaufbaugeometrie	52
5.3	Zweiflankengedichtete Außenzahnradpumpe	54
6	**Parametrierung und Validierung der Fluidmodelle**	57
6.1	Saugverhalten von Pumpen	57
6.1.1	CFD-Modell und Prüfstand	58
6.1.2	CFD-Untersuchung der Saugströmung	60
6.1.3	Experimentelle Untersuchung der Saugströmung	67
6.1.4	Bewertung und Anpassung der Modellparameter und Randbedingungen	71
6.1.5	CFD-Modell und Experiment im Vergleich	72
6.2	Kompression eines abgeschlossenen Volumens	74

6.3	Statische Überdeckung an einem Kolbenpumpenmodell	75
6.3.1	Prüfstand	78
6.3.2	CFD-Modelle	82
6.3.3	CFD und Experiment im Vergleich	86
7	**Strömungsanalyse an einer Kolbenpumpe**	**96**
7.1	Numerische Voruntersuchungen	97
7.2	CFD-Modell der Axialkolbenpumpe	106
7.3	Strömungsanalyse am Einkolbenpumpenmodell	108
7.4	Strömungsanalyse am Neunkolbenpumpenmodell	122
7.5	Vergleich verschiedener Betriebspunkte	133
7.6	Konstruktionsanalysen an reduzierten Modellen	137
8	**Zusammenfassung und Ausblick**	**145**
9	**Literatur**	**150**
A	**Anhang**	**A-1**
A.1	Modell eines kompressiblen Flüssigkeits-Luft-Gemisches	A-1
A.2	Reflexionsarmer Leitungsabschluss (RALA)	A-3
A.3	Kavitation	A-5
A.4	Numerische Strömungsberechnung CFD	A-14

Formelzeichen und Abkürzungen

1 Formelzeichen

a	m/s	Schallgeschwindigkeit
A	m²	Querschnittsfläche, Strömungsfläche
b	mm	Abstand Blasenmittelpunkt zu Wand
c_f	-	Reibkoeffizient
c_p	-	Druckkoeffizient
C_S	-	Sättigungskonzentration
C_μ	-	empirische Konstante des Standard k-ε Modells
d	m	Durchmesser
d_h	m	hydraulischer Durchmesser
D	m	Rohrdurchmesser
e	J/kg	spezifische innere Energie
E	Nm	Energie
f	Hz	Frequenz
f_{Ab}	Hz	Ablösefrequenz
f_D	-	Dampfmasseanteil
f_G	-	Masseanteil nichtkondensierbarer Gase (Luft)
f_i	m/s²	Volumenkraftkomponente pro Masseneinheit (Beschleunigung)
F	-	Koeffizient
F_D	-	Verdampfungskoeffizient
F_K	-	Kondensationskoeffizient
h	W/m²	Wärmestrom pro Flächeneinheit
h_K	mm	Kolbenhub
k	m²/s²	turbulente kinetische Energie
K, K'	bar	Kompressionsmodul
l	m	Abstand
l_A	m	Lauflänge für ausgebildete laminare Rohrströmung
L	m	Länge
m	kg	Masse
$\dot{m}$	kg/s	Massestrom
n	min⁻¹	Drehzahl
n	m⁻³	Blasendichte
p	bar	Druck (absolut)

$\dot{p}$	MPa/s	Druckänderungsgeschwindigkeit
Δp	bar	Druckabfall, -differenz, -pulsation
p_1	bar	Druck am Pumpenausgang, Hochdruck (absolut)
p_0	bar	Atmosphärendruck
p_B	bar	Blaseninnendruck
p_D	bar	Dampfdruck
p_G	bar	Partialdruck nichtkondensierbarer Gase
p_i	bar	Implosionsdruck
p_K	bar	Kolbendruck, Druck im Verdrängerraum (absolut)
p_S	bar	Sättigungsdruck (absolut)
p_S	bar	Saugdruck (absolut)
p_V	bar	Druckverlust
p_∞	bar	Umgebungsdruck (absolut)
q	J/kg	spezifische Wärme
q	W/kg	Wärmequellen
Q	l/min	Volumenstrom
ΔQ	l/min	Volumenstrompulsation
Q_K	l/min	Volumenstrom Einzelkolben
Q_S	l/min	Saugvolumenstrom
$\vec{r}$	-	Ortsvektor
r	m	Radius
R_H	kg/(s·m^4)	hydraulischer Widerstand
R	J/(kg·K)	spezifische Gaskonstante
R	kg/(m^3·s)	Phasenaustauschrate
R_0	m	Ausgangsblasenradius (Ruheradius)
R_B	m	Blasenradius
R_E	m	minimaler Blasenradius
Re	-	Reynolds-Zahl
Re$_d$	-	dynamische Reynolds-Zahl
Re$_t$	-	turbulente Reynolds-Zahl
s	m	Spaltabmessung, Verformung
s	J/(kg·K)	spezifische Entropie
S_{ij}	-	Deformationsgeschwindigkeitstensor
S	N/m	Oberflächenspannung der Flüssigkeit
Sr	-	Strouhal-Zahl
t	s	Zeit
Δt	s	Zeitschritt, -weite
T	K	Temperatur

Formelzeichen und Abkürzungen

T	s	Periodendauer
T	-	Spannungstensor
T_i	K	Implosionstemperatur
T_{ij}	-	Komponenten des Cauchyschen Spannungstensor
v	m/s	Geschwindigkeit
v_U	m/s	Umfangsgeschwindigkeit
V	cm^3, cm^3/U	Volumen, Verdrängungsvolumen
w	m/s	Strömungsgeschwindigkeit
Δw	m/s	Strömungsgeschwindigkeitspulsation
w_R	m/s	Zentripetalgeschwindigkeit (radiale Wandgeschwindigkeit)
w_S	m/s	Saugströmungsgeschwindigkeit
$\vec{W}$	-	Geschwindigkeitsfeld
x_i	m	Gitterabstand
y	-	Variable
y	m	dimensionsbehafteter Wandabstand
y^+	-	dimensionsloser Wandabstand
z	-	Anzahl an Verdrängerelementen
Z	$kg/(m^4 \cdot s)$	Impedanz, Wellenwiderstand
α	-	volumetrischer Dampfanteil, Zweitphasenanteil
α_D	-	Durchflusskoeffizient
α_G	-	Volumenanteil ungelösten Gases
α_V	-	Bunsenkoeffizient
α_u	-	ungelöster Luftvolumenanteil bei $p_0 = 1{,}013$ bar
α_W	-	Betriebseingriffswinkel
γ	°	Strömungswinkel
$\dot{\gamma}$	1/s	Scherrate (Gleitgeschwindigkeit)
Γ	-	Diffusionskoeffizient
δ	-	Kronecker-Delta
δ	-	Ungleichförmigkeitsgrad
ε	m^2/s^3	turbulente Dissipationsrate
ε_α	-	Sättigungsgrad bei $p_0 = 1{,}013$ bar
η_{vol}	-	Wirkungsgrad volumetrisch
η	kg/(ms)	dynamische Viskosität
κ	-	Isentropenexponent
μ_t	kg/(ms)	Wirbelviskosität, turbulente Viskosität
ν	mm^2/s	kinematische Viskosität
ρ	kg/m^3	Dichte

σ	-	Kavitationszahl
τ_w	kg/ms^2	Wandschubspannung
ϑ	°C	Temperatur
φ	°, rad	Drehwinkel, Winkel
ω	Hz	Winkelgeschwindigkeit
ω	1/s	spezifische turbulente Dissipationsrate

2 Indizes

0	Atmosphärenzustand ($p_0 = 1{,}013$ bar)
1	am Pumpenausgang
$1,2,3$	Laufvariablen
∞	Umgebung
B	Blase
D	Dampf
Fl	Flüssigkeit
G	Gas
ges	Gesamt-
i,j	Laufvariable, Komponente
i	Laufindex
$instat$	instationär
jet	Mikrojet
K	Kolben, Kammer
$Kerbe$	Kerbe
$Komp$	Kompression
$Kondensat$	Kondensation
$krit$	kritisch
L	Luft
$Leck$	Leckage
m	Mittel-, stationärer Anteil
max	Maximalwert
min	Minimalwert
NF	Nichtförder-
$Niere$	Niere
$RALA$	Reflexionsarmer Leitungsabschluss
rel	relativ
$Rohr$	Rohr

S	Saug-
Soll	Sollwert
stat	stationär
Stau	Stau- (dynamischer)
Störstrahl	Störstrahl
Stoß	Stoß-
theo	theoretisch
U	Umfang
Verdampf	Verdampfung
W	Wand / Werkstoff
x, y, z	Koordinaten eines kartesischen Koordinatensystems
Zyl	Zylinder

3 Abkürzungen

AKP	Axialkolbenpumpe
DES	Detached Eddy Simulation
EFD	Außenzahnradpumpe einflankengedichtet
FVM	Finite Volumen Methode
HD	Hochdruck
lam	laminar
ND	Niederdruck
OT	Oberer Totpunkt
RALA	Reflexionsarmer Leitungsabschluss
RANS	Reynolds averaged Navier-Stokes-Gleichungen
RKE	Realizable k-ε Modell
SAS	Scale Adaptive Simulation
SKE	Standard k-ε Modell
SKW	Standard k-ω Modell
SSP	Schraubenspindelpumpe
SST	k-ω SST-Modell (Shear Stress Transport)
turb	turbulent
UDF	User Defined Function (*FLUENT*)
UT	Unterer Totpunkt
VoF	Volume of Fluid
ZFD	Außenzahnradpumpe zweiflankengedichtet
ZRP	Zahnradpumpe

1 Einleitung

Hydrostatische Pumpen weisen aufgrund einer begrenzten Anzahl an Verdrängerelementen ein diskontinuierliches Förderprinzip auf. Zwei typische Bauarten sind Axialkolben- sowie Außenzahnradpumpen. Axialkolbenpumpen stellen in der Fluidtechnik für mittlere bis große Förderströme die am weitesten verbreitete Pumpenbauart mit verstellbarem Hubvolumen dar. Diese Pumpen sind für Hoch- und Höchstdruckanwendungen geeignet, erreichen dabei hohe Wirkungsgrade und überzeugen durch ihre Zuverlässigkeit. Nachteilig ist die vergleichsweise hohe Kavitationsneigung, besonders während der Druckumsteuerphasen. Die Kompressionsströme im Unteren Totpunkt haben erhöhte Pulsationen auf der Hochdruckseite zur Folge. Außenzahnradpumpen finden als Verdrängereinheiten mit konstantem Hubvolumen in der Fluidtechnik ebenfalls ein sehr breites Anwendungsgebiet und werden vorrangig für kleine bis mittlere Förderströme eingesetzt. Sie erreichen hohe volumetrische und hydraulisch-mechanische Wirkungsgrade. Dem steht der Nachteil einer großen Druckänderungsgeschwindigkeit während der Zahneingriffsphase gegenüber, so dass hochdynamische Kraftwechselvorgänge auftreten. Diese sind ursächlich für die Geräuschemission dieser Pumpen verantwortlich. Zudem liegt im Saugbereich beim Öffnen der Verdrängerräume eine erhöhte Kavitationsneigung vor.

Im Jahre 1917 stellte der Physiker Rayleigh die Grundgleichung für Kavitation auf, die im Jahre 1949 durch Plesset zur Rayleigh-Plesset-Gleichung erweitert wurde. Diese Gleichung beschreibt die Blasendynamik für eine Einzelblase. Obwohl der prinzipielle Kavitationsprozess für eine Einzelblase nun seit über 50 Jahren bekannt ist, stellt Kavitation weiterhin eine große Herausforderung dar. So sind noch immer nicht sämtliche Kavitationsmechanismen verstanden worden. Der Pumpenentwickler muss die Folgen von Kavitation, insbesondere die Schädigung von Bauteilen, den Wirkungsgradabfall der Pumpe und erhöhte Geräuschemissionen beherrschen. Kavitation ist letztlich die Ursache für die Drehzahl- und Leistungsbegrenzung hydrostatischer Pumpen.

Die Kavitationsgefährdung von Pumpenkonstruktionen wird typischerweise auf experimentellem Weg ermittelt, zumeist in Form von Lebensdauertests. Mit Hilfe dieser Methodik sind jedoch allenfalls Vermutungen über das Strömungsverhalten innerhalb der Pumpen möglich. Zudem sind die Schädigungsversuche sehr zeitaufwändig. Sie umfassen meist mindestens 100 Betriebsstunden. Diese Betriebszeit ist notwendig, um kavitationsbedingte Erosion eindeutig erkennen und bewerten zu können.

Experimentelle Untersuchungen, bei denen die Feldgrößen im Inneren der Pumpen erfasst werden können, sind bei hydrostatischen Pumpen schwierig zu realisieren. Neben den hohen statischen Druckniveaus, die den Einsatz transparenter Festkörper begrenzen, bedingt die

Bewegung der Verdrängerelemente eine Störung der Aufzeichnungen. Messungen sowie experimentelle Visualisierungen des strömungsmechanisch interessantesten Gebietes der Druckumsteuerung von Pumpen sind sehr aufwändig, von begrenzter Aussagefähigkeit bzw. überhaupt nicht möglich, insbesondere an den rotierenden Teilen. Dennoch hat der Einsatz der Visualisierungsmesstechnik das Verständnis über die Strömungsvorgänge in den Pumpen wesentlich verbessert. Alternativ bleiben nur vereinfachte Modelle zur Untersuchung der Strömungsphysik. Allerdings gilt dabei für alle Modelle die Notwendigkeit strömungsmechanischer Ähnlichkeit.

Die experimentellen Limitierungen ergeben die Motivation für die numerische Strömungsberechnung (CFD) der oben genannten Pumpen im Rahmen dieser Arbeit, um die komplexen Strömungsvorgänge besser als bisher verstehen und beurteilen zu können. Der wesentliche Vorteil der CFD im Vergleich zu konventionellen Messungen ist die Visualisierung sämtlicher Feldgrößen im Strömungsfeld. CFD kann jedoch experimentelle Studien nicht ersetzen. Erst die Kombination beider Methoden führt zur Einsparung von Entwicklungszeit, insbesondere durch Reduktion der Prototypanzahl. Durch den Einsatz der CFD ergibt sich die Möglichkeit, bereits in der Entwicklungsphase gezielt Einfluss auf die Strömungsmechanik zu nehmen. Neben der Kavitationsuntersuchung kann mit Hilfe der CFD Optimierungspotenzial der Strömungsgeometrie, insbesondere der Umsteuergeometrie gefunden werden. Die CFD-Simulation stellt jedoch keinen allumfassenden Lösungsansatz dar, da bei den Berechnungen stets nur bestimmte physikalische Phänomene abgebildet werden. Der Modellierungsaufwand steht immer in Abhängigkeit der zu untersuchenden Aufgabenstellung. Der Abgleich zwischen Experiment und CFD verspricht hier eine prinzipielle Verbesserung der wissenschaftlichen Analyse.

Die Arbeit soll einen Beitrag zum verbesserten Verständnis der Strömungsvorgänge in hydrostatischen Verdrängereinheiten liefern. Mit Hilfe der neuen Erkenntnisse sollen Verbesserungen der Strömungsgeometrie in den Pumpen entwickelt werden, um den übergeordneten Entwicklungszielen nach geräuscharmen Pumpen mit hohem Wirkungsgrad und langer Lebensdauer näher zu kommen.

Die CFD-Berechnungen werden auf Opteron Dual Core Serverrechnern 64 bit durchgeführt (CPU-Taktfrequenz: 1,8 - 2,4 GHz und Arbeitsspeicher 8 - 12 GB RAM). Trotz aktueller Rechentechnik nehmen die meisten Simulationen mehrere Tage in Anspruch. Die Parallelisierung der Strömungsberechnungen führt in Zahnradpumpen zu keiner Reduktion der Berechnungszeit, da der Vernetzungsmodus hierfür nicht geeignet ist. Für die Strömungsberechnung in Kolbenpumpen wird die Parallelisierung hingegen intensiv genutzt.

2 Wissenschaftliche Problemstellung

Aus den Anwendungsbereichen von Hydraulikpumpen besteht die zunehmende Forderung nach Leistungs- und Drehzahlerhöhung. Einer weiteren Drehzahlerhöhung steht das Einsetzen von Kavitation innerhalb der Pumpen entgegen. Die Kenntnis des örtlichen und zeitlichen Verlaufs der Strömung in den Pumpen ist Voraussetzung für deren Weiterentwicklung, um kavitationsbedingte Schäden an funktionswichtigen Bauteilen zu vermeiden.

Hydrostatische Verdrängereinheiten sind maßgeblich verantwortlich für die teilweise hohe Geräuschemission hydraulischer Anlagen. Bisher stehen als ausschlaggebende Quellen die durch die unstetige Förderung der Pumpen bedingte Volumenstrompulsation und die resultierende Druckpulsation sowie die Druckänderungsgeschwindigkeit während der Umsteuerprozesse im Fokus. Darüber hinaus gilt Kavitation als weitere Geräuschanregungsquelle, die aber bis heute in Ermangelung geeigneter Modellierungswerkzeuge eine untergeordnete Rolle bei der Analyse hydrostatischer Verdrängereinheiten spielt. Es liegen kaum Hinweise auf sich ergebende Geräuschemissionen und deren -beeinflussung vor.

Bis heute ist der überwiegend gewählte Ansatz zur Analyse hydrostatischer Verdrängereinheiten die Simulation des Fördervorgangs auf Basis konzentrierter Parameter /C1, W1/. Dieses Werkzeug ist in der Ölhydraulik weit verbreitet. Die strömungsmechanischen Prozesse beruhen dabei im Wesentlichen auf eindimensionalen Vorstellungen. So lässt sich mit Hilfe dieser Simulationstechnik der Fördervorgang anhand integraler Größen effizient erfassen. Details zu Strömungsverläufen und Druckverlusten können aufgrund der notwendigen starken Vereinfachungen jedoch nicht angegeben werden. Kavitation als 3D Strömungsphänomen kann nur in vereinfachter Form behandelt werden. Die konzentrierte Parametersimulation liefert insbesondere dann keine verwertbaren Ergebnisse, wenn Kavitation in einer Systemkomponente einen nicht zu vernachlässigenden Beitrag zum Gesamtverhalten darstellt.

Im Vergleich zur konzentrierten Parametersimulation bietet die CFD-Simulation die Vorteile der räumlichen Auflösung strömungsmechanischer Details sowie den Verzicht auf vereinfachende analytische Annahmen bei der Beschreibung von Strömungswiderständen. Allerdings bestehen eine Reihe offener Fragen bei der Anwendung der CFD auf hydrostatische Verdrängereinheiten im Bereich der Ölhydraulik. So ist bei der Berechnung der Strömungsvorgänge die Kompressibilität des Druckmediums zu modellieren, um das Druckauf- und -abbauverhalten beim Umsteuern der Verdrängerräume realistisch wiederzugeben. Die Kompressibilität des Druckmediums erhöht als kompressionsbedingter Pulsationsanteil die Gesamtpulsation des statischen Druckes in Pumpen. Bisherige CFD-Untersuchungen auf dem Gebiet der Hydraulik wurden überwiegend mit inkompressiblem Fluid vorgenommen /H1, R4, R8, S7/. Diese Betrachtung ist jedoch bestenfalls bei der

Durchströmung von Ventilen zulässig. Über die Modellierung der flüssigen Phase als kompressibles Medium hinaus, wird für die Abbildung von Kavitationsmechanismen ein Kavitationsmodell benötigt. Bisher ist kein validiertes Kavitationsmodell für Druckmedien auf Mineralölbasis veröffentlicht und allgemein zugänglich.

Nachdem die CFD in der Hydraulik bei der Ventilentwicklung bereits seit einigen Jahren im industriellen Einsatz /K8, R4, S7/ genutzt wird, ist das Potenzial der CFD-Analyse von Strömungen in Pumpen bisher nicht systematisch untersucht worden. Das hat folgenden Hintergrund: Die numerische Strömungssimulation von hydrostatischen Verdrängereinheiten stellt hohe Anforderungen an die CFD und ist vergleichsweise aufwändig und rechenintensiv, da derartige Strömungen prinzipbedingt transient sind. Die sehr hohen Druckgradienten bedingen kurzzeitige Ausgleichsströme mit hohen Strömungsgeschwindigkeiten. Aus der Literatur /R4/ ist bekannt, dass die Berechnung von Strömungen mit großen Druckgradienten hohe numerische Fehler zur Folge haben kann, wenn man die räumliche und zeitliche Diskretisierung nicht angemessen wählt. Für die Abbildung der Verdrängerbewegung sind bewegte Gitter erforderlich, d. h. die fortlaufende Anpassung des Berechnungsgitters an den veränderten Rand bzw. das Volumen. Die Berücksichtigung der Kavitation durch die Modellierung einer Mehrphasenströmung sowie gegebenenfalls die Behandlung von Turbulenz vergrößern die Komplexität und den numerischen Aufwand weiter.

Die offenen Fragen bei der Anwendung der numerischen Strömungsberechnung auf hydrostatische Verdrängereinheiten im Bereich der Ölhydraulik sind im Rahmen dieser Arbeit zu untersuchen. Diese Studien sind notwendige Voraussetzung, um auf Basis der numerischen Strömungsberechnung zu neuen Erkenntnissen bei der Weiterentwicklung dieser Pumpen zu gelangen. Mit Hilfe der CFD kann der Einfluss einzelner Parameter (z. B. Betriebspunkt, Geometrie, ...) auf das Strömungsfeld analysiert werden. Aus der Ortung und Bewertung strömungskritischer Zonen lassen sich Rückschlüsse auf die Konstruktion ziehen. Eine Verbesserung der Strömungsführung ermöglicht es, den Einfluss von Kavitation weiter zu reduzieren und die Grenzdrehzahl der Pumpen zu erhöhen. Das verbesserte Verständnis der Strömungsvorgänge in den Pumpen erlaubt zudem, Einfluss auf die Geräuschproblematik dieser Pumpen zu nehmen. Weitere Entwicklungsziele sind die Reduktion von Leckageströmen zur Anhebung des volumetrischen Wirkungsgrades sowie die Erhöhung der Lebensdauer der Pumpen. Insbesondere die Schädigung von Pumpenbauteilen durch Kavitationserosion begrenzt die Lebensdauer. Eine Vorhersage der Schädigung durch Kenntnis kritischer Strömungszustände hilft dem Pumpenentwickler, gezielt Einfluss auf die Konstruktion zu nehmen. Das Potenzial der numerischen Strömungsberechnung bei der Analyse und Verbesserung von Pumpengeometrien ist heute noch weitgehend unbekannt. Die vorliegende Forschungsarbeit soll dazu beitragen, dieses Themengebiet zu erschließen.

3 Stand der Forschung und Technik

3.1 Zahnradpumpen

Auf dem Gebiet der Außenzahnradpumpen ist in den vergangenen Jahrzehnten intensive Forschungsarbeit betrieben worden. Nachdem die grundlegenden Zusammenhänge des Fördervorgangs und dessen Ungleichförmigkeit mathematisch von Molly /M3, M4/ und Gutbrod /G4, G5, G6/ beschrieben wurden, konzentrierten sich die folgenden Arbeiten besonders auf die Schwingungsanregung sowie die dynamischen Belastungen des Triebwerkes, die zur Geräuschemission der Pumpen führen. Sehr intensive Forschungsarbeit hat auf diesem Gebiet Fiebig geleistet /F2, F3, F4, F5, F6, H5, H6/. In seinen Untersuchungen differenziert er zwischen der Druck- und Volumenstrompulsation als Geräuschquelle gegenüber den Geräuschanregungen aufgrund der dynamischen Belastungen der Zahnräder. Er unterscheidet hydraulische Wechselkräfte, mechanische Erregerkräfte und Erregerkräfte infolge Druckpulsationen. Hydraulische Wechselkräfte sind Folge der Druckwechselvorgänge in der Pumpe. Sie sind dem statischen Druck direkt proportional und ändern sich periodisch mit dem Lastwechsel an den Zahnrädern beim Übergang zwischen Druck- und Saugzone. Die plötzliche Änderung der Dichtpunktlage im Eingriffsbereich während der Druckumsteuerphase hat im Vergleich zu anderen Verdrängerprinzipien sehr hohe Druckabbaugradienten zur Folge /F7/. Mechanische Erregerkräfte entstehen aufgrund der Stoßvorgänge im Eingriffsbereich der Verzahnung. Fiebig betont in diesem Zusammenhang die Zahnkopfrücknahme zur Verminderung der Eingriffsstöße beim Wechsel der Eingriffsphase. Nach systematischen Untersuchungen kommt er zu der Erkenntnis, dass die hydraulischen Wechselkräfte die wichtigste Erregungsquelle für die Schwingungs- und Geräuschentstehung bilden. Als entscheidender Faktor wird der Druckabbauvorgang im Quetschölraum herausgehoben. Die mechanischen Einflussfaktoren stuft er gegenüber den hydraulischen Einflussfaktoren als gering ein.

Weitere Arbeiten widmeten sich der Untersuchung der Förderstrompulsation von Außenzahnradpumpen und deren Beeinflussung /B2, L4, L5, L6, S8, S9/. Die derzeit effektivste Methode zur Reduktion der Druckpulsation von Außenzahnradpumpen stellt die Verwendung der zweiflankengedichteten Zahnradpumpe anstelle der konventionellen einflankengedichteten Zahnradpumpe dar. Obwohl die theoretischen Grundlagen dieser Zweiflankenzahnradpumpe bereits von Molly 1958 /M3/ veröffentlicht wurden, hat deren industrielle Realisierung aufgrund der hohen fertigungstechnischen Anforderungen längere Zeit in Anspruch genommen. Becher /B2/ konnte in Zusammenarbeit mit einem Zahnradpumpenhersteller die Wirksamkeit der Zweiflankendichtung zur Reduktion der Druck- und Volumenstrompulsation nachweisen. Ähnliche Untersuchungen liegen auch von Bredenfeld u. a. /B4/ vor. Eine vergleichbare Wirkung erzielt das Prinzip der Duo-Pumpe /F9/. Dabei werden zwei, um eine halbe Zahnteilung zueinander versetzte und durch eine Dichtplatte getrennte Evolventenradpaare zur Erzeugung eines Gesamtvolumenstroms genutzt. Die Parallelschaltung der zwei gegenphasig zueinander pulsierenden Fluidströme bewirkt eine Verringerung des Ungleichförmigkeitsgrads um 75 %. Neuere Konstruktionen /NN2/, wie die Kontinuumpumpe im **Bild 1** zeigen, dass die Entwicklung von Methoden zur Reduzierung der Volumenstrompulsation noch längst nicht abgeschlossen ist. Die Flanken dieser schrägverzahnten Pumpe werden am Zahnkopf und -fuß durch Kreisbögen gebildet, die über Evolventen miteinander verbunden sind. Aufgrund der kontinuierlich wandernden Dichtlinie zwischen beiden Ritzeln tritt kein Quetschölvolumen zwischen den Zähnen auf. Folglich findet auch kein sprunghafter Wechsel von Doppel- zu Einzeleingriff wie bei konventionellen Außenzahnradpumpen statt. Zudem werden keine Umsteuernuten in den Axialspaltbrillen benötigt. Dieses Pumpenkonzept ermöglicht reduzierte Hochdruckpulsation und Geräuschemission.

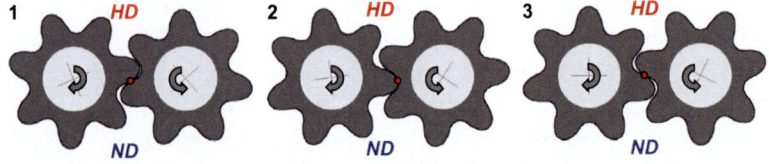

Bild 1: Kontinuumpumpe mit Zahneingriff ohne Quetschölvolumen /NN2/

Schwuchow /S8, S9/ konzentriert sich bei seinen Untersuchungen auf die Modifikation von Verzahnungsparametern und untersucht nichtevolventische Verzahnungen. Link /L6/ betont, dass jede Verschiebung der hydraulisch wirksamen Eingriffsstrecke aus der symmetrischen Lage pulsationsverstärkend wirkt. Er beschreibt eine Innendruckmessung bei einem Förderdruck von p_1 = 50 bar. Morlok /M5/ stellt erstmals Messungen mit rotierendem Druckaufnehmer in saugseitig und druckseitig radialspaltkompensierten Pumpen vor. Stryczek und Kollek /K6, S14/ konzentrieren sich auf die Optimierung der konstruktiven Parameter von Zahnradpumpen mit Evolventenaußenverzahnung und deren Auswirkungen auf das Betriebsgeräusch. Edge u. a. /E2/ untersuchen die Pulsationsminderung durch einen der Pumpe nachgeschalteten Pulsationserzeuger, der mit gleicher Amplitude gegenphasig schwingt und erzielen eine deutliche Reduktion der resultierenden Pulsationsamplituden.

In den letzten Jahren ist die Außenzahnradpumpe wieder verstärkt in den Blickpunkt wissenschaftlicher Untersuchungen gerückt. Herauszuheben sind dabei Arbeiten von Casoli, Vacca und Berta /C1, C2, C3, V1/, die mit Hilfe der numerischen Simulation den Fördervorgang analysieren. Ausgehend von 3D CAD-Daten wird die Geometrie in einzelne Kontrollvolumina unterteilt und deren Größenentwicklung als Funktion des Drehwinkels beschrieben,

3 Stand der Forschung und Technik

Bild 2. Mit Hilfe ihres Modells können Sie den Druckauf- und -abbauvorgang der einzelnen Zahnkammern berechnen und daraus ableitend auf die dynamischen Kräfte und Momente schließen, denen die Pumpe beim Betrieb ausgesetzt ist. Kavitation ist durch einen Minimaldruck berücksichtigt. Verschiedene Auslegungen der Hochdruckumsteuernuten sowie Druckaufbaugeometrien im Bereich des Gehäuseumfangs werden analysiert. Parameterstudien sind mit diesem Modell komfortabel durchführbar. Es berücksichtigt zudem in einfacher Weise die Fluid-Struktur-Interaktion. So können die Lageabweichungen der Ritzel als Folge der hydrostatischen Kräfte berechnet werden.

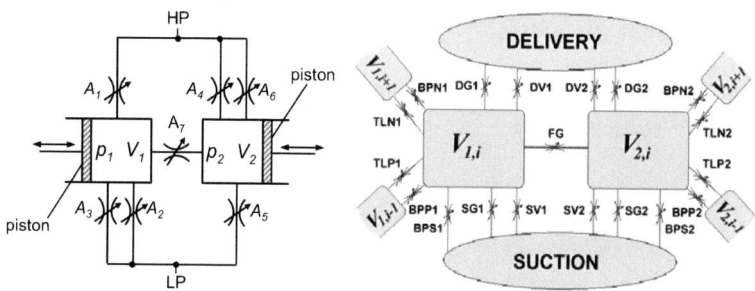

Bild 2: Prinzipdarstellungen der Simulationsmodelle von /E1/ und /C1/

Eaton u. a. /E1/ verwenden ebenfalls die konzentrierte Parametersimulation für die Modellierung des Druckwechselvorgangs in einer zweiflankengedichteten Außenzahnradpumpe zur Förderung von Kerosin, die bis zu Drehzahlen von $n_1 = 13.000$ min^{-1} eingesetzt wird, Bild 2. Die Arbeit konzentriert sich auf den Druckabbauvorgang, wobei umfangreiche experimentelle Arbeiten einschließlich Innendruckmessungen mit zwei Drucksensoren (Schleifringübertrager) und Strömungsvisualisierung für den Bereich der Druckumsteuerung durchgeführt werden, um die Güte des numerischen Modells zu prüfen. Die Autoren geben an, dass der Ersatzkompressionsmodul des Druckmediums einen signifikanten Einfluss auf die Dynamik des Druckabbauvorgangs besitzt. In den Modellen wird der Kompressionsmodul als druckunabhängige Konstante beschrieben. Ein Hauptaugenmerk liegt bei dieser Arbeit auf der Kavitation, die im Modell ebenfalls durch einen Minimaldruck berücksichtigt wird. Mit dieser Vereinfachung des Kavitationsphänomens können jedoch keine korrekten Lösungen bei Betriebspunkten mit ausgeprägter Kavitation berechnet werden. Zudem wird die Saugdruckpulsation behandelt, deren Einfluss sich als signifikant erweist. Stroboskopische Hochgeschwindigkeitsaufnahmen der Umsteuerzone zur Visualisierung von Kavitationszonen ergaben, dass während der Druckumsteuerphase gebildete Bläschen nicht unmittelbar danach zurückgelöst werden, **Bild 3.** Der sich an die Umsteuerphase anschließende Füllungsvorgang der Verdrängerräume hat bei hohen Drehzahlen eine erhebliche Kavitationsneigung zur Folge.

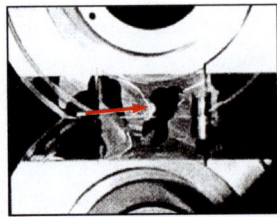 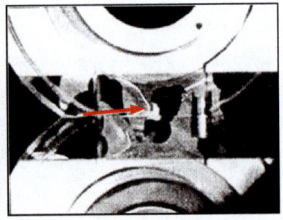

Bild 3: Visualisierung von Kavitation in der Druckumsteuerung einer Zahnradpumpe /E1/

Trotz umfangreicher Forschung ist es bisher nicht gelungen, die Geräuschproblematik von Hochdruck-Außenzahnradpumpen nachhaltig zu verbessern. Wissenschaftliche Untersuchungen von Außenzahnradpumpen mit Hilfe der numerischen Strömungssimulation (CFD) sind bisher kaum veröffentlicht worden. Weitergehende Angaben finden sich in Kapitel 3.5.

3.2 Kolbenpumpen

Seit über einhundert Jahren - Patentschrift aus dem Jahr 1907 /NN1/ - gelten für Axialkolbenpumpen unverändert die Regeln, vorzugsweise eine ungerade Kolbenzahl zu verwenden und „allmählich auslaufende Erweiterungen" im Steuerspiegel für die Umsteuerung zwischen Hoch- und Niederdruck zu integrieren. Bis heute wird in den industriell eingesetzten Pumpen die Druckänderungsgeschwindigkeit in den Umsteuerbereichen der Kolben in der Regel durch Steuerkerben und / oder Bohrungen beeinflusst. Diese Maßnahme hat sich als sehr robust, preiswert und störunanfällig bewährt. In den letzten Jahren wurden verschiedene Konzepte für die Druckumsteuerung erarbeitet, die teilweise zu Verbesserungen des Geräusch- und Pulsationsverhaltens geführt haben. Herauszuheben sind dabei der Einsatz von Vorkompressionsvolumen sowie die Anwendung der Schrägscheibenverkippung.

Zahlreiche Arbeiten beschäftigen sich mit der Geräusch- und Pulsationsminderung von Kolbenpumpen. Groth /G3/ und Grahl /G2/ haben die variable Steuerspiegelverdrillung zur Optimierung der Druckwechselvorgänge in Axialkolbenpumpen verwendet. Eine optimale Position des Steuerspiegels wurde empirisch durch Messungen auf der Hochdruckseite gefunden. In Abhängigkeit vom Betriebspunkt der Pumpe wurde der Steuerspiegel automatisch verdreht. Da diese Lösung allerdings einen wesentlich höheren Kostenaufwand bei der Pumpenherstellung verursacht, wird sie bisher kaum verwendet.

Jarchow /J1/ baute auf den Arbeiten von Pettersson, Wedfelt und Palmberg /P1/ auf, die bereits 1992 ein Vorkompressionsvolumen für die Druckumsteuerung im Unteren Totpunkt einer Axialkolbenpumpe vorgeschlagen hatten. Im Ergebnis ihrer Untersuchungen konnte die Volumenstrompulsation über einen weiten Betriebsbereich gegenüber einer schlitzgesteuerten Pumpe reduziert werden. Jarchow untersuchte unterschiedliche Methoden zur Pulsations-

3 Stand der Forschung und Technik

minderung. Unter anderem ergänzte er das in /P1/ vorgestellte Vorkompressionsvolumen um eine zweite Steuerbohrung, welche die Umsteuerkapazität direkt mit der Hochdruckniere verbindet. Durch diese Maßnahme wird der Umsteuerkapazität permanent ein nahezu kontinuierlicher Volumenstrom aus der Hochdruckniere zugeführt, der in der Umsteuerphase zur Druckanpassung im Verdrängerraum genutzt wird. Nach Abstimmung der Durchmesser der Steuerbohrungen auf die Umsteuerkapazität konnte Jarchow die Pulsationen in weiten Betriebsbereichen auf die Hälfte und teilweise um bis zu 75 % reduzieren. Diese primäre Maßnahme zur Geräuschreduktion ist heute bei mehreren Pumpenkonstruktionen verwirklicht. So bezieht sich Weingarten /W4/ auf Jarchow und bestätigt eine signifikante Pulsationsminderung durch den Einsatz eines Vorkompressionsvolumens in einer Pumpenserie. Dabei betont er, dass die Pumpe selbst allerdings nicht leiser wird, da die Druckänderungsgeschwindigkeit im Verdrängungsvolumen steigt. Die Geräuschreduktion der angeschlossenen hydraulischen Anlage ist ausschließlich auf die Verstetigung des Förderstroms und die reduzierte Flüssigkeitsschallanregung angeschlossener Systeme zurückzuführen.

Becher /B1/ untersuchte an einer Axialkolbenpumpe die Umsteuerung mittels Ringventil. Bei dieser passiven primären Maßnahme zur Reduktion der Hochdruckpulsation wird aufgrund der druckabhängigen Verformung eines elastischen Rings eine betriebspunktabhängige Öffnung zwischen Zylinderbohrung und Hochdruckniere hergestellt. Becher legte ein auf dem Ringventil basierendes Umsteuersystem aus, dessen Pulsationsamplituden betriebspunktabhängig um 20 bis 50 % unter denen der Standardpumpe lagen.

Weingart /W1, W2, W3/ untersuchte aktive, primäre Maßnahmen zur Verminderung der durch die Umsteuerung bedingten Druck- und Volumenstrompulsation als Ursache der Geräuschentstehung in hydraulischen Systemen mit Hilfe der konzentrierten Parametersimulation. Das mathematische Modell der untersuchten Axialkolbenpumpe validiert er durch Messungen des Druckverlaufs in Hochdruckleitung und Verdrängungsvolumen. Er verfolgt das Ziel, über den gesamten Betriebsbereich von Druck, Verdrängungsvolumen und Drehzahl zu einer Pulsationsreduktion zu gelangen. Hierzu analysiert er die aktive Verkippung der Schrägscheibe, Piezoaktoren sowie Einspritzventile im Umsteuerbereich der Pumpe. Die aktive Verkippung, bei der die Hubbewegung des Kolbens zur Vorverdichtung des Verdrängungsvolumens vor der Verbindung mit der Hochdruckniere ausgenutzt wird, führte zu einer Pulsationsminderung in Höhe von 15 %. Dem Einsatz eines Piezoaktors sind Grenzen gesetzt, da nur minimale Stellwege realisierbar sind.

Nafz /N1/ untersucht eine Vielzahl an Umsteuersystemen mit Hilfe der konzentrierten Parametersimulation, wobei er Innendruckmessungen zur Validierung seiner Modelle heranzieht. Die Modellierung der Fluidsteifigkeit beruht auf dem Ersatzkompressionsmodul für die isentrope Zustandsänderung eines Flüssigkeits-Luft-Gemischs. Zu den untersuchten aktiven Systemen für den Druckumsteuervorgang im Unteren Totpunkt einer Axialkolbenpumpe zählen hochdynamisch betätigte Stromventile, ventilgesteuerte Vorkompressionskapazitäten für die Verdichtung des Verdrängungsvolumens auf das Hochdruckniveau der Pumpe sowie der Einsatz von Rekuperationsvolumen, bei denen ein Teil der gespeicherten Druckenergie im Oberen Totpunkt für die Nachladung des Vorkompressionsvolumens genutzt wird. Ericson /E4/ untersucht ebenfalls rotatorisch verstellbare Steuerspiegel, den Einsatz von Sperrventilen für alle Vor- und Nachkompressionswinkel sowie die Verkippung der Schrägscheibe.

Fiebig /F7/ gibt an, dass die Druckwechselvorgänge durch Steuerkerben nur in einem bestimmten Betriebsbereich optimiert werden können. Wegen ihrer großen Leistungsdichte gehören die Axialkolbenpumpen zu den lautesten Pumpen. Hohe Druckgradienten sind ähnlich wie bei anderen Pumpenbauarten für starke Schwingungsanregungen im höherfrequenten Bereich verantwortlich. Als einen wesentlichen Nachteil der Umsteuerung durch Kerben führt er die Kavitationserosion an. Zur Vermeidung solcher Erosionserscheinungen nennt er die Umsteuerung durch Steuerbohrungen.

Sanchen /S2/ entwickelt ein mathematisches Modell auf Basis der konzentrierten Parametersimulation für die gekoppelte Betrachtung der mechanischen und hydrostatischen Vorgänge in Axialkolbenpumpen. Er vertieft die übliche technische Gestaltung des Steuerspiegels mit Vorsteuerkerben bzw. Bohrungen für die Druckumsteuerung und widmet sich schließlich mathematisch einem idealen Umsteuersystem unter dem Gesichtspunkt des Druckaufbaus im Verdrängungsvolumen. Einerseits sollte die maximale Druckänderungsgeschwindigkeit so gering als möglich sein, um den Kraftwechselvorgang zeitlich zu dehnen, andererseits ist der Drehwinkelbereich für die Umsteuerung zu limitieren, um die außermittige Verschiebung des resultierenden Kraftvektors zu begrenzen. Sanchen formuliert das Ziel eines rechteckförmigen Profils des Kompressionsvolumenstroms, um den Druckaufbau zu vergleichmäßigen, wobei dies eine druckunabhängige Kompressibilität des Fluids voraussetzt: Bei einem rechteckförmigen Verlauf des Kompressionsvolumenstroms ergibt sich dann ein linearer Anstieg des statischen Druckes im Verdrängerraum.

Zahlreiche weitere Arbeiten könnten an dieser Stelle genant werden. Zusammenfassend kann festgehalten werden, dass bereits eine Vielzahl an Maßnahmen zur Pulsations- und Geräuschminderung analysiert wurden, wobei das zu Grunde liegende Berechnungswerkzeug zumeist die konzentrierte Parametersimulation bildete. Die Fluidkompressibilität wird in integraler Form als Ersatzkompressionsmodul behandelt. Kavitation ist nicht bzw. stark vereinfacht berücksichtigt. Obwohl frühe Quellen /H8, N3/ bereits auf die Bedeutung der

3 Stand der Forschung und Technik

Kavitation in Axialkolbenpumpen hinweisen, wurde aufgrund unzureichender experimenteller und numerischer Methoden diesem Gesichtspunkt lange Zeit nur wenig Beachtung geschenkt. Dies änderte sich, nachdem für experimentelle Untersuchungen endoskopische Messgeräte zur Verfügung standen, die einen Einblick in die Kavitationsvorgänge im Inneren von Kolbenpumpen ermöglichten /K7/. Jüngste Arbeiten /M1, M2/ bauen darauf auf und vergegenwärtigen den hohen Stellenwert der anwendungsorientierten Kavitationsforschung für den Pumpenbau, **Bild 4**. Trotz zahlreicher Fortschritte, insbesondere auf dem Gebiet der hydraulisch-mechanischen Wechselwirkungen in den Pumpen, ist das Verständnis für die strömungsmechanischen Vorgänge und Abläufe unter Anwesenheit von Kavitation vergleichsweise wenig erforscht und daher weitgehend unbekannt. Um einen Beitrag zum besseren Verständnis der physikalischen Prozesse bemüht sich u. a. diese Arbeit.

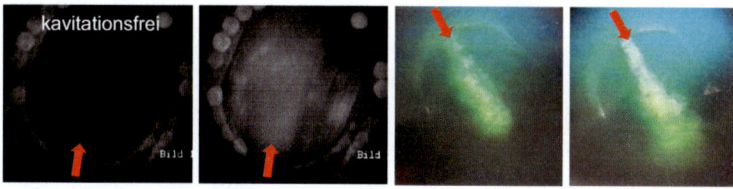

Bild 4: Visualisierung von Strahlkavitation während der Druckentlastung in den Saugtrakt der Pumpe in der Oberen Totpunktlage /M2, K7/

3.3 Pulsationsarten

Die Volumenstrompulsation hydrostatischer Verdrängereinheiten setzt sich aus der geometrischen Pulsation (kinematisch bedingte Pulsation), der kompressionsbedingten Pulsation und der Leckölpulsation zusammen. Einige Quellen /L5, S8/ beziehen den Begriff Volumenstrompulsation ausschließlich auf die geometrische Pulsation und führen als Summe von geometrischer, kompressionsbedingter und Lecköl bedingter Pulsation den Begriff der Förderstrompulsation ein. In dieser Arbeit wird der allgemeinere Begriff Volumenstrompulsation verwendet.

Die kinematisch bedingte Pulsation entsteht als Folge der diskontinuierlichen Verdrängung eines inkompressiblen Mediums durch eine endliche Anzahl an Verdrängern. Zur Bewertung wird der kinematische Ungleichförmigkeitsgrad δ herangezogen (auch als kinematischer Volumenstrompulsationsgrad bezeichnet). Eine ausführliche analytische Ableitung zu Außenzahnradpumpen ist in /G5/ zu finden. Ausführliche Angaben zu Kolbenpumpen geben Helduser und Jarchow in /H7, J1/ an. Unter den Verdrängerpumpen weisen Zahnradpumpen den größten Ungleichförmigkeitsgrad auf /F7/.

Die kompressionsbedingte Pulsation entsteht, wenn Volumina mit unterschiedlichem Druckniveau zueinander in Verbindung treten, wobei das Druckmedium kompressibel ist, so dass die Druckdifferenz bei abgeschlossenen Volumina einen druckausgleichenden Kompressionsvolumenstrom zur Folge hat. Dieser Volumenstrom bewirkt in Pumpen einen Einbruch des geförderten Gesamtvolumenstroms und vergrößert den Ungleichförmigkeitsgrad.

Die Leckölpulsation ist Folge technologisch bedingter Grenzen der Abdichtung zwischen Hoch- und Niederdruck. Die Leckölströme pulsieren aufgrund der sich periodisch ändernden Dichtungszonen zwischen Hoch- und Niederdruck, variabler Spaltabmessungen sowie der Pulsation des Hochdruckes. Die Leckölpulsation besitzt in der Regel eine untergeordnete Bedeutung.

Der Gesamtvolumenstrom aus einem bzw. in ein umsteuerndes Volumen ergibt sich aus einem kompressionsbedingtem Volumenstrom, einem durch die Kinematik bedingten Volumenstrom infolge der Änderung des umsteuernden Volumens sowie aus einem Leckölstrom. Die Summe der Volumenströme ergibt die Druckänderung (Druckaufbau bzw. -abbau). Ausgehend von der differentiellen Änderung des statischen Druckes im Verdrängerraum infolge der Verdichtung bzw. Entspannung des Kontrollvolumens

$$dp = -\frac{K'(p)}{V}dV \qquad (3.1)$$

ergibt sich der Druck zu:

$$p_K = -\int \frac{K'(p)}{V_K}dV . \qquad (3.2)$$

Die Druckänderungsgeschwindigkeit, d. h. die zeitliche Änderung des statischen Druckes im Verdrängerraum ermittelt sich aus:

$$\dot{p}_K = -\int \frac{K'(p)}{V_K}dQ . \qquad (3.3)$$

In Axialkolbenpumpen mittlerer und großer Bauart dominiert die kompressionsbedingte Pulsation /T1/. In Zahnradpumpen mit saugseitiger Radialspaltkompensation überwiegt die kinematisch bedingte Pulsation /L5/.

3 Stand der Forschung und Technik

3.4 Kavitation

Kavitation wurde erstmals 1894 von Reynolds experimentell im Labor erzeugt. Kavitationsphänomene sind nunmehr seit mehr als 100 Jahren bekannt, und dennoch sind sie weiterhin Gegenstand der Grundlagen- sowie anwendungsorientierten Forschung. Unter Kavitation wird der dynamische Prozess der Bildung und Implosion von Hohlräumen in einer homogenen Flüssigkeit verstanden. Mit dem Begriff Kavitation wird im Folgenden die Blasenbildung in Druckflüssigkeiten durch Unterschreitung des Atmosphärendruckes p_0 infolge strömungsmechanischer Vorgänge bezeichnet. Die Druckflüssigkeit ist bei Atmosphärendruck mit Gas gesättigt oder untersättigt. Die entstehenden Blasen (Hohlräume) sind je nach Bedingungen und Flüssigkeitsart mit mehr oder weniger Dampf und Gas gefüllt. In Flüssigkeiten kann man drei Arten von Kavitation unterscheiden: Dampfkavitation, Gaskavitation und Pseudokavitation.

Bei der Dampfkavitation entstehen Dampfblasen durch lokal begrenzte Entspannungsverdampfung der Flüssigkeit mit nachfolgender Kondensation. Für den Phasenübergang ist die Druckabsenkung unter den thermodynamischen Sättigungsdampfdruck $p < p_D$ des Fluids Voraussetzung. Dieser zweiphasige Vorgang ist zumeist hochgradig instationär.

Wenn durch Druckabsenkung aus einer übersättigten Lösung Gasblasen austreten, spricht man von Gaskavitation. Bei der Gaskavitation diffundiert im Öl gelöste Luft zu ungelöster Luft aus. Dieser Diffusionsprozess kann bei Drücken deutlich oberhalb des Dampfdruckes $p > p_D$ stattfinden. Dies gilt auch für die Pseudokavitation, bei der bereits vorhandene Blasen (ungelöstes Gas) expandieren.

In hydraulischen Strömungen treten zumeist alle Kavitationsarten gleichzeitig auf und eine scharfe Abgrenzung untereinander ist häufig nicht möglich. Zudem wird eine Unterscheidung in thermodynamische und strömungsmechanische Kavitation vorgenommen. Die thermodynamischen Randbedingungen für den Kavitationsbeginn sind eine Temperaturerhöhung bei konstantem Druckniveau (Sieden) bzw. eine Absenkung des statischen Druckes auf das Dampfdruckniveau bei konstanter Temperatur. Liegt thermodynamisches Gleichgewicht vor, so setzt der Kavitationsbeginn unmittelbar beim Erreichen des Dampfdruckes $p = p_D$ ein. Bei der strömungsmechanischen Kavitation ist der kritische Druck für den Kavitationsbeginn nicht nur vom thermodynamischen Dampfdruck abhängig, sondern auch von der Anzahl an Kavitationskeimen.

Kavitationsphänomene haben in der Ölhydraulik mit den steigenden Anforderungen an die Leistung, Wirkungsgrad und Lebensdauer der Maschinen an Bedeutung gewonnen, da sie eine physikalische Grenze bei der Konstruktion und dem Betrieb hydraulischer Systeme darstellen. Im Vergleich zu Wasser besitzt Mineralöl eine geringere Kavitationsneigung. Der höhere Bunsenkoeffizient begünstigt aber intensivere Blasenbildung insbesondere makroskopischer Blasen. Die Kavitationsproblematik ist in der Ölhydraulik bereits früh erkannt worden. In diesem Zusammenhang stehen eine Reihe anwendungsorientierter Kavitationsforschungsarbeiten an der RWTH Aachen zwischen 1973 und 1983 /B3, K4, R3/. Die Grenzen der analytischen Vorausberechnung für den Kavitationsbeginn hydraulischer Strömungen sind bei Riedel u. a. nachzulesen. Er gibt beispielsweise analytische Beziehungen für die kritische Druckdifferenz für voll ausgebildete Kavitation an Drosseln in Abhängigkeit der Reynolds-Zahl-abhängigen Kontraktions- und Durchflusskoeffizienten an. Er resümiert, dass eine Anwendung des Kavitationskriteriums nur möglich ist, wenn die Koeffizienten in Abhängigkeit von Geometrie, Viskosität und Strömungsgeschwindigkeit angeben werden können. Dies ist in der Praxis jedoch meist nicht möglich. Nach Riedel ist es nicht entscheidend, ob der Kavitationsbeginn durch Dampf- oder Gaskavitation eingeleitet wird. Im Wesentlichen wird das Druckniveau für den Kavitationsbeginn durch den Sättigungsgrad der Flüssigkeit bestimmt. Die Reinheitsklasse des Mineralöles besitzt signifikanten Einfluss auf das Kavitationsgeschehen. So ist die messtechnische Erfassung entscheidend von der Qualität der Flüssigkeit abhängig. Sehr anschaulich ist der Einfluss der Fluidqualität in /K1, K2/ gezeigt. Bei sonst unveränderten Randbedingungen wird der Keimgehalt durch Begasung von Wasser vergrößert und auf diese Weise in einer zuvor kavitationsfreien Umströmung eines halbkugeligen Körpers ausgebildete Kavitation nachgewiesen. Zahlreiche Autoren /K1, K2, S3/ kommen zu dem Schluss, dass der Keimgehalt (Keimspektrum) der wichtigste Parameter für den Beginn und die Entwicklung der Kavitation ist. Die Qualität der Flüssigkeit wird durch die Konzentration (Anzahl und Größe) von gelösten sowie von fein verteilten ungelösten Fremdstoffen charakterisiert, weil sie die Grenze der Zugbeanspruchung einer Flüssigkeit ohne Dampfbildung und somit den Kavitationsbeginn bestimmen. Wie Untersuchungen mehrerer Autoren zeigen (zitiert in /S3/), liegt die mittlere Keimanzahl für Wasser zwischen $1 \cdot 10^{10} - 1 \cdot 10^{13}$ m^{-3} und der mittlere Keimradius zwischen $5 \cdot 10^{-6}$ und $2 \cdot 10^{-4}$ m, wobei der Keimgehalt signifikant von der Vorbehandlung des Fluids abhängt. Bei technischer Strömungs- und Schwingungskavitation sind stets eine Vielzahl von bewegten Blasen vorhanden, die sich in nicht bekannter Weise gegenseitig beeinflussen. Der prinzipielle Effekt der Blasenwechselwirkung wurde von Chahine /C4/ gezeigt. Demnach behindert die Blasenwechselwirkung das Blasenwachstum und forciert den Blasenkollaps.

Eine jüngere Forschungsarbeit /S4/ analysiert in einer Versuchseinrichtung durch definierte hochdynamische Änderungen des statischen Druckes das Aufreißen einer Flüssigkeitsprobe. Die Versuche zeigen, dass sich der effektive Dampfdruck aus zwei Anteilen additiv zusammensetzt: Aus einem Anteil der proportional zur Gaskonzentration ist, sowie einem Anteil, der durch den tatsächlichen Dampfdruck bestimmt ist. Auf den Absolutwert des effektiven Dampfdruckes hat dabei maßgeblich die Druckänderungsrate Einfluss. Eine

3 Stand der Forschung und Technik 15

weitere Arbeit beschäftigt sich intensiv mit den Diffusionsvorgängen von der Flüssigkeit in die Blase /B5/. Die Untersuchungen bestätigen, dass die Auslösegeschwindigkeit von Luft aus der Flüssigkeit um eine Größenordnung kleiner gegenüber der Verdampfung ist. Die Arbeiten haben die Verbesserung von CFD-Kavitationsmodellen zum Ziel. Der Einfluss des Gasauslösens (Übersättigung) und die Auswirkungen auf die Dampfkavitation werden durch halb-empirische Korrelationen berücksichtigt.

Die strömungsmechanischen Bedingungen sind in Hydropumpen sehr komplex aufgrund der sich ständig hochdynamisch ändernden geometrischen Verhältnisse, Geschwindigkeiten und statischen Druckniveaus. Kavitation im Saugbereich von Pumpen führt zu Füllungsverlusten und zu einer Begrenzung des Volumenstroms. Trotz der zahlreichen Konstruktionen ist das Kavitationsproblem bei Axialkolbenpumpen nicht gelöst. Schlitzgesteuerte Umsteuersysteme auf Basis von Kerben bzw. Bohrungen sind nur für einen Betriebspunkt optimal ausgelegt, da die drehwinkelabhängige Gestaltung der Strömungsquerschnitte von der Drehzahl, dem Hochdruckniveau und dem Schwenkwinkel abhängig ist.

Umfangreiche experimentelle Untersuchungen wurden von Kunze /K7/ durchgeführt. Er beobachtete die Blasenbildung unter realen Bedingungen im Inneren einer im offenen Kreislauf betriebenen Axialkolbenpumpe mittels Stroboskop. Bereits bei Drehzahlen von $n_1 = 500$ min^{-1} und einem Hochdruckniveau von $p_1 = 5$ bar konnte er kavitationsbehaftete Strömung nachweisen. Kleinbreuer /K4/ unterscheidet zwischen der Kompressions-Kavitationserosion und der Strahl-Kavitationserosion. Während bei der Kompressions-Kavitationserosion der Blaseneinsturz und damit die Schädigung des Materials ausschließlich durch die Kompression der Flüssigkeit hervorgerufen wird, erfolgt der Materialabtrag bei der Strahlkavitationserosion, wenn ein kavitierender Strahl ausreichend großer Intensität kontinuierlich auf eine Materialoberfläche auftrifft und der umgebende Raum dabei unter einem geringen Druck steht.

3.4.1 Klassifikation der Kavitation

Kavitation kann nach der Ursache für die Druckabsenkung unterschieden werden. Zudem existieren vielfältige Erscheinungsformen von Kavitation, die in direkter Abhängigkeit zu der durchströmten Geometrie (scharfkantig - rund), der Art der Strömung (laminar - turbulent) sowie dem Gas- und Keimgehalt und den Eigenschaften der Flüssigkeit stehen. Die Kavitationsintensität gibt die Auswirkungen der Kavitationszone auf die Durchströmung und angrenzende Bauteile wieder. Für hydraulische Strömungen bedeutsame Erscheinungsformen der Kavitation, die sich an Kunzes /K7/ Ausführungen orientieren, sind folgende:

Bei Strömungskavitation treten in der Strömung aufgrund von reibungsbedingter Druckverringerung großvolumig Kavitationsblasen auf. Schwingungskavitation ist auf hochfrequente Druckpulsationen mit ausreichender Beschleunigungsamplitude in einer Flüssigkeit bei niedrigem Umgebungsdruck zurückzuführen. Strahlkavitation tritt in einem konzentrierten Flüssigkeitsstrahl auf, in dem hohe Strömungsgeschwindigkeiten und Scherraten bei niedrigem Umgebungsdruckniveau herrschen. Bei der Kompressionskavitation erfolgt durch einen von außen herbeigeführten starken Druckanstieg ausschließlich durch die Kompression der Flüssigkeit die Implosion der bereits vorhandenen Blasen. Wirbelkavitation tritt dort auf, wo kleinräumige intensive Wirbel die notwendigen Druckschwankungen verursachen, die lokal zu einem beschleunigten Blasenwachstum und zur Ansammlung der Blasen in der Nähe des Wirbelzentrums führen. Diese Kavitationsform tritt besonders häufig in ausgeprägten Scherschichten auf, wo lokal hohe Strömungsgeschwindigkeiten wirken. Gebiete erhöhter und reduzierter Blasenkonzentration werden durch Wirbelbildung und Wechselwirkungen zwischen Wirbelzentren verursacht. Blasenbewegung und turbulente Fluktuationen interagieren in sehr komplexer Weise. Kavitation und Turbulenz sind gekoppelte Phänomene.

Die Erscheinungsformen der Kavitation in Axialkolbenpumpen wurden von Kunze /K7/ wie folgt angegeben und sind im **Bild 5** gezeigt:

(1) Strahlkavitation in die Saugniere: Bei der hydraulischen Verbindung des Verdrängungsvolumens in OT mit der Saugniere über eine Steuerkerbe treten hohe Strömungsgeschwindigkeiten auf, die zum Kavitieren des Dekompressionsstrahls führen. Die gebildeten Blasen implodieren unter Saugdruckeinfluss bzw. werden durch vorauslaufende Verdrängerräume eingesaugt und tragen zur Erhöhung der Kavitationsintensität in UT bei. Auf der Saugseite implodierende Blasen führen nur zu einem schwachen Kavitationssignal.

(2) Kavitation durch Strömungsablösung an der Zylinderniere: Diese Kavitationsform, die unmittelbar nach der Strahlkavitationsphase auftritt, ist auf die große Relativgeschwindigkeit zwischen dem Zylinder und der Flüssigkeit am Beginn der Saugniere zurückzuführen.

(3) Strömungskavitation in der Zylinderniere: Während des Saugvorganges tritt im Zentrum des Zylindernierneinlaufs mit steigender Strömungsgeschwindigkeit Strömungskavitation auf, die besonders in der Mitte der Saugniere, aufgrund der dort herrschenden maximalen Kolbengeschwindigkeit, ausgeprägt ist. Die Ausbildung der Strömungskavitation ist abhängig von den Druckverlusten entlang des Saugweges, den Einströmverlusten an der Zylinderniere, der Öltemperatur, dem Keimspektrum und den überlagerten Druckpulsationen. Die Druckpulsation der Saugströmung kann durch periodische Unterschreitung eines kritischen Druckes Kavitation auslösen. Wie übereinstimmend berichtet wird /K7, E3/, ergibt eine Verbesserung der Ansaugverhältnisse fast immer eine längere Lebensdauer der Pumpen. Mit der Anhebung der Drehzahl nimmt die Strömungsgeschwindigkeit in der Saugleitung, im

Saugtrakt der Pumpe sowie an den Verdrängerelementen zu, so dass die Druckverluste steigen. Die Druckverluste auf der Saugseite führen zur Übersättigung des Mineralöls und begrenzen die maximale Drehzahl der Pumpen (Grenzdrehzahl).

(4) Strahl- und Kompressionskavitation in UT: Strahlkavitation tritt durch hohe Strömungsgeschwindigkeiten und Scherraten im Kompressionsstrahl während des hydraulischen Kurzschlusses auf, überlagert von der gleichzeitigen Kompression der Flüssigkeit mit folgender Kompressionskavitation. Bei steigendem statischen Druckniveau im Verdrängungsvolumen treten energiereiche Blasenimplosionen auf. Die Erhöhung des Hochdruckniveaus bewirkt eine Zunahme der Kavitationsintensität. Bei hohen Drehzahlen erhöht sich die Anzahl und Größe angesaugter Kavitationskeime bzw. -blasen.

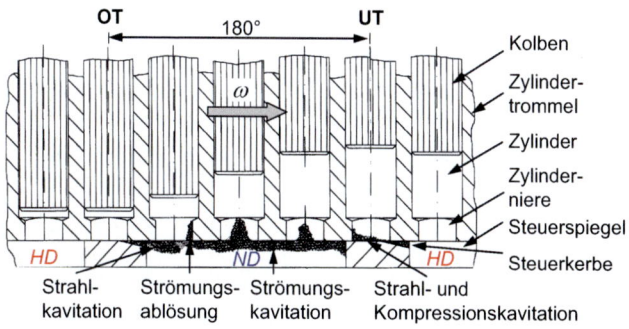

Bild 5: Abwicklung des Triebwerkes einer Axialkolbenpumpe mit Kavitationszonen /K7/

3.4.2 Rayleigh-Plesset-Gleichung

Grundlage für die Berechnung von Kavitation bildet die Rayleigh-Plesset-Gleichung. Diese gewöhnliche Differentialgleichung 2. Ordnung beschreibt die Blasendynamik (Blasenwachstum und -kollaps) für eine sphärische Einzelblase in einer sonst homogenen Flüssigkeit in Abhängigkeit der Differenz von Blaseninnen- p_B und Umgebungsdruck p_∞ sowie der Trägheit des umgebenden Fluids. Auf dieser Gleichung bauen sämtliche CFD-Kavitationsmodelle auf.

$$R_B \frac{D^2 R_B}{Dt^2} + \frac{3}{2}\left(\frac{DR_B}{Dt}\right)^2 = \left(\frac{p_B - p_\infty}{\rho_{Fl}}\right) - \frac{4\nu_{Fl}}{R_B}\frac{DR_B}{Dt} - \frac{2S}{\rho_{Fl} R_B} \qquad (3.4)$$

Hierin stehen R_B für den Blasenradius, S für den Oberflächenspannungskoeffizient sowie ρ_{FL} für die Flüssigkeitsdichte. Eine Änderung der Blasengröße ist mit einer Änderung der kinetischen Energie der umgebenden Flüssigkeit verbunden, die mit einer Änderung der potentiellen Energie im Gleichgewicht steht.

3.4.3 Besonderheiten von Mineralöl

Die meisten Versuche in der Kavitationsforschung liegen für das Betriebsmedium Wasser vor. Die flüssigkeitsspezifischen Eigenschaften von Mineralöl unterscheiden sich jedoch signifikant von Wasser. So liegt der temperaturabhängige Dampfdruck von Mineralölen im Vergleich zu Wasser um den Faktor 10^6 niedriger. Der Dampfdruck erreicht Werte zwischen 10^{-9} und 10^{-7} bar. Wasser kavitiert aufgrund seines höheren Dampfdruckes schon bei geringerer Druckdifferenz an Strömungswiderständen. Mineralöl weist eine ausgeprägte Temperaturabhängigkeit der Viskosität auf. Da bei Temperaturzunahme neben der sinkenden Viskosität gleichzeitig das Dampfdruckniveau steigt und die Zugfestigkeit der Flüssigkeit sinkt, erfolgt der Kavitationseintritt früher. Der Bunsenkoeffizient a_V ist bei Mineralölen zwischen 0 - 100 °C nur unbedeutend von der Temperatur abhängig. Mineralöl kann in besonders hohem Maße Luft lösen: Bei 20 °C erreicht der Bunsenkoeffizient für Mineralöl Werte zwischen $0{,}08 \leq a_V \leq 0{,}09$ und ist damit gegenüber Wasser viermal so groß. Die Gaslöslichkeit ist zudem stark druckabhängig. Die Löslichkeit steigt linear mit dem statischen Druck. Bei Druckentlastung wird Luft frei und perlt aus (Gaskavitation). Der höhere Bunsenkoeffizient a_V von Mineralöl führt zu einer wesentlich intensiveren Blasenbildung. Zudem begünstigen die Öleigenschaften das Entstehen makroskopischer Bläschen. Luftblasen benötigen in Abhängigkeit der Betriebsbedingungen eine lange Zeitspanne, bis sie wieder in Lösung gegangen sind. Ungelöste Luftanteile in der Hydraulikflüssigkeit erhöhen die Kompressibilität der Flüssigkeit sehr stark. Kavitation führt zu einer beschleunigten Oxydation von Druckflüssigkeiten aufgrund des in Kavitationsblasen enthaltenen Luftsauerstoffs bis hin zu örtlichen Selbstzündungen bei Öl-Luft-Gemischen (Mikrodieseleffekt). Dem Mineralöl zugesetzte Additive, die als Entschäumer wirken, bewirken eine Herabsetzung des Bunsenkoeffizienten. Die Oberflächenspannung von Mineralöl liegt mit $S = 0{,}036$ N/m nur halb so hoch wie bei Wasser. Schließlich unterscheidet sich die kinematische Viskosität von Wasser $\nu = 0{,}6$ mm²/s und Mineralöl $\nu = 40$ mm²/s bei 40 °C besonders stark. Mineralöle neigen trotz Additivierung zur Aufnahme von Wasser. Da Wasser aufgrund seines höheren Dampfdruckes eine stärkere Kavitationsneigung besitzt, sind Anreicherungen von Wasser in ölhydraulischen Systemen besonders kritisch, da sie als Kavitationskeime fungieren. Die Fluidqualität (Reinheitsklasse) besitzt großen Einfluss auf die Stoffwerte für Mineralöl. Das Druckniveau für den Kavitationsbeginn wird durch den Sättigungsgrad der Flüssigkeit bestimmt. Gesicherte Stoffwerte unter Berücksichtigung der Fluidqualität sind Mangelware. Aufgrund der grundlegenden Unterschiede der physikalischen Eigenschaften von Mineralöl, sind für die Berechnung kavitierender Ölströmungen im Rahmen der Arbeit zunächst die Fluiddaten zu parametrieren und durch Validierung abzusichern.

Eine Abhandlung der physikalischen Grundlagen kavitierender Strömungen ist im Anhang A.3 angegeben.

3.5 Numerische Strömungsberechnung CFD

Die numerische Simulation kavitierender Strömungen mit der Hilfe des Werkzeuges CFD ist zurzeit eine Thematik weltweiter intensiver Forschungen. In der Industrie hat die Erforschung bzw. die Vermeidung von Kavitation einen sehr hohen Stellenwert, und es werden beachtliche Mittel eingesetzt, um dieses Phänomen sowohl experimentell als auch numerisch zu untersuchen. Die CFD-basierte Analyse von Pumpenströmungen hat bereits Einzug in die industrielle Forschung gefunden. Folgend wird eine Auswahl von Veröffentlichungen aufgeführt, die vornehmlich im Bereich der Fluidtechnik erschienen sind.

Auf dem Gebiet der Fluidtechnik verknüpfte erstmals Kipping /K3/ die Thematik Kavitation und CFD. Ristic /R4/ berichtete, dass die numerische Strömungsberechnung von kavitierenden Ventilströmungen ohne Kavitationsmodell zu großen Fehlern hinsichtlich der Strömungskraft führt, da unrealistisch negative statische Drücke berechnet werden. Als Indiz für die Anwesenheit von Kavitation bewertete sie die negativen statischen Drücke. Ristic verwendete das CFD-Programm *Tascflow*. In Ermangelung eines geeigneten Kavitationsmodells behandelte sie die Strömung als einphasig, wobei die Hydraulikflüssigkeit von ihr als inkompressibel angenommen wurde. Als Turbulenzmodell kam das Standard k-ε Modell mit Wandfunktion zum Einsatz. Sie wählte den Wandfunktionsansatz, um hohe Gitterauflösungen in der Grenzschicht zu vermeiden. Dabei betonte sie die Notwendigkeit hoher Gitterauflösungen im Bereich der Steuerkanten aufgrund der großen Druckgradienten.

Sauer /S3/ entwickelte ein numerisches Verfahren zur Simulation von stationärer und instationärer hydraulischer Kavitation, das heute in den kommerziellen CFD-Codes *FLUENT* und *CFX* implementiert ist und unter dem Namen Schnerr-Sauer bekannt wurde. Er stützt seine numerischen Untersuchungen auf eine umfangreiche Literaturstudie. Demnach ist die Fluidqualität, d. h. Anzahl und Radius der Kavitationskeime, der dominierende Einflussparameter für die Kavitation. Die Kavitationskeime liegen bereits in der Anströmung in großer Anzahl vor. Als Basis für den konvektiven Transport der Keime wählt Sauer die Volume of Fluid-Methode (VoF), wobei er dieses Verfahren durch einen Dampfvolumenquellterm erweitert. Die kavitierende Strömung wird numerisch als Strömung eines homogenen Fluids mit variablen Gemischeigenschaften behandelt. Die Stoffwerte des Gemischs werden in Abhängigkeit des Dampfanteils aus den Stoffwerten der reinen Phasen berechnet. Als Schlüssel zur Stabilisierung des Verfahrens sieht Sauer die Bilanzierung der Volumenströme anstelle der Massenströme an. Als Blasenwachstumsbeziehung wird die Gleichung nach Rayleigh verwendet. Anhand mehrerer numerischer Experimente kann er den Fluidqualitätseffekt durch Variation des Keimgehalts qualitativ reproduzieren.

Habr /H1/ arbeitete mit den kommerziellen Programmen *Star-CD 3.1* und *FLUENT 5.5*. Für die Modellierung des Kavitationsphänomens wählte er ebenfalls einen Volume of Fluid-

Ansatz (VoF). Die Flüssigkeit wurde von ihm als inkompressibel angenommen, da zum damaligen Zeitpunkt keine schwach kompressible Flüssigkeitsphase in *Star-CD* zulässig war. Habr verweist darauf, dass die numerischen Ergebnisse kavitierender Flüssigkeiten neben dem Kavitationsmodell auch maßgeblich durch die gewählten numerischen Verfahren beeinflusst werden. Kavitations- und Turbulenzmodellierung müssen sich, so Habr, wechselseitig beeinflussen.

Iudicello und Mitchell /I1/ untersuchen eine Gerotorpumpe mit der numerischen Strömungsberechnung. Zum Einsatz kommt das Programm *Star-CD* unter Nutzung dynamischer 3D Gittergenerierung, wobei die Dieselflüssigkeit als inkompressibel angenommen wurde und Kavitation unberücksichtigt blieb. Für Ein- und Ausgang wurden Konstantdruckränder verwendet. Es wird auf die Problematik künstlicher Konvektionsterme in Folge des dynamischen Vernetzungsmodus hingewiesen, die nur durch sehr kleine Zeitschritte zu vermeiden sind. Die numerischen Untersuchungen für verschiedene Drehzahlen berücksichtigten verschiedene Leckagespaltmaße.

Steinmann /S11/ untersuchte eine schrägverzahnte Zahnradpumpe mit dem Programm *CFX 5.7* unter Berücksichtigung von Dampfkavitation. Ziel der Untersuchung war die Detektierung von Kavitationsgebieten als Ursache für Kavitationserosionsschäden. Die vollständige Nachbildung der Pumpe unter Berücksichtigung sämtlicher Leckagespalte umfasste 2,2 Mio. Gitterzellen. Der Verzahnungsbereich der Zahnräder wurde durch jeweils ein Hexaedergitter aufgespannt. Die durch eine transiente Gittertrennfläche interagierenden Gitterpaare der beiden Zahnräder wurden in einem externen Programm für jeden Zeitschritt generiert und automatisiert über eine Fortran-Routine fortlaufend zu jedem neuen Zeitschritt eingelesen. Diese Vorgehensweise gestattete relativ große Zeitschrittweiten. Das Kavitationsmodell beruhte auf der Volume of Fluid-Methode (VoF). Im Ergebnis der Untersuchung wurden voluminöse Kavitationsgebiete im Bereich der sich öffnenden Flanken auf der Saugseite diagnostiziert, wobei der Dampfanteil lokal bis zu 100 % betrug. Vergleichende Messungen wurden nicht durchgeführt. Angaben zur Fluidparametrierung sind nicht angegeben. Später zeigte Steinmann /S12/ zusammenfassend CFD-Studien an einer Drehkolben-, einer Schraubenspindel-, einer Innenzahnrad- und einer Flügelzellenpumpe, wobei er sich auf unterschiedliche dynamische Vernetzungsstrategien konzentrierte. In der Mehrzahl der Fallstudien wird das Gitter für jeden Zeitschritt nicht im CFD-Code *CFX* berechnet, sondern extern eingeladen.

Schuster /S7/ erkannte, dass der Einsatz von Kavitationsmodellen im Bereich der Hydraulik stark durch die zur Verfügung stehenden Flüssigkeitsdaten eingeschränkt wird, da neben den allgemein zugänglichen Werten für Viskosität und Dichte der flüssigen Phase auch ebensolche Werte für die gasförmige Phase benötigt werden. Diese Daten, so stellte er fest,

3 Stand der Forschung und Technik

sind nicht oder nur begrenzt vorhanden. Schuster arbeitete mit dem Programm *CFX 5.3-5.7*. Die Mineralölflüssigkeit wurde von ihm als inkompressibel behandelt. Die Dampfphase des Öls beschrieb er mit den Stoffdaten von Wasserdampf. Er begründet dieses Vorgehen, da die in der Hydraulik verwendeten Öle trotz Detergenzien geringe Bestandteile Wasser enthalten. Vergleichende Untersuchungen von numerischer Strömungsberechnung und Dauerversuchen an kavitierenden Ventilströmungen zeigen, dass der Ort der Kavitationsentstehung in der CFD und der Schädigungsort im Dauerversuch in guter Übereinstimmung zueinander liegen.

Roth Kliem /R5/ untersuchte verschiedene Einbaubedingungen in der Saugströmung von Kreiselpumpen und deren Auswirkungen auf das Betriebs- und Kavitationsverhalten. Ihre CFD-Studien führte sie mit dem Programm *FLUENT 6.2* durch. Auch sie behandelte die flüssige Phase als inkompressibel. Ihre CFD-Modelle enthalten neben der Zulaufleitung inklusive Apparaturen die Pumpe sowie die Abströmleitung. Sie bestätigt mit Ihren Rechnungen Beobachtungen aus der Praxis, wonach der Kavitationsbeginn im Fall gestörter Zuströmung verfrüht einsetzt. Roth Kliem setzte verschiedene Turbulenzmodelle ein, musste jedoch feststellen, dass die CFD-Ergebnisse nicht befriedigend mit den gemessenen Werten übereinstimmen. Im Ergebnis fordert Roth Kliem eine Mindestlänge eines geraden Rohrabschnittes im Zulauf zur Pumpe.

Kunze /K8/ zeigte eine mit Hilfe der CFD optimierte drehrichtungsorientierte Saugkanalführung einer Axialkolbenpumpe. Die druckverlustmindernde Gestaltung des Saugkanals führte zu einer 10 %igen Erhöhung der Grenzdrehzahl.

Aus der industriellen Praxis berichten Lotfey und Vedder /L7/ über den Einsatz von CFD bei Zahnradvolumenstromsensoren. CFD wurde hier zur Optimierung der Strömungsgeometrie hinsichtlich Reduktion der Druckverluste speziell bei hochviskosen Medien eingesetzt. Die 3D instationären Simulationen mit bewegtem und verformbarem Gitter wurden für ein einphasiges, inkompressibles newtonisches Fluid vorgenommen. Die Strömung wurde als laminar und isotherm behandelt. Leckagespalte wurden vernachlässigt.

Li u. a. /L3/ berichteten unlängst über den erfolgreichen Einsatz verbesserter Kavitationsmodelle (Schnerr-Sauer und Zwart-Gerber-Belamri) für die Untersuchung von Flügelzellenpumpen. In ihren Ausführungen beziehen sie sich auf eine Veröffentlichung von Lessa u. a. /L2/, die mit *FLUENT 6.3* auf Basis des Singhal-Kavitationsmodells diese Pumpe untersuchten. Das aus Hexaedern und Tetraedern aufgebaute Gitter umfasste 0,3 Mio. Zellen. Lessa erzielte konvergierte Lösungen nur bis zu Pumpendrehzahlen von 6000 min^{-1}, wobei der Einsatz dieser Pumpen im Automobil bis zu 8000 min^{-1} erfolgt. Wie bei Lessa wurde das Öl als kompressibel modelliert, die Dampfphase jedoch als inkompressibel angenommen. Durch Verwendung des Schnerr-Sauer bzw. Zwart-Gerber-Belamri Kavitationsmodells konnten bei gleichzeitiger Anhebung der Zeitschrittweite (bis zu Faktor 20) die Vorgänge in der Pumpe bis zur maximalen Drehzahl simuliert werden. Vergleichende Messergebnisse fehlen jedoch.

Hain-Würtenberger /H2/ beschreibt aus Anwendersicht die Herausforderungen bei der numerischen 3D Strömungsberechnung einer kavitierenden Flügelzellenpumpe und kommt zu dem Schluss, dass *FLUENT* nicht die notwendige Robustheit und numerische Stabilität bietet, um stark kavitierende Pumpenströmungen (z. B. bei Drehzahlen von 7000 min^{-1}) mit dem Singhal-Kavitationsmodell zu berechnen. Diese Aussage deckt sich mit den Berichten von Lessa /L2/. Stattdessen verwendet er ein Einphasenmodell, wobei die Dichte der kompressiblen Flüssigkeit eine Funktion des statischen Druckes ist, die bei Unterschreitung des Atmosphärendruckes stark abfällt. Auf diese Weise umgeht er den Mechanismus des Phasenübergangs und ist dennoch in der Lage, Strömungskavitation vereinfacht wiederzugeben. Allerdings werden auch hier keine Vergleiche zu experimentellen Untersuchungen gezogen.

Zunehmende Bedeutung gewinnen skalenauflösende hybride Turbulenzmodelle, die bei der Berechnung von Kreiselpumpen im industriellen Umfeld /T5/ bereits eingesetzt werden. Insbesondere für die Simulation kavitierender Ventilströmungen haben sich diese Modelle als sehr hilfreich herausgestellt, da sie kleinskalige Mechanismen (Wirbelkavitation) besser vorhersagen können /R2/. Auf eine ausführliche Darstellung soll hier verzichtet werden. Neueste Arbeiten /S6/ berücksichtigen die Stoßwellenausbreitung in 3D transienten kavitierenden Strömungen. Schmidt u. a. platzierten ein keilförmiges Hindernis in ungestörte Anströmung. Stromab des Hindernisses berechneten sie Druckspitzen infolge Blasenkollaps in Höhe von p_{max} = 65 bar bei einem Ablaufdruck von $p \approx$ 1 bar. Um Druckstoßausbreitungen mit Schallgeschwindigkeit in der reinen Flüssigkeit zu simulieren, sind hochauflösende Gitter bei entsprechender minimaler Zeitschrittweite erforderlich.

Die Summe der Arbeiten zeigt die zunehmende Bedeutung der CFD in der Fluidtechnik. Die aufgeführten Arbeiten widmen sich jeweils nur Teilproblemen und stellen keine allgemeingültigen Lösungsansätze für die Ölhydraulik dar.

Eine ausführliche Darstellung zu den Grundlagen der numerischen Strömungsberechnung unter Berücksichtigung von Kavitation ist im Anhang A.4 angegeben.

4 Zielsetzung, Aufgabenstellung und Vorgehensweise

Aus der wissenschaftlichen Problemstellung und dem Stand der Forschung und Technik ergeben sich Zielsetzung und Aufgabenstellung.

Die Arbeit verfolgt zwei zentrale Ziele: Zunächst ist die numerische Strömungsberechnung für die Anwendung in hydrostatischen Verdrängereinheiten soweit zu entwickeln, dass die dominanten physikalischen Prozesse abgebildet werden können. Darauf aufbauend sind aus den Erkenntnissen der numerischen und vergleichenden experimentellen Studien Verbesserungsmaßnahmen für Axialkolben- und Außenzahnradpumpen abzuleiten und zu analysieren. Zu den vorrangigen Zielen zählen hierbei die Optimierung von Umsteuergeometrien, die Vorhersage volumetrischer Verluste, die Reduktion der Kavitationsneigung mit dem Ziel der Drehzahlerhöhung sowie die Vorhersage kavitationsbedingter Schädigungen von Pumpenbauteilen. Im Ergebnis der Arbeit sollen Möglichkeiten und Grenzen der CFD zur Untersuchung von Strömungen in Pumpengeometrien von Verdrängereinheiten aufgezeigt werden. Um den Berechnungsaufwand zu reduzieren, ist zu klären, inwiefern reduzierte Modelle für eine Strömungsanalyse geeignet sind.

Für die numerischen Studien kommt in dieser Arbeit das kommerzielle CFD-Programm *FLUENT* zum Einsatz. Dabei sollen die vorhandenen Modelle auf die strömungsmechanischen Vorgänge hydrostatischer Pumpen angewendet werden. Im Fokus stehen die Parametrierung der Modelle sowie die Absicherung der Simulationsergebnisse durch hochdynamische Messungen und die Visualisierung, um Unsicherheiten hinsichtlich Qualität und Aussagefähigkeit der numerischen Ergebnisse zu bewerten. Abgesicherte Lösungen strömungsmechanischer Probleme sind nur durch Kombination von CFD- und experimentellen Untersuchungen zu gewährleisten.

Am Beispiel hydrostatischer Pumpen sollen die Kavitationsmodellierungsmöglichkeiten für die Ölhydraulik untersucht werden. Der Ort der Kavitationsentstehung und die Auswirkungen auf das Betriebsverhalten sind bisher nur aus Visualisierungen mit Hilfe der Endoskopie bekannt. Mehrphasenströmungen unter besonderer Berücksichtigung von Kavitation sind im Rahmen der Grundlagenforschung bis heute noch nicht abschließend behandelt worden. In der Ölhydraulik besteht zudem die Problematik, dass Mineralöl ein hohes Luftlösevermögen aufweist. Diffusionsprozesse und Dampfkavitation nehmen wechselseitig aufeinander Einfluss, wobei die sich bedingenden Prozesse bisher unvollständig bekannt sind. Daher kann hier nicht die Zielsetzung verfolgt werden, ein komplettes Kavitationsmodell für die Ölhydraulik aufzustellen.

4 Zielsetzung, Aufgabenstellung und Vorgehensweise

Aus der oben beschriebenen Problematik ergeben sich einige besonders wichtige Detailfragestellungen für die Untersuchung hydrostatischer Verdrängereinheiten mit CFD:

1) Wie groß muss der Modellierungsgrad, z. B. die Detailtreue für die Untersuchung von Pumpenströmungen sein?

2) In welchen Fällen ist die Modellierung von Kavitation in Verdrängerpumpen erforderlich, und wann ist die Simulation auf Basis einer einphasigen kompressiblen Flüssigkeit ausreichend?

3) Aufbauend auf Fragestellung 1) stellt sich die Aufgabe, wie sind die Eigenschaften von Mineralöl vor dem Hintergrund fehlender gesicherter Stoffwertuntersuchungen bei statischen Drücken unterhalb des Atmosphärendruckes zu parametrieren?

4) Wie modelliert man die Kavitation für hydraulisch-typische Strömungen?

Die Arbeit ist wie folgt aufgebaut:

Kapitel 5 zeigt am Beispiel einer Außenzahnradpumpe die Entwicklung der CFD-Berechnungsmethode, bevor an diesem Pumpentyp konstruktive Verbesserungsmaßnahmen diskutiert werden.

Kapitel 6 stellt die Arbeiten zur Parametrierung und Validierung eines geeigneten Kavitationsmodells anhand von zwei charakteristischen Strömungsvorgängen bei Axialkolbenpumpen vor: Neben der Untersuchung einer pulsierenden Pumpensaugströmung zielt dieser Teil der Arbeit auf die Analyse des Druckumsteuerverhaltens am Beispiel eines Ventilmodells.

Kapitel 7 baut auf diesen Untersuchungen auf. Hier wird die Anwendung des validierten Kavitationsmodells auf die Strömungsvorgänge in Axialkolbenpumpen gezeigt und bewertet, bevor anschließend Betriebspunktvariationen, Modellreduktionen und Verbesserungen der Druckumsteuergeometrie untersucht werden.

Ein kurzer allgemeiner Einblick in die physikalischen Grundlagen von Kavitation sowie die numerischen Grundlagen von CFD befindet sich im Anhang.

5 Strömungsanalyse an Zahnradpumpen

Das Kapitel hat zum Ziel, das Verständnis der Strömungsvorgänge in Zahnradpumpen durch numerische und vergleichende experimentelle Untersuchungen zu erhöhen, um daraus ableitend Optimierungspotenzial aufzuzeigen. Der Strömungsanalyse vorausgehend werden zunächst die numerisch-methodischen Voraussetzungen erörtert. Hierzu zählen die dynamische Gittergenerierung sowie die Modellierung eines kompressiblen Druckmediums. Flüssigkeiten werden bisher in der CFD überwiegend als inkompressibel angenommen. Das Kapitel zeigt einen Weg zur Behandlung der Kompressibilität in der CFD auf. Für weitgehend kavitationsfreie Betriebszustände kann die Mineralölflüssigkeit als einphasig modelliert werden. Bei kompressiblem Druckmedium wird die Modellierung eines reflexionsarmen Leitungsabschlusses erforderlich, um das Pulsationsverhalten der Pumpe zu berechnen. Der CFD-Modellaufbau ist somit vergleichbar mit dem Prüfstandsaufbau. Die Strömungsvorgänge werden am Beispiel einer 13-zähnigen einflankengedichteten Zahnradpumpe mit negativer hydraulischer Überdeckung sowie einer zweiflankengedichteten Zahnradpumpe mit Nullüberdeckung mit einem Hubvolumen von jeweils $V_1 \approx 19$ cm^3 analysiert. Bei beiden Pumpen handelt es sich um axialspalt- und saugseitig radialspaltkompensierte Ausführungen. Da die instationären 3D CFD-Rechnungen sehr zeitintensiv sind, konzentrieren sich die numerischen Untersuchungen auf einen Betriebspunkt (Drehzahl von $n_1 = 1500$ min^{-1} bei einem Hochdruckniveau von $p_1 = 120$ bar und einem Saugdruckniveau von $p_S = 1$ bar) für die Stoffdaten der Mineralölflüssigkeit HLP 46 bei $\vartheta = 40$ °C. Dieser Betriebspunkt repräsentiert den mittleren Leistungsbereich der untersuchten Pumpe bezüglich Drehzahl und Druck. Kavitation besitzt hier keinen dominanten Einfluss.

Bild 6 zeigt den Aufbau dieser selbstansaugenden Verdrängerpumpe. Der Verdrängungsvorgang der Zahnradpumpe erfolgt beim Abwälzen der Zähne, bei dem sich die Zahnkammern und somit die eingeschlossene Fluidmenge auf ein Minimum verkleinert. Die Zahnkammer wird bereits vor Erreichen des Totpunkts durch Zahnpaareingriff (Doppeleingriff) verschlossen. Umsteuernuten in den Lagerstirnseiten der Axialspaltbrillen verhindern die Kompression der eingeschlossenen Flüssigkeit. Hydraulischer und mechanischer Eingriff sind auf diese Weise voneinander getrennt. Die Gestaltung der Umsteuernuten besitzt maßgeblichen Einfluss auf die Ausprägung der Pulsationen sowie den Druckabbaugradienten. Neben der hochdruckseitigen Verdrängung des Druckmediums aus den Zahnkammern (Umsteuervolumen) gewähren sie saugseitig das Nachströmen in die sich vergrößernden Verdrängerräume, solange durch Zahnpaareingriff ein Einströmen über die Flanken der Zähne ausgeschlossen bleibt. Zur axialen Spaltkompensation werden die axial beweglichen Lagerbrillen durch Druckfelder auf deren Rückseite gegen die Zahnräder gedrückt. Die saugseitige Radialspaltkompensation erfolgt durch Anpressung der Zahnräder gegen das Gehäuse. Es werden zwei Arten von Außenzahnradpumpen unterschieden: die einflanken- und zweiflankengedichtete Zahnradpumpe, **Bild 7**. Bei der einflankengedichteten Außenzahnradpumpe wird nur eine Zahnflanke zur Dichtung verwendet, während bei der zweiflankengedichteten Variante vor- und rücklaufende Zahnflanke dichten. Durch das beidseitige Abdichten der Zahnflanken reduziert sich der kinematische Ungleichförmigkeitsgrad um 75 % gegenüber der Einflankendichtung. Bild 7 zeigt für die einflanken- und zweiflankengedichtete Außenzahnradpumpe jeweils zwei konstruktive Varianten der Druckumsteuergeometrie und deren Einfluss auf die resultierende Volumenstrompulsation. Bei der Einflankendichtung überwiegt die negative hydraulische Überdeckung (Minusüberdeckung) trotz volumetrischer Wirkungsgradeinbußen, da bei Nullüberdeckung Quetschöldrücke unvermeidbar sind. Dagegen kann bei der Zweiflankendichtung auf die negative Überdeckung verzichtet werden, ohne dass Drucküberhöhungen durch Quetschöl bzw. hydraulische Unterversorgungen im Anschluss an die Druckumsteuerung auftreten.

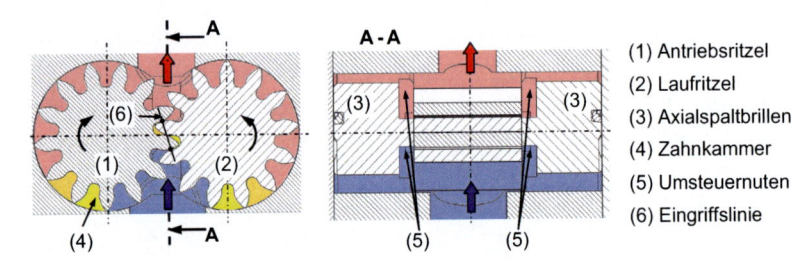

Bild 6: Konstruktiver Aufbau einer Außenzahnradpumpe

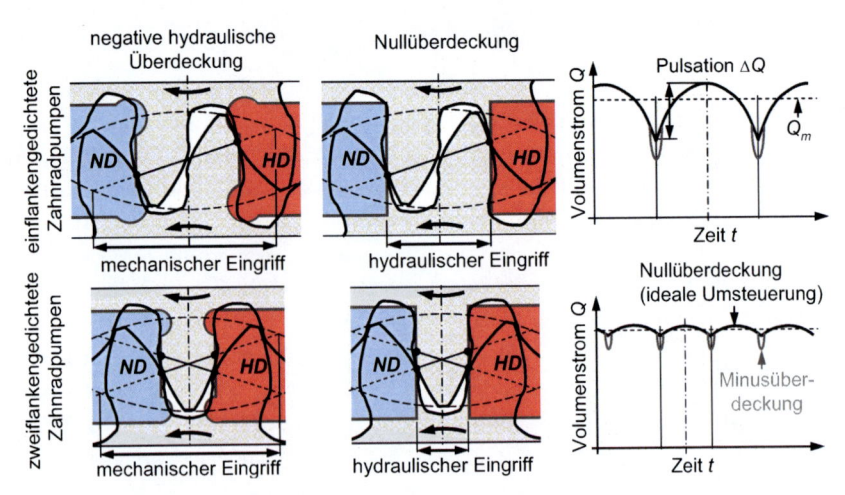

(1) Antriebsritzel
(2) Laufritzel
(3) Axialspaltbrillen
(4) Zahnkammer
(5) Umsteuernuten
(6) Eingriffslinie

Bild 7: Einflanken- und zweiflankengedichtete Außenzahnradpumpe mit negativer hydraulischer bzw. Nullüberdeckung und Auswirkungen auf die Volumenstrompulsation

# 5 Strömungsanalyse an Zahnradpumpen

5.1 Numerische Voruntersuchungen

Nachfolgend wird die Entwicklung eines CFD-Zahnradpumpenmodells mit schrittweise erhöhter Komplexität vorgestellt. Das Modell basiert auf CAD-Geometriedaten. Für jeden Entwicklungsschritt werden anwendungsbezogene Fragen diskutiert. Am Ende des Kapitels soll ein Modell stehen, das für experimentelle Validierungen geeignet ist. Die grundlegenden und allgemeingültigen Betrachtungen zur numerischen Strömungsberechnung von Zahnradpumpen orientieren sich an der einflankengedichteten Zahnradpumpe.

Für die Berechnung von Strömungen in Pumpen muss die Veränderung des Lösungsgebietes, hervorgerufen durch die Bewegung der Ränder modelliert werden. Dabei wird das Strömungsvolumen in Fluidzonen unterteilt, wobei die Trennung zwischen bewegten und ortsfesten Bereichen erfolgt, **Bild 8** (1). Bei der Kopplung mit Hilfe des Ansatzes der „gleitenden Gitterbewegung" (sliding-mesh) verschiebt sich das bewegte Gitter entlang der Trennfläche (Interface) zum festen Gitter, ohne dabei deformiert zu werden.

Der verwendete CFD-Code bietet zur Behandlung von bewegten Gittern verschiedene Ansätze, bei denen das Gitter automatisch zu jedem Zeitschritt in Abhängigkeit der neuen Position der Ränder aktualisiert wird. Hierzu wird neben der Vorgabe der Bewegungsfolge nur ein Ausgangsgitter benötigt. Der Prozess der Gittergenerierung ist von entscheidendem Einfluss auf das Simulationsergebnis. Entartete Zellen (spitze Winkel, großes Streckungsverhältnis …) haben numerische Fehler zur Folge. Nachfolgend beschriebene Techniken werden für die dynamische Gittergenerierung der Zahnradpumpe genutzt. Die unterschiedlichen Ansätze für die dynamische Gittergenerierung sind im Anhang A.4.1 ausführlich beschrieben.

Bei der „federbasierten Glättungsmethode" (smoothing) nach Bild 8 (2) werden die Seitenkanten zwischen sämtlichen Knoten als ein Netzwerk verbundener Federn idealisiert. Durch Verschiebung von Randknoten wird eine Kraft an sämtlichen in Verbindung stehenden Federn generiert und die betroffenen Knoten verschoben.

Bei „verformbaren Gittern" (deforming mesh) nach Bild 8 (3) erfolgt neben der Bewegung auch eine Änderung der Gittertopologie zwischen den Zeitschritten. Dabei ändern sich Anzahl und Form der Kontrollvolumina, wenn ein Gütekriterium verletzt wird. Die Zeitschrittweite ist limitiert, damit die neue Lösung durch Interpolation berechnet werden kann. Insbesondere bei dünnen Zellen in Wandnähe wird die Zeitschrittweite sehr stark eingeschränkt.

Die „lokale Neuvernetzung" (remeshing) von Zellballen wird bei großen Verschiebungen angewendet, wenn die Gefahr entarteter Zellen besteht. Die Lösung wird dabei von den alten auf die neuen Zellen interpoliert. Einen Spezialfall stellt die 2,5D-Oberflächen-Neuvernetzung dar. Diese Methode wird auf Flächen mit dreieckigen Grundelementen angewendet, die in die dritte Raumrichtung zu einem Prismengitter „gezogen" werden. Dabei werden nur die Elemente der Grundfläche neu berechnet, deren Neuvernetzung auf das Volumengitter angewendet wird. Diese Technik ist auch in Verbindung mit Wachstumsfunktionen (sizing function), d. h. der gesteuerten lokalen Änderung der Zellgröße, anwendbar.

Bei der dynamischen Gittergenerierung wurde die inverse Fläche zwischen Zahnrädern und Gehäuse mit der remeshing, smoothing und deforming mesh Technik zu jedem Zeitschritt automatisch neu generiert. Diese Techniken bewirken in Kombination mit einer Zellwachstumsfunktion (sizing function), dass in Wandnähe der Zähne und am Gehäuseumfang ein feines Gitter vorliegt, während im übrigen Fluidbereich größere Zellen auftreten, Bild 8 (4). Aufgrund der komplexen Geometrie der Evolventenpaare ist eine strukturierte Vernetzung nicht möglich. Für die fehlerfreie Gittergenerierung müssen die tribologischen Kontakte zwischen Zahnkopf und Gehäuse sowie zwischen Zahnradflanke und Gegenflanke durch mindestens eine Zelle aufgelöst werden. Um die Spaltmaße zu minimieren, muss u. a. der Evolventenbereich mit sehr kleinen Zellen diskretisiert werden, da andernfalls entartete dünne Zellen mit schlechten numerischen Eigenschaften generiert werden.

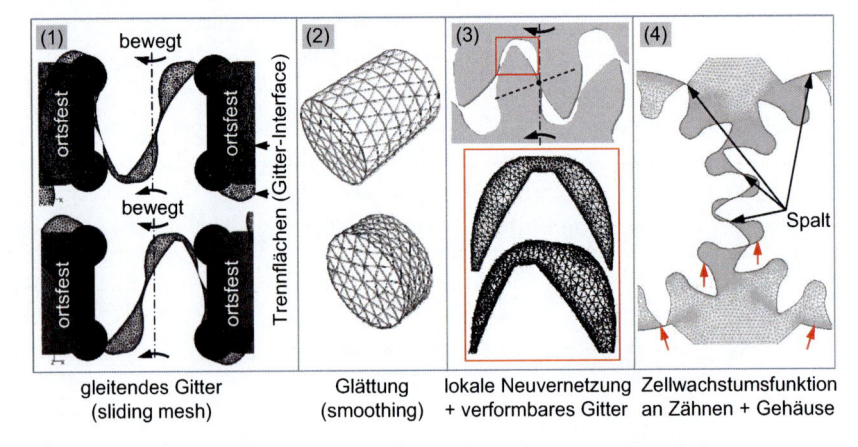

Bild 8: Gittertechniken für die Vernetzung der Geometrie von Zahnradpumpen

Mit 2D-Simulationen wurde zunächst die dynamische Gittergenerierung studiert. Saug- und Druckleitung sind als kurzes Leitungsstück mit Konstantdruckrändern modelliert. Das unstetige Förderprinzip hydrostatischer Verdrängereinheiten bedingt pulsierende Volumenströme. Im **Bild 9** ist die Schwingung (Pulsation) der Sauggeschwindigkeit im Eckleistungspunkt der Zahnradpumpe (n_1 = 3000 min^{-1}; p_{1max} = 276 bar) gezeigt. Nach kurzer Einschwingzeit stellt sich ein periodisches Verhalten ein. Da das Medium als inkompressibel angenommen wurde, kann die Druckpulsation nicht realitätsgetreu korrekt berechnet werden.

5 Strömungsanalyse an Zahnradpumpen

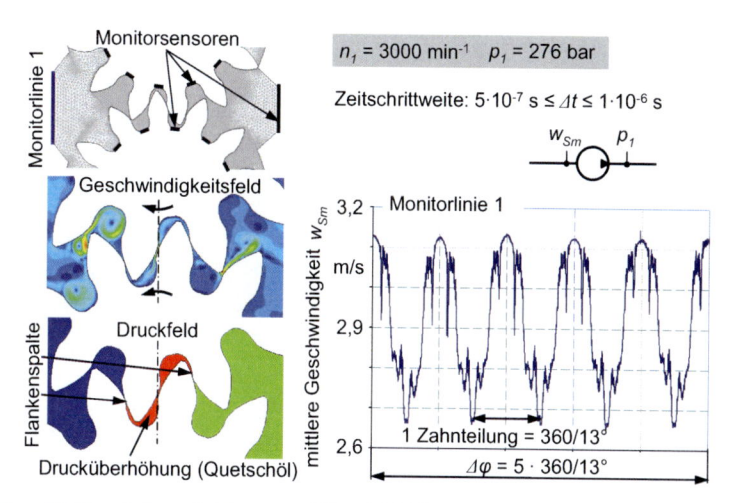

Bild 9: 2D-Simulation mit inkompressiblem Fluid für Eckleistungspunkt

Da bei den 2D-Rechnungen mit inkompressiblem Fluid die Umsteuergeometrie nicht modelliert ist, treten sehr hohe Quetschöldrücke während der Kompressionsphase bei Doppeleingriff auf, Bild 9. Während der Expansionsphase, unmittelbar im Anschluss hieran, liegen sehr hohe Unterdrücke bei Doppeleingriff vor. Über die Flankenspalte zwischen den Zähnen erfolgt ein Druckausgleich durch Leckage. Die Schwankungen der Sauggeschwindigkeit, die dem parabelförmigen Geschwindigkeitsverlauf überlagert sind, resultieren einerseits aus dem Gittereinfluss beim Übergang von Doppel- und Einzeleingriffsphasen sowie andererseits durch die unrealistischen Quetschöldrücke im Umsteuerbereich. Die geometrischen Verzahnungsverhältnisse bei Doppel- und Einzeleingriff sind im **Bild 10** dargestellt. Die maximale Förderung erfolgt stets während der Einzeleingriffsphase beim Durchgang des Zahneingriffspunktes durch die Achsenmittellinie, graphisch veranschaulicht im Bild 10 (2).

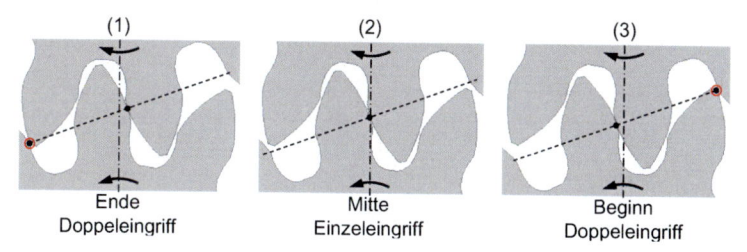

Bild 10: Doppel- und Einzeleingriff bei der Einflankenaußenzahnradpumpe

Die dynamische Gittergenerierung erfordert eine hohe Anzahl an Zellen, so dass sich für die instationären Berechnungen kleine Zeitschrittweiten ergeben. Für Drehzahlen zwischen

$1500 \text{ min}^{-1} \leq n_1 \leq 3000 \text{ min}^{-1}$ liegen sie zwischen $5 \cdot 10^{-7} \text{ s} \leq \Delta t \leq 2 \cdot 10^{-6} \text{ s}$. Hieraus resultiert eine sehr hohe Anzahl an Zeitschritten und folglich ein hoher Berechnungsaufwand. Für die Drehung um eine Zahnteilung $\Delta \varphi = 360°/z$ werden ca. 1500 Zeitschritte benötigt.

Mit Hilfe der 2D-Studien konnte ein pulsierendes Förderstromverhalten nach kurzer Einschwingzeit als notwendige Voraussetzung für die Methode zur Analyse von Zahnradpumpen berechnet werden, so dass darauf aufbauend die 3D Geometrie mit den Umsteuernuten modelliert wurde, **Bild 11**. Bei der dynamischen Gittergenerierung des Evolventenbereichs, wird die 2,5D-Technik verwendet. Das dynamisch generierte Strömungsgitter der Verzahnung muss vom übrigen Gitter durch Trennflächen (Interfaces) abgetrennt werden. Drei Gitter-Interface Zonen trennen den Verzahnungsbereich von den Umsteuernuten sowie den Leitungsanschlüssen. Die einzelnen Fluidbereiche sind als separate Fluidzonen definiert. Die Leitungen sind mit Hexaeder-Zellen und die Umsteuergeometrie mit Tetraedern diskretisiert. Da die Zahnradpumpen symmetrisch zur Rohrlängsachse aufgebaut sind, können Halbschnittmodelle mit Symmetrierandbedingung verwendet werden, wodurch sich die Gittergröße reduziert.

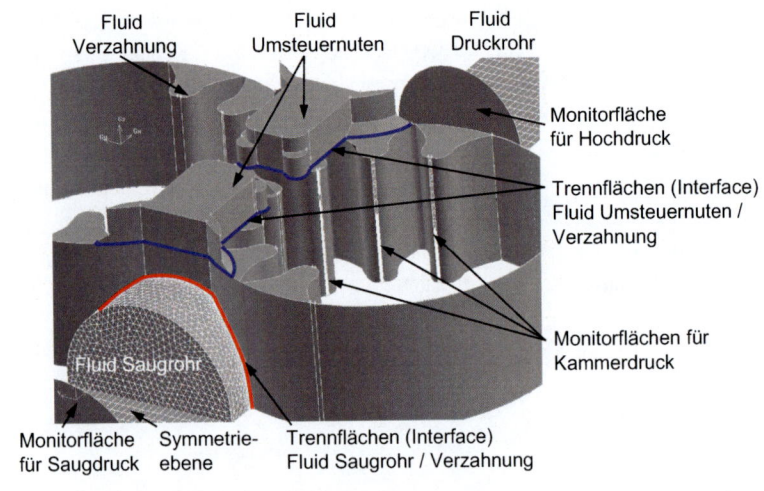

Bild 11: Aufbau des 3D CFD-Halbschnittmodells der Außenzahnradpumpe mit 7 Zähnen

Die Volumenstrompulsation einer Zahnradpumpe setzt sich aus der geometrischen Pulsation, der Lecköl- und der kompressionsbedingten Pulsation zusammen. Mit Hilfe der 3D instationär-inkompressiblen Berechnungen lassen sich die beiden ersten Pulsationsarten sowie der Druckabbau im Umsteuerbereich ohne Dekompressionsanteil berechnen, **Bild 12**. Bei inkompressiblem Fluid besteht jedoch keine physikalische Relation zwischen der Volumenstrom- und Druckpulsation. Der statische Druck resultiert ausschließlich aus der Impulsüber-

5 Strömungsanalyse an Zahnradpumpen 31

tragung der Fluidelemente untereinander sowie an Wänden. Druckänderungen breiten sich deshalb mit unendlich großer Geschwindigkeit aus, anstatt sich als Druckwelle mit Schallgeschwindigkeit von der Quelle fortzubewegen. Endet der Störeinfluss, so klingt die „Druckpulsation" sofort im gesamten Strömungsgebiet ab. Saugdruck- und Hochdruckpulsation schwingen gegenphasig. Durch die Vorgabe von Konstantdruckrändern werden die Druckschwingungen zudem im Strömungsgebiet gedämpft. Mit zunehmender Entfernung vom Druckrand steigt die Amplitude der Druckschwingung, Bild 12. Bei Variation des Abstandes der Druckränder zur Pumpe ändern sich schließlich die Amplituden der „Druckpulsation". Während die Volumenstrompulsation ein der Physik entsprechendes Verhalten zeigt, ist eine praxisrelevante Beurteilung der Druckpulsationen mit inkompressiblen Druckmedien nicht möglich.

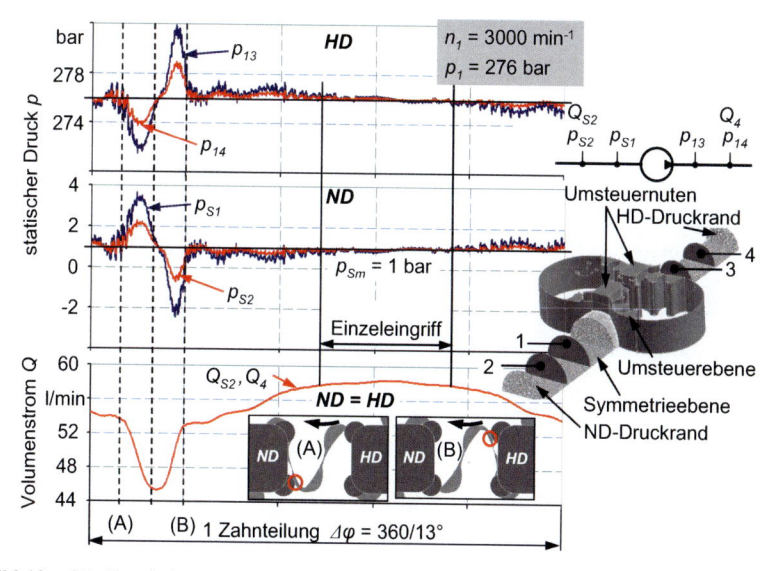

Bild 12: 3D-Simulation mit inkompressiblem Fluid für Eckleistungspunkt

Zur Klassifizierung der Strömung in laminar oder turbulent wird die Reynolds-Zahl benutzt. Sie beschreibt das Verhältnis der an einem Strömungsteilchen angreifenden Trägheitskräfte zu Zähigkeitskräften und lautet:

$$Re = \frac{w \cdot l}{v}. \tag{5.1}$$

Der Umschlag der laminaren in eine turbulente Strömung ist vom Strömungsvorgang abhängig. Für Rohrströmungen (l = hydraulischer Durchmesser d_h) erfolgt dieser Umschlag bei $Re > 2300$. Bei Strömungsgeometrien, die vom idealen Rohr abweichen bzw. bei wandbzw. freistrahlähnlichen Strömungsvorgängen sinkt die kritische Reynolds-Zahl unter diesen Wert. Gesicherte Re-Zahl Angaben für Zahnradpumpen gestalten sich aufgrund der Komplexität der Geometrie und der Dynamik als schwierig. Dennoch ist hier der Versuch unternommen worden, diese Ähnlichkeitsgröße zu ermitteln, **Bild 13**. Dabei wird die Umfangsgeschwindigkeit der Zahnräder vernachlässigt. Aufgrund der hohen Viskosität des Mineralöls HLP 46 liegen die Reynolds-Zahlen Re im laminaren Bereich, so dass bei der CFD-Simulation auf ein Turbulenzmodell verzichtet werden konnte. Die hochdynamischen Vorgänge während der Druckumsteuerung umfassen bei einer Drehzahl von $n_1 = 3000$ min^{-1} eine Zeitdauer von $\Delta t = 0{,}2$ ms.

Drehzahl Druckdifferenz	n_1 Δp	min^{-1} bar	1500 120	3000 276
Maximalgeschwindigkeit nach Bernoulli für $\Delta p = p_1 - p_S$	w_{max}	m/s	170	250
Re Flankenspalt (1) mit $\Delta p/2$	Re_{Spalt}	-	650	1200
Re Umsteuernut (2) für Blendenquerschnitt in Symmetriestellung für $\Delta p/2$ und Δp	Re_{Blende}	-	700 - 1000	1050 - 1500
Re ND und HD-Leitung (3)	Re_{Rohre}	-	650 - 1200	1300 - 2400

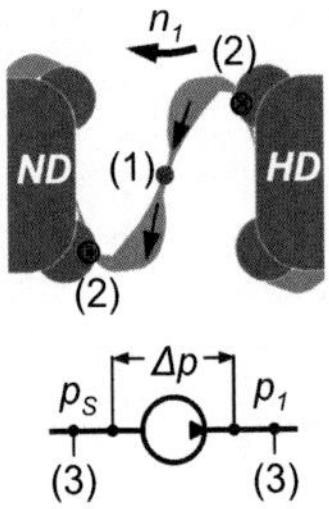

$$w_{max} = \sqrt{\frac{2}{\rho}(p_1 - p_S)}$$

Bild 13: Reynolds-Zahl-Abschätzung (Re) für die Zahnradpumpe für zwei Betriebspunkte

Mit laminarem Strömungsmodell wurde nun in Berechnungen mit inkompressiblem Fluid der Drehzahl- Druck- und Viskositätseinfluss analysiert, **Bild 14**. Folgende verallgemeinerungsfähige Aussagen können aus den CFD-Untersuchungen abgeleitet werden:

1) Die Vergrößerung der Drehzahl bei konstantem Hochdruckniveau reduziert den Volumenstromeinbuch während der Kurzschlussphase (A → B), führt aber zu größeren Unterdrücken in der umsteuernden Zahnkammer (Vergleich der Kurven 1 und 2): Beide Phänomene ergeben sich aus der verkürzten Zeitdauer für die Ausgleichsströme.

2) Die Anhebung des Hochdruckniveaus besitzt größeren Einfluss auf die Zunahme der Druckänderungsgeschwindigkeit als die Anhebung der Drehzahl (Vergleich der Kurven 1 + 2 mit 3): Da die Drehzahlanhebung von $n_1 = 2000$ min^{-1} auf $n_1 = 3000$ min^{-1} bei konstantem Hochdruckniveau von $p_1 = 276$ bar kaum zu einer Änderung der Druckänderungsgeschwindigkeit führt (Kurve 1 + 2), ist auch bei Abnahme der Drehzahl auf $n_1 = 1500$ min^{-1} keine signifikante Änderung zu erwarten. Hieraus leitet sich ab, dass die Vervierfachung der Druckänderungsgeschwindigkeit bei Druckanhebung von

p_1 = 120 bar auf p_1 = 276 bar und gleichzeitiger Drehzahländerung von n_1 = 1500 min^{-1} auf n_1 = 2000 min^{-1} maßgeblich auf den Druckanstieg zurückzuführen ist (Kurve 2 + 3).

3) Die Abnahme der kinematischen Viskosität führt zu einem vergrößerten Volumenstromeinbruch während der Kurzschlussphase (A → B), bewirkt aber geringere Unterdrücke in der umsteuernden Zahnkammer (Vergleich der Kurven 3 und 4): Beide Phänomene sind auf die reduzierte viskose Reibung zurückzuführen.

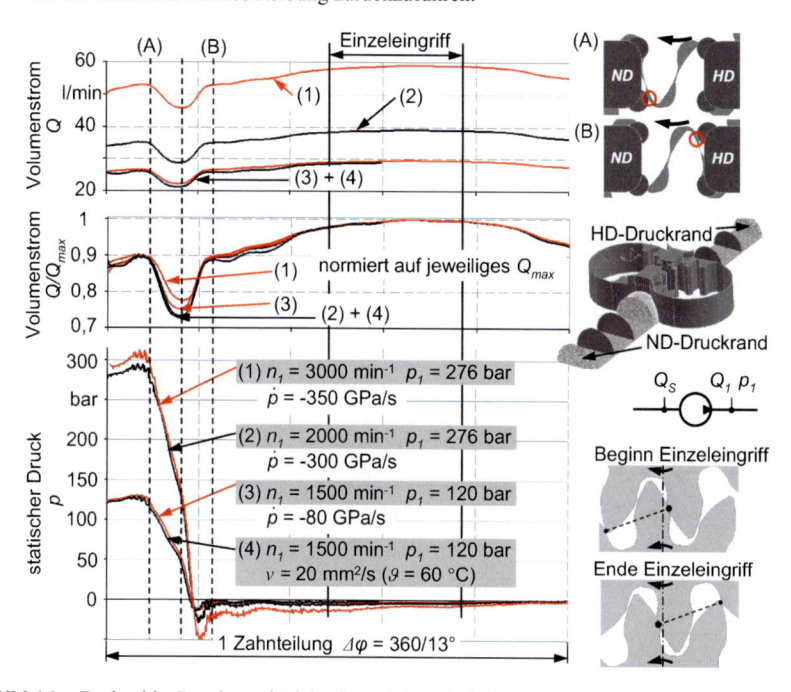

Bild 14: Drehzahl-, Druck- und Viskositätseinfluss bei inkompressiblem Fluid

Als Indikator für die Kavitationsneigung kann bei den CFD-Berechnungen mit inkompressiblem Fluid der minimale statische Druck in der umsteuernden Zahnkammer herangezogen werden. Hohe Strömungsgeschwindigkeiten während des Umsteuer- und Füllungsvorgangs bewirken sinkende statische Drücke. Je kleiner der statische Druck wird, desto höher ist die Kavitationsneigung. Negative statische Drücke treten bis zum Ende des Doppeleingriffs auf. Dies weist auf eine Mangelversorgung über die Umsteuergeometrie hin, so dass im Saugbereich beim Vergrößern der Verdrängerräume Kavitationsgefahr besteht.

Reale Flüssigkeiten sind schwach kompressible Medien. Die bisherigen Ausführungen zeigen, dass für die Untersuchung von Pumpenströmungen die Kompressibilität des

Druckmediums zu modellieren ist, insbesondere um die Druckwellenausbreitung sowie das Kompressions- und Dekompressionsverhalten während der Druckumsteuerung wiederzugeben. Ein analytisches Modell der Kompressibilität von Druckmedien, das auf dem Ersatzkompressionsmodul basiert, ist im Anhang A.1 detailliert angegeben und wird hier angewendet. Das Modell berücksichtigt, dass nur freie Luft zu einer Änderung der Kompressibilität /H7/ führt.

Für ein Flüssigkeits-Luft-Gemisch ergibt sich für den Spezialfall einer isentropen Zustandsänderung der Luft der Ersatzkompressionsmodul K' zu:

$$K' = K_{Fl} \cdot \frac{(1-\alpha_u)\left(1-\frac{p}{K_{Fl}}\right)+\alpha_u \cdot \left(\frac{p_0}{p}\right)^{\frac{1}{\kappa}}}{(1-\alpha_u)\left(1-\frac{p}{K_{Fl}}\right)+\frac{\alpha_u \cdot K_{Fl}}{\kappa \cdot p} \cdot \left(\frac{p_0}{p}\right)^{\frac{1}{\kappa}}} + K'_{min}. \qquad (5.2)$$

Darin sind K_{Fl} der Kompressionsmodul der Flüssigkeit und α_u der volumetrische Anteil an freier Luft bei Atmosphärendruck p_0.

$$\alpha_u = \frac{V_{L_0}}{V_{ges}}. \qquad (5.3)$$

Die isentrope Zustandsänderung ist für die Berechnung von Umsteuervorgängen bei Pumpen aufgrund der großen Druckänderungsgeschwindigkeiten gerechtfertigt. Der isentrope Ersatzkompressionsmodul K' ergibt sich unter den vereinfachenden Annahmen, dass die Menge ungelöster Luft während des Druckänderungsvorgangs konstant bleibt und der Kompressionsmodul der Flüssigkeit druckunabhängig ist.

Für die Mineralölflüssigkeit HLP 46 (ISO VG 46) wird ein konstanter Anteil freier Luft von $\alpha_u = 1\ \%$ angesetzt, obwohl dieser Wert im Vergleich zu Angaben in der Literatur /H6, S6/ relativ hoch erscheint. Der Kompressionsmodul wird für die reine Flüssigkeit mit $K_{Fl} = 14.000$ bar angegeben /H7/. Darin ist die Elastizität der umgebenden Festkörperstrukturen berücksichtigt. Der minimale Wert von K' wurde mit $K'_{min} = 300$ bar festgelegt. Die hier getroffenen Annahmen gelten in hinreichender Näherung nur bei ruhendem Fluid. Die Anwesenheit von Kavitation führt zu einer signifikanten Änderung des Übertragungsverhaltens.

Zwischen dem druckabhängigen Ersatzkompressionsmodul und der Dichte eines kompressiblen Flüssigkeits-Luft-Gemischs besteht folgender Zusammenhang:

5 Strömungsanalyse an Zahnradpumpen

$$\rho = \frac{\rho_0}{\left(1 - \frac{p - p_0}{K'}\right)}. \tag{5.4}$$

Die Bezugsdichte des Mineralöls beträgt bei Atmosphärendruck $\rho_0 = 860$ kg/m³. Die Schallgeschwindigkeit ergibt sich als Funktion von K' und ρ zu:

$$a = \sqrt{\frac{K'}{\rho}} = \sqrt{\left(1 - \frac{p - p_0}{K'}\right) \cdot \frac{K'}{\rho_0}}. \tag{5.5}$$

Neben der Dichte ist auch die Schallgeschwindigkeit im Fluid druckabhängig. Mit $K'_{min} = 300$ bar ergibt sich eine minimale Schallgeschwindigkeit von $a = 187$ m/s. Die Schallgeschwindigkeit berechnet sich für Luft mit der spezifischen Gaskonstante $R = 287$ J/(kg·K) nach:

$$a_L = \sqrt{\kappa \cdot R \cdot T}. \tag{5.6}$$

Luft mit einer Temperatur von 40 °C besitzt demnach eine Schallgeschwindigkeit von $a_L = 355$ m/s. Die Schallgeschwindigkeit des Flüssigkeits-Luft-Gemisches liegt im niedrigen Druckbereich deutlich darunter. Dieses Verhalten ist typisch für Mehrphasenströmungen. Im **Bild 15** sind die druckabhängigen Stoffdaten zusammengefasst.

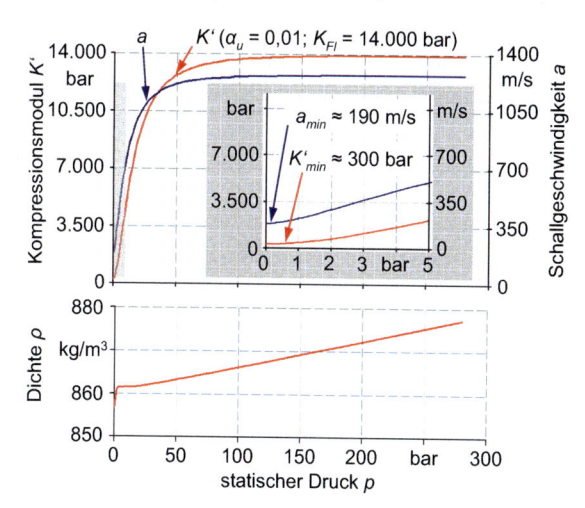

Bild 15: Stoffdaten der Mineralölflüssigkeit HLP 46 als Funktion des statischen Druckes

Die dynamische Viskosität wurde mit $\eta = 0{,}04$ kg/(ms) als konstant definiert. Die Stoffdaten gelten für eine Temperatur von $\vartheta = 40$ °C. In *FLUENT* sind die Stoffdaten des Mineralöls als benutzerdefinierte Funktion (UDF) integriert. Das beschriebene Modell wird nachfolgend als K'-Modell bezeichnet.

Bei der Anwendung des K'-Modells auf Pumpenströmungen muss im Gegensatz zu inkompressiblem Fluid die Interaktion der Druckpulsation mit den numerischen Rändern berücksichtigt werden, da hier Druckreflexionen auftreten, die das Pulsationssignal der Pumpe verfälschen. Derzeit sind keine reflexionsfreien Randbedingungen für schwach kompressible Flüssigkeiten in *FLUENT* verfügbar. Um dieses numerische Problem zu beheben, bieten sich zwei Möglichkeiten an: Einerseits können die Rohre sehr lang ausgelegt werden. Dabei muss gelten, dass die Zeitdauer der instationären Rechnung kürzer ist, als die Zeitdauer, die eine von der Pumpe ausgehende Druckwelle bis zu den Druckrändern benötigt. Eleganter und in Übereinstimmung mit dem experimentellen Aufbau ist die Modellierung eines reflexionsarmen Leitungsabschlusses (RALA) als Abschluss einer kurzen Druckleitung. Die Ölkapazität des RALA ist über einen blendenförmigen Strömungswiderstand mit dem Druckrohr verbunden. Die betriebspunktabhängige Einstellung des Widerstands gewährleistet, dass im Hochdruckrohr keine Druckreflexionen auftreten. Infolge des Druckabfalls an der Blende tritt unabhängig von den Druckpulsationen im Druckrohr ein annähernd konstanter Druck am Ausgang des RALA auf, so dass mit einer Konstantdruckrandbedingung gearbeitet werden kann. Die Auslegung des RALA-Öffnungsquerschnitts für den Betriebspunkt erfolgte mit den Berechnungsgrundlagen entsprechend Anhang A.2.

Auf der Saugseite ist der Kompressionsmodul aufgrund des geringen Druckniveaus deutlich niedriger als auf der Hochdruckseite. Die erhöhte Kompressibilität führt zu einer Reduktion der Pulsationsamplituden. Zudem breiten sich die Pulsationen mit geringerer Schallgeschwindigkeit a aus. Die Modellierung einer Saugleitung mit einer Länge von $L = 1,5$ m erwies sich als ausreichend.

Die 3D-Rechnungen erfolgten zunächst ohne Berücksichtigung des Druckaufbauverhaltens in den Zahnkammern am Gehäuseumfang. Die Zahnradpumpe wurde hierzu mit nur sieben Zähnen pro Ritzel modelliert. **Bild 16** zeigt das Gesamtmodell, bestehend aus Saug- und Druckleitung, Pumpe und RALA. Der Bereich der Verzahnung, der mit dem Gehäuse abdichtet, wurde durch einen 45 µm hohen Drosselspalt ersetzt, der die rotierenden Ritzel von der ortsfesten Gehäusewand trennt. Die Gittergröße konnte so gegenüber einem vollständigen Pumpenmodell deutlich reduziert werden. Dieses Modell gestattet die Untersuchung der Druckabbauphase der Zahnradpumpe unabhängig vom Druckaufbauvorgang. Spätere Modellierungen des gesamten Triebwerks berücksichtigen das Druckaufbauverhalten und dessen Wechselwirkung mit der Hochdruckpulsation. Für die CFD-Modelle sind durchschnittlich 1,8 - 2,2 Mio. Zellen erforderlich. Das 2D-Gitter des Verzahnungsbereichs umfasst ca. 90.000 Zellen. Da die Strömung in der Zahnradpumpe mit Ausnahme der

5 Strömungsanalyse an Zahnradpumpen 37

Druckumsteuerphasen nahezu zweidimensional ist, konnte die Gitterauflösung in Achsrichtung der Ritzel (ausgehend von den Druckumsteuernuten) kontinuierlich vergröbert werden (Anzahl der Gitterebenen: 14). Die numerischen Eigenschaften des Gitters wurden in 2D-Netzsensitivitätsstudien überprüft.

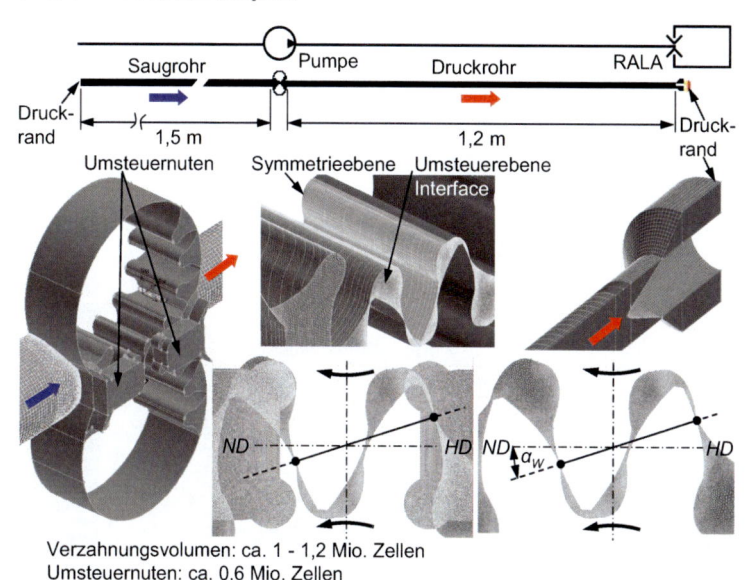

Bild 16: 3D CFD-Gesamtmodell bestehend aus Pumpe, RALA und Leitungen

Die Unterteilung des Strömungsvolumens in einzelne Fluidzonen gestattet die zonenweise Differenzierung der Anfangsbedingungen. Den instationären Rechnungen geht eine stationäre Rechnung voraus, um das stationäre Druckfeld in der Pumpe vorauszuberechnen. Anschließend werden die mittleren Strömungsgeschwindigkeiten in Saug- und Druckleitung aufgeprägt. Somit ergeben sich bereits nach einer Zeitdauer von $t \approx 2$ ms nach der Initialisierung eingeschwungene Strömungsbedingungen. Bei Vorgabe der mittleren Strömungsgeschwindigkeit sind die Strömungsprofile rechteckförmig ausgebildet. Laminare Parabelprofile stellen sich bei den untersuchten Laufzeiten nicht ein, so dass die viskose Reibung und folglich die Druckverluste in den Leitungen etwas vergrößert sind. Für den Vergleich mit experimentellen Ergebnissen werden in Monitorebenen die mittleren Feldgrößen ausgelesen. Die Monitorebenen sind identisch zur Lage der Sensoren im Versuchsaufbau positioniert. Weiterhin werden die Zahnfüße der Ritzel als drucksensitive Flächen herangezogen.

Bild 17 vergleicht die Berechnung des Druckumsteuerprozesses von kompressiblem mit inkompressiblem Fluid. Gegenüber inkompressibler Modellierung führt die Entspannung des komprimierten Mediums während der Umsteuerphase zu einer Erhöhung der Volumenstrompulsation um den kompressionsbedingten Pulsationsanteil. Dieser Anteil ist bei Zahnradpumpen aufgrund des kleinen Umsteuervolumens vergleichsweise gering. Da sich die Volumenstrom- und Druckpulsation mit Schallgeschwindigkeit in die Leitungen ausbreiten, entsteht ein Phasenversatz bei kompressiblem gegenüber inkompressiblem Fluid. Aufgrund unterschiedlicher Kompressibilität in Saug- (ND) und Druckleitung (HD) unterscheiden sich die Phasenverschiebungen. Zugspannungen führen im Fluid zu einer Verringerung der Dichte. Trotz Berücksichtigung der Kompressibilität treten weiterhin negative statische Absolutdrücke im Umsteuervolumen auf, allerdings von geringerer Größe. Als Ursachen sind einerseits die fehlende Kavitationsmodellierung sowie andererseits die unzureichend bekannten Kompressionseigenschaften des Druckmediums bei statischen Drücken unterhalb des Atmosphärendruckes zu nennen.

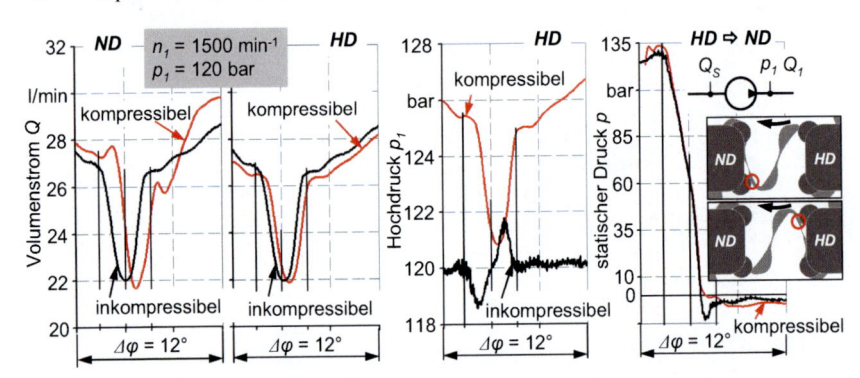

Bild 17: Vergleich der Druckumsteuerphase für inkompressibles und kompressibles Fluid

Im Kapitel numerische Voruntersuchungen ist die Entwicklung eines CFD-Zahnradpumpenmodells am Beispiel der einflankengedichteten Außenzahnradpumpe mit minimalem Flankenspalt gezeigt worden, das als Grundlage für experimentelle Validierungen dient, um daran anschließend Entwicklungspotenzial zu analysieren.

5.2 Einflankengedichtete Außenzahnradpumpe

5.2.1 Prüfstand

Bild 18 zeigt den Versuchsaufbau. Für die messtechnische Untersuchung der Zahnradpumpe wurde in Übereinstimmung zu den CFD-Simulationen saugseitig ein mittleres statisches Druckniveau von $p_S = 1$ bar eingestellt. Der piezoresistive Saugdrucksensor mit frontbündiger Membran und hoher Resonanzfrequenz befindet sich unmittelbar am Pumpeneingang. Das Saugdruckniveau wird mit Hilfe einer pulsationsarm arbeitenden Schrauben-

5 Strömungsanalyse an Zahnradpumpen

spindelpumpe im Zustrom zur Zahnradpumpe eingestellt. So lassen sich beliebige Saugdruckniveaus durch Verstellung der Drehzahl der Schraubenspindelpumpe realisieren. Eine lange gerade Saugleitung ($l > 1$ m) gewährleistet eine strömungsgünstige, d. h. gleichförmige, rotationssymmetrische und drallfreie Zuströmung. Störungen im Zulauf, die zu einer Verschlechterung der Pumpencharakteristik /R5/ führen, können daher ausgeschlossen werden. Eine Temperaturregelung garantiert die konstante Öltemperatur von $\vartheta = 40 \pm 5$ °C. Das an der Pumpe arretierte Druckrohr mündet nach einer Länge von $L = 1,2$ m in einen reflexionsarmen Leitungsabschluss (RALA). Im Druckrohr sind zwei Hochdrucksensoren unmittelbar hinter der Pumpe und vor dem Einlauf in den RALA angeordnet. Der RALA wird für den Vergleich von Pulsationsmessung und CFD abgeglichen, bis die Pulsationsverläufe beider Drucksensoren mit Ausnahme eines Laufzeitunterschiedes identisch sind. Die Durchflussmessung erfolgte mit einem Zahnradvolumenstromsensor in der Hochdruckleitung.

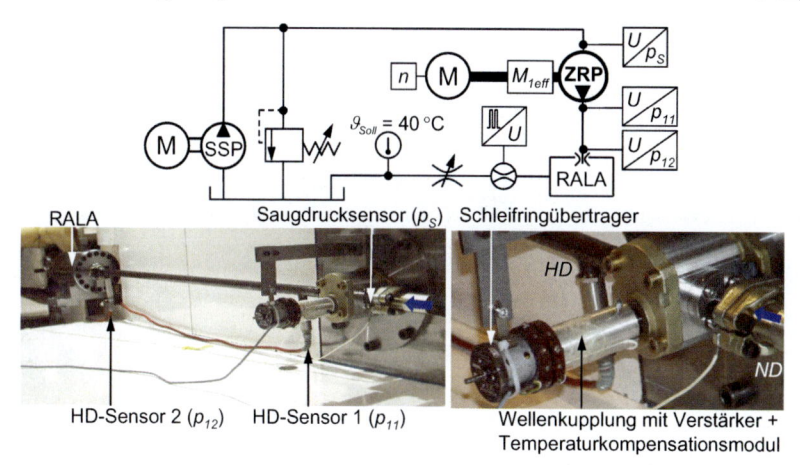

Bild 18: Versuchsaufbau für experimentelle Validierungen

Für den Vergleich des Druckumsteuerprozesses mit den CFD-Rechnungen wurden Innendruckmessungen durchgeführt. Hierzu kam ein piezoelektrischer Miniaturdrucksensor zum Einsatz, der im Zahngrund des Laufritzels positioniert war. Die schräg zur Wellenachse eingebrachte Aussparung zur Aufnahme des Miniaturdrucksensors entstand durch Senkerodieren, **Bild 19**. Als Laufritzel fand ein Antriebsritzel Verwendung, dessen Wellenzapfen aus der Pumpe über den sonst verschlossenen Lagerdeckel herausgeführt wurde. Über einen in der Welle integrierten Verstärker (Verstärkungsfaktor 50) konnte das Drucksignal mittels Schleifringübertrager abgeführt werden.

Der Sensor wurde mit einem 1K-Epoxydharzklebstoff im Ritzel eingeklebt. Zwischen dem Sensorkopf und der umgebenden Bohrung lag ein Klebespalt von 50 μm vor. Die Aushärtung des Klebstoffs mit hoher Glasübergangstemperatur erfolgte bei $\vartheta = 115\ °C$ knapp unterhalb der zulässigen Maximaltemperatur des Sensors. Um die Sensormembran kräftefrei zu positionieren, musste der Sensorkopf sowie das verbleibende Totvolumen zum Zahngrund mit einem RTV-Silikon versehen werden.

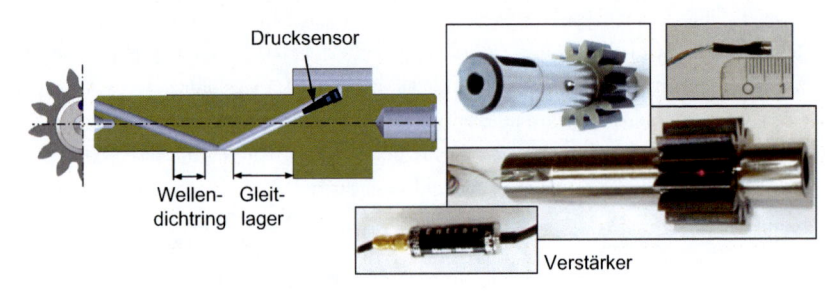

Bild 19: Integration eines Miniaturdrucksensors in das Laufritzel der Zahnradpumpe

Die Innendruckmessungen wurden bis zu einer Drehzahl von maximal $n_1 = 2000\ min^{-1}$ und einem Hochdruckniveau von $p_1 = 140$ bar durchgeführt, **Bild 20**. Eine weitere Anhebung des Hochdruckniveaus unterblieb, da das Hochdruckpulsationssignal bei $p_1 = 140$ bar bereits eine überlagerte Schwingung zeigte, die aus der verminderten drehwinkelabhängigen Biegesteifigkeit des Laufritzels resultierte. Die Abtastrate für die Messaufzeichnungen betrug 50 kHz. Bei einer Drehzahl von $n_1 = 1500\ min^{-1}$ ergibt sich somit ein Messwert alle 0,2° Drehwinkel.

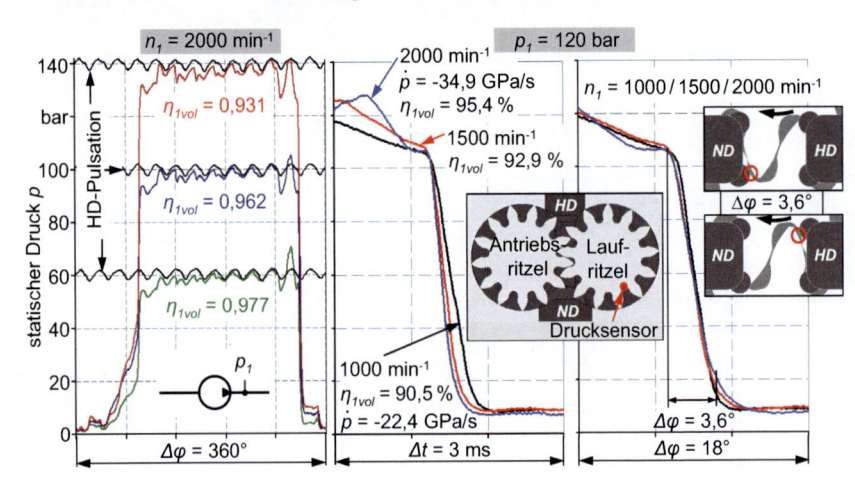

Bild 20: Messergebnisse mit Innendrucksensor exemplarisch für $n_1 = 2000\ min^{-1}$

5.2.2 Reduziertes CFD-Modell und Experiment im Vergleich

Das im Kapitel 5.1 entwickelte CFD-Zahnradpumpenmodell wird nachfolgend mit experimentellen Ergebnissen verglichen. Im **Bild 21** ist der Druckabbauvorgang für die Drehzahl von $n_1 = 1500$ min^{-1} dargestellt. Da der Flankenspalt im CFD-Modell minimal ist, tritt ein geringer Leckagestrom über dem Zahnflankenspalt auf. Der volumetrische Wirkungsgrad liegt mit $\eta_{1vol} \approx 98{,}4$ % mehr als 5 % über dem gemessenen Wert. Daher treten im Vergleich zur Innendruckmessung größere Druckunterschiede während des Umsteuervorgangs auf.

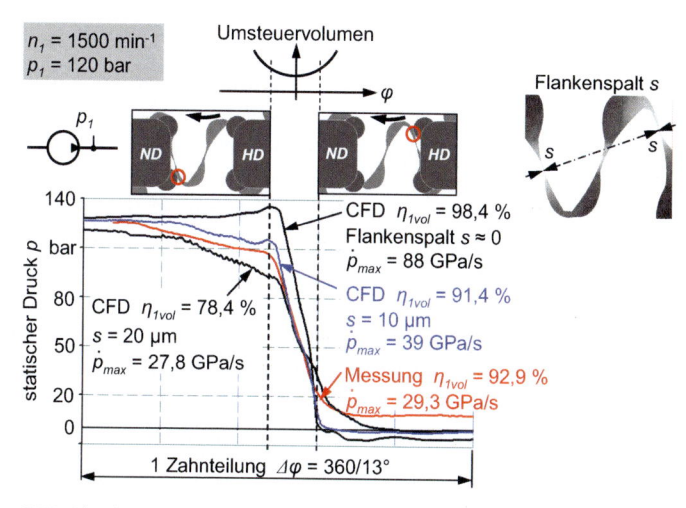

Bild 21: CFD-Simulation und Messung des Druckabbauvorgangs für $n_1 = 1500$ min^{-1} und $p_1 = 120$ bar bei variierenden Flankenspaltabmessungen

Um die Ergebnisse der Innendruckmessungen im CFD-Modell besser nachzubilden, wurde der Leckageeinfluss durch Vergrößerung des Flankenspiels auf $s = 10$ µm bzw. $s = 20$ µm berücksichtigt. Mit einem Flankenspalt von $s = 10$ µm ($\eta_{1vol} \approx 91$ %) konnte eine gute Annäherung an die Messung bei vergleichbarem Wirkungsgrad erzielt werden. Die in /E1/ gefundene Abhängigkeit des Druckabbaugradienten vom Kompressionsmodul K' kann mit der gewählten Beschreibung $K' = f(p)$ wiedergegeben werden. Im Niederdruckbereich unterscheiden sich Messung und CFD jedoch deutlich voneinander. Eine Überprüfung des eingeklebten Innendrucksensors zeigte, dass dieser nicht kräftefrei im Ritzel eingeklebt war. Bei mechanischer Verspannung des Ritzels lieferte der Innendrucksensor ein von Null abweichendes Ausgangssignal. Es wird vermutet, dass mechanische Spannungen aus der Umlaufbiegung der Ritzelwelle im Messergebnis enthalten sind.

In der CFD ergeben sich saugseitig negative statische Absolutdrücke. In Abhängigkeit des Spaltstroms zwischen den Zahnflanken der Ritzel, der zu einer zusätzlichen Versorgung des Umsteuervolumens beiträgt, treten Druckminima von -8 bar $\leq p_{min} \leq$ -2 bar auf. Die Begrenzung auf den Dampfdruck der Flüssigkeit ist im K'-Modell nicht berücksichtigt.

Hohe Leckage bewirkt einen gedämpften Kraftwechselvorgang der Zähne im Eingriff. So beträgt die berechnete maximale Druckänderungsgeschwindigkeit $\dot{p}_{max} \approx$ 88 GPa/s für den volumetrischen Wirkungsrad von $\eta_{1vol} \approx$ 98 %. Für $\eta_{1vol} \approx$ 78 % wird nur noch eine Druckänderungsgeschwindigkeit von $\dot{p}_{max} \approx$ 28 GPa/s errechnet.

Hochdruckseitig treten während der Druckumsteuerung keine Drucküberhöhungen durch Quetschöl auf. Die Strömungskanäle der Umsteuernuten sind ausreichend dimensioniert. Für $\eta_{1vol} \approx$ 98 % wird eine kleine Druckspitze unmittelbar vor der hydraulischen Kurzschlussphase errechnet. Allerdings sinkt diese Drucküberhöhung mit abnehmendem volumetrischem Wirkungsgrad, da der Spaltstrom zwischen den Zahnflanken so groß wird, dass der Druckabfall bereits vor der hydraulischen Kurzschlussphase einsetzt. Zu diesem Zeitpunkt ändert sich das Umsteuervolumen nur noch geringfügig. Die Verdrängung des Druckmediums durch die kinematisch bedingte Verkleinerung des Umsteuervolumens wird durch den Abstrom von Leckageöl überkompensiert, so dass der statische Druck sinkt, Bild 21.

Während der hydraulischen Kurzschlussphase treten die mit Abstand größten Strömungsgeschwindigkeiten zwischen dem Hochdruck- und Niederdruckgebiet der Pumpe auf. Die maximalen Strömungsgeschwindigkeiten sind druckabhängig. **Bild 22** zeigt die Strömungsvektoren in der Umsteuerebene zwischen Ritzel und Umsteuernuten bei p_1 = 120 bar.

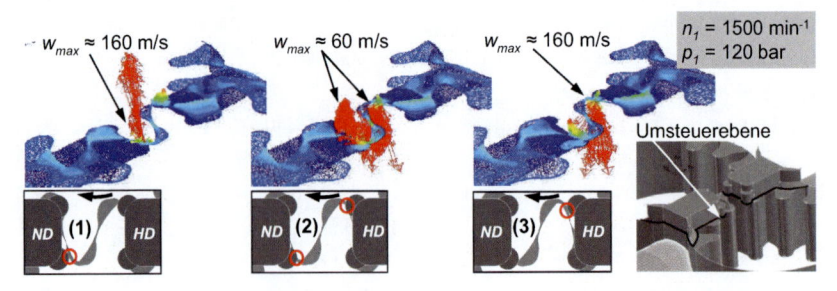

Bild 22: Strömungsvektoren innerhalb der Umsteuerebene während des Druckumsteuerprozesses (Beginn, Mitte und Ende der negativen hydraulischen Überdeckung)

Im Mittel werden während der Umsteuerphase Geschwindigkeiten von w = 60 m/s erreicht. Zu Beginn (1) und Ende (3) der negativen hydraulischen Überdeckung treten jedoch kurzzeitig bis zu w_{max} = 160 m/s auf, da dann die größten Druckgradienten im Umsteuerbereich auftreten. Während in (1) die saugseitige Verbindung des auf Hochdruck komprimierten Öls erfolgt, wird in (3) der Strömungskanal zwischen Hochdruck- und Sauganschluss unterbrochen. Zu diesem Zeitpunkt ist der statische Druck im Zwischenzahnvolumen aufgrund der großen saugseitigen Strömungsfläche bereits auf Niederdruck abgefallen.

Auch bei der Hochdruckpulsation gibt die Rechnung mit einem volumetrischen Wirkungsgrad von $\eta_{1vol} \approx 91\ \%$ die Messung gut wieder, **Bild 23**. Der Vergleich erfolgt hier für eine Pumpe ohne Innendrucksensor mit einem volumetrischen Wirkungsgrad von $\eta_{1vol} = 86{,}2\ \%$. Die Volumenstrompulsation wird mit dem kinematisch bedingten Pulsationsverlauf nach /M3, G5/ verglichen. Dieser Pulsationsanteil überwiegt bei Außenzahnradpumpen /L5/. Während der hydraulischen Kurzschlussphase wird in der CFD ein Druckeinbruch berechnet, der in dieser Größe durch die Messung nicht bestätigt werden kann. Ursache dieser Abweichung ist das angenommene laminare Strömungsverhalten sowie das einphasige Medium. Während der Druckumsteuerung ist jedoch eher von einem laminar-turbulenten bzw. turbulenten Strömungscharakter auszugehen, Bild 13. Der Impulsaustausch senkrecht zur Hauptströmungsrichtung bewirkt einen erhöhten Druckverlust, so dass der druckausgleichende Volumenstrom in der Realität geringer sein sollte, als in der CFD berechnet. Zudem kann die Kavitation im Umsteuerspalt eine Reduktion des Durchflussquerschnittes bewirken.

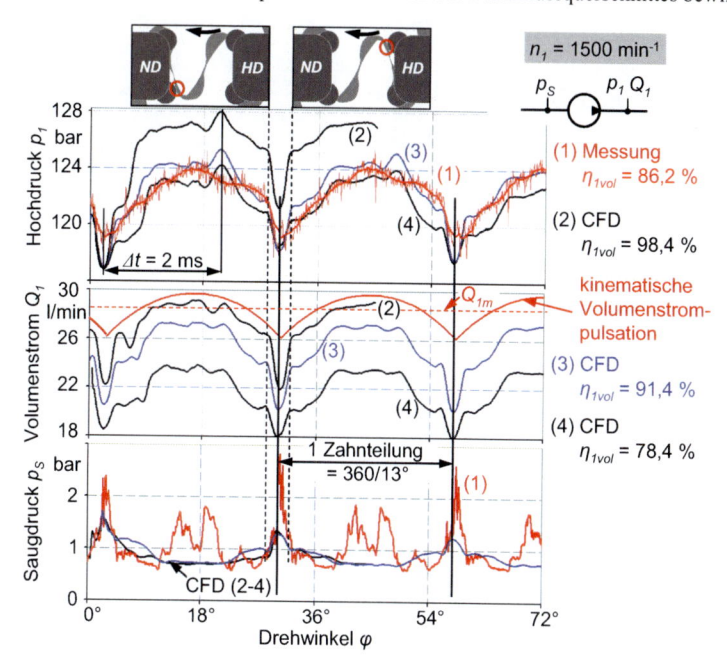

Bild 23: Berechnete und gemessene Hochdruck- und Saugdruckpulsation für $n_1 = 1500\ \text{min}^{-1}$

Im Vergleich zu den CFD-Berechnungen steigt bei den Messungen der statische Druck nach der hydraulischen Kurzschlussphase allmählicher an und bricht zudem eine halbe Zahnteilung nach der Kurzschlussphase ein. Beide Phänomene treten in dieser Form in der CFD nicht auf. Maßgeblich verantwortlich hierfür ist der Druckaufbauvorgang, der in dem reduzierten Zahnradpumpenmodell mit 7 Zähnen unberücksichtigt bleibt. Ein Vergleich von CFD und Messung ist daher nur eingeschränkt möglich.

In den berechneten Hochdrucksignalen treten jeweils $\Delta t = 2$ ms nach der hydraulischen Kurzschlussphase markante Druckspitzen im Unterschied zum Experiment auf. Ursache hierfür ist die Modellierung des reflexionsarmen Leitungsabschlusses: Der RALA-Öffnungsquerschnitt wurde nicht an verschiedene Leckagebedingungen zur Kompensation des variierenden Volumenstromanteils angepasst, so dass jeweils ein Teil der von der Pumpe ausgehenden Druckwelle am RALA reflektiert wird. Für die Distanz von $L = 1,2$ m zwischen Pumpe und RALA benötigt die Druckwelle nach Gleichung (5.5) eine Zeit von $\Delta t \approx 1$ ms und als Reflexionswelle nochmals die gleiche Zeit zurück zur Pumpe. Im **Bild 24** ist die experimentell (geglättet) und mit CFD ermittelte Druckwellenausbreitung im Hochdruckrohr gegenübergestellt: Die Laufzeit der Druckwellen ist identisch. Die Drucküberhöhung ist unmittelbar vor der Pumpe durch die Reflexion am Pumpenkörper verstärkt. Mit steigendem Abstand zur Pumpe reduziert sich die Drucküberhöhung.

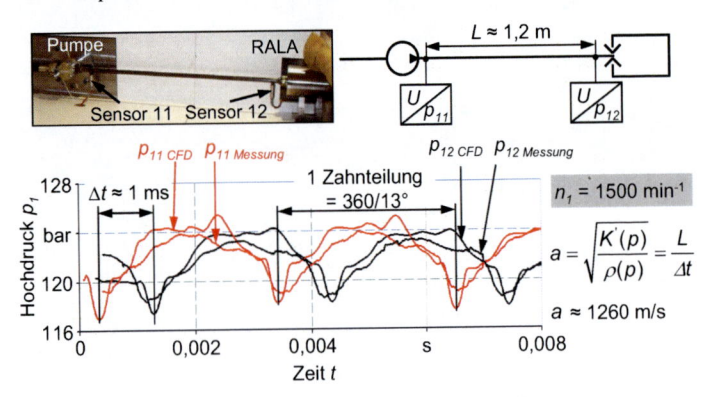

Bild 24: Druckwellenausbreitung in der Hochdruckleitung aus CFD und Messung

Bild 25 stellt die berechnete saug- und hochdruckseitige Volumenstrom- und Druckpulsation gegenüber. In der Saugleitung erfolgt die Zuströmung zur Pumpe entgegengesetzt zur Ausbreitung der Druckwellen, die als Folge des unstetigen Förderprozesses auftreten. Eine in die Saugleitung emittierte Druckwelle bewirkt an der vorlaufenden positiven Druckflanke einen Einruch des Volumenstroms und an der fallenden Rückflanke des Druckstoßes einen ausgleichenden Anstieg des Volumenstroms. Saugdruck und Saugvolumenstrom schwingen

5 Strömungsanalyse an Zahnradpumpen

gegenphasig. Der allmähliche Abfall der Amplitude der Saugdruckpulsation resultiert aus dem sinkenden mittleren Saugdruck. Am Einlauf der 1,5 m langen Saugleitung wurde für die Simulationen ein Konstantdruckrand von $p = 1$ bar absolut initialisiert. Der Druckabfall ist Folge des Einschwingvorgangs und der Strömungsprofilausbildung in der Saugleitung. Außerdem führt der pulsierende Volumenstrom aufgrund erhöhter Wandreibung zu einem größeren Druckverlust. Ausführliche Angaben hierzu finden sich im Kapitel 6.1. Mit sinkendem Saugdruck steigt die Kompressibilität K' des Öls, so dass die Saugdruckamplituden bei konstanter Erregung durch den Druckumsteuerprozess abfallen.

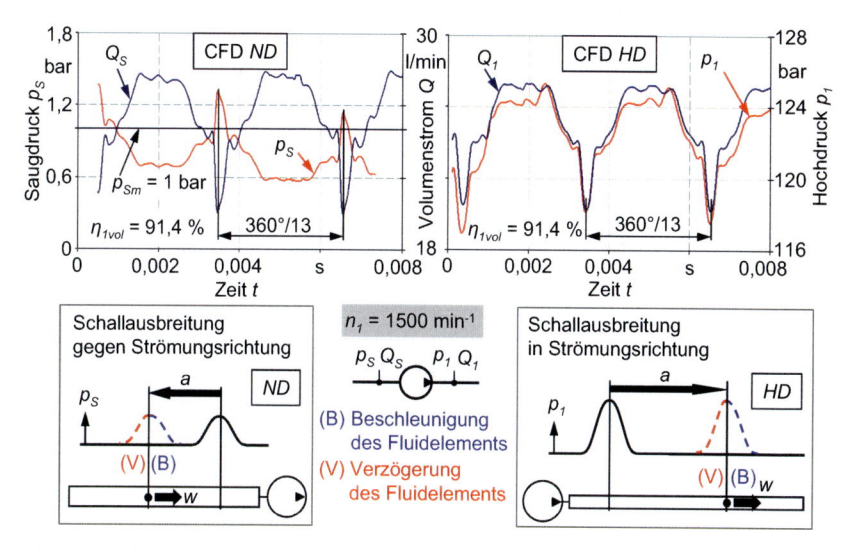

Bild 25: Volumenstrom- und Druckpulsation in Saug- und Hochdruckleitung aus der CFD

Eine in die Druckleitung emittierte Druckwelle breitet sich in Strömungsrichtung aus. Die vorlaufende positive Druckflanke bewirkt einen Anstieg des Volumenstroms, während die fallende Rückflanke einen Einbruch des Volumenstroms zur Folge hat. Hochdruck p_1 und hochdruckseitiger Volumenstrom Q_1 schwingen in Phase.

Im Gegensatz zur Hochdruckpulsation weichen die Pulsationen von Messung und CFD in der Saugleitung deutlich voneinander ab, Bild 23: Die Saugdruckamplituden, die sich aus dem Druckumsteuervorgang (Kurzschlussphase) ergeben, werden analog zu den Messungen wiedergegeben. Allerdings sind die Druckamplituden deutlich kleiner. Die maßgebliche Ursache für diese Abweichung wird in der Modellierung des einphasigen Fluids gesehen. Wie weiter oben bereits angegeben, ist davon auszugehen, dass während der Druckumsteuerphase Kavitation an der saugseitigen Umsteuernut sowie im Umsteuervolumen auftritt. Es wird vermutet, dass während der Kurzschlussphase durch Strahlkavitation gebildete Mikrobläschen unter Saugdruckniveau implodieren und eine Druckstoßwelle auslösen, die den Druckamplituden, verursacht durch die Verdrängungswirkung des von der Hochdruckseite einschießenden Druckmediums überlagert sind. Die CFD-Modelle berücksichtigen nur den zweiten Mechanismus, so dass die berechneten Druckamplituden während der Kurzschlussphase niedriger ausfallen.

Eine bemerkenswerte Abweichung von Messung und CFD bilden Drucküberhöhungen, die jeweils eine halbe Zahnteilung nach den Umsteuervorgängen auftreten und sich in zwei Druckspitzen aufteilen, Bild 23. Eine Ursache ist die Kinematik der abwälzenden Zahnräder, **Bild 26**: Während der Doppeleingriffsphase, die zum Zeitpunkt 1 endet, befinden sich jeweils zwei Flanken von Antriebs- und Laufritzel im Eingriff. Darauf folgend schließt sich die Einzeleingriffsphase an, bei der nur ein Flankenpaar dichtet. Diese Phase umfasst bei der untersuchten Pumpe ca. 20 % einer Zahnteilung. Unter den idealen Bedingungen einer unverformten und toleranzfreien Verzahnung erfolgt der Wechsel zwischen den zwei Eingriffsphasen stoßfrei. In der realen Pumpe treten jedoch neben Toleranzen der Bauteile zusätzlich elastische Verformungen aufgrund des hydrostatischen Druckes auf. Zudem ist ein radiales Spiel der Ritzel in den hydrodynamischen Lagern funktionsrelevant. Diese Faktoren können bewirken, dass die Verzahnung nicht ideal abwälzt und Zahneingriffsstöße auftreten.

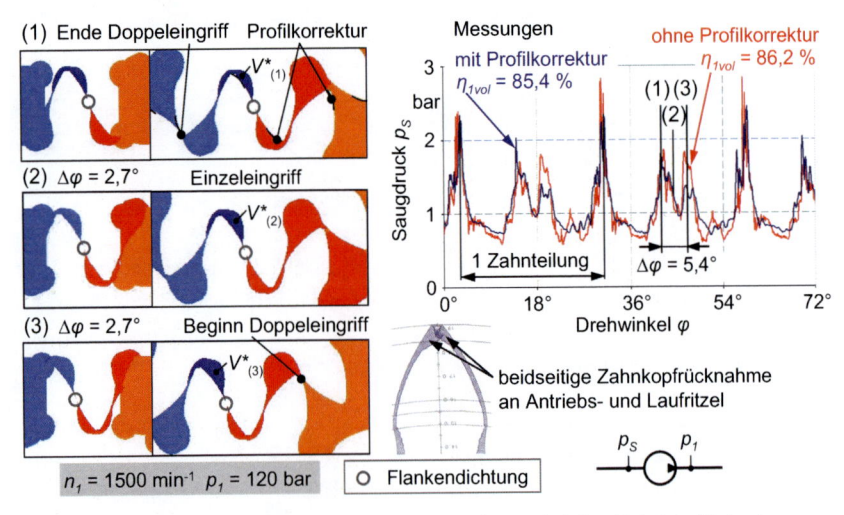

Bild 26: Wechsel von Doppel- und Einzeleingriffsphase mit / ohne Zahnkopfrücknahme

Um die mechanischen Eingriffsstöße zu reduzieren, wurde in der Literatur /H5/ eine Profilkorrektur durch Zahnkopfrücknahme vorgeschlagen, die auch bei der untersuchten

Pumpe Verwendung findet. Die gemessenen Saugdruckverläufe in Bild 26 legten die Vermutung nahe, dass die bestehende Profilkorrektur durch Zahnkopfrücknahme unterdimensioniert war. Die experimentelle Untersuchung einer modifizierten Ritzelpaarung mit erhöhter Zahnkopfrücknahme an Lauf- und Antriebsritzel führte jedoch zu keiner signifikanten Reduktion der Zwischendruckspitzen. Am deutlichsten fällt noch die Reduktion der zweiten Druckspitze aus, die mit dem Wechsel der Einzel- zur Doppeleingriffsphase zusammenfällt. Die mechanischen Eingriffsstöße können daher nicht als ausschließlicher Faktor angesehen werden, insbesondere da keine Veränderung im Hochdruckpulsationssignal zu erkennen war. In der Praxis bleibt die Zahnkopfrücknahme limitiert, da sich der volumetrische Wirkungsgrad durch verminderte Zahnkopfdichtlänge verschlechtert.

Weiterhin wurde überprüft, inwiefern Kavitationsphänomene durch hydraulische Unterversorgung Einfluss auf die Zwischendruckspitzen haben. So erfolgt der Wechsel von der Doppel- zur Einzeleingriffsphase zeitgleich mit der hydraulischen Verbindung des Volumens V^* über die Saugumsteuernut, Bild 26. Obwohl dieses Volumen bereits zuvor mit dem Saugtrakt der Pumpe über den Flankenspalt in Verbindung steht, konnte Kavitation in den Saugbereichen bestätigt werden. Offensichtlich ist der Strömungsquerschnitt über den Flankenspalt nicht groß genug, um bis zum Ende der Doppeleingriffsphase die ausreichende hydraulische Versorgung des Volumens V^* zu gewährleisten. Mit einer modifizierten Saugumsteuergeometrie nach **Bild 27** kann eine deutliche Reduktion der Saugdruckpulsation im Druckbereich unter $p_1 = 100$ bar für Drehzahlen bis $n_1 = 1500$ min^{-1} nachgewiesen werden. Bei größeren Drehzahlen und im Hochdruckbereich ergeben sich keine nennenswerten Verbesserungen: Einerseits sinkt die Zeitdauer, die zur Füllung von V^* zur Verfügung steht und andererseits nimmt der Druckabfall mit höheren Umfangsgeschwindigkeiten der Ritzel aufgrund steigender Wandschubspannungen zu. Auch eine Vergrößerung der Nuttiefe bringt keine Pulsationsminderung, da bei hohen Drehzahlen das Zwischenzahnvolumen V^* nicht vollständig über die Umsteuerung gefüllt werden kann.

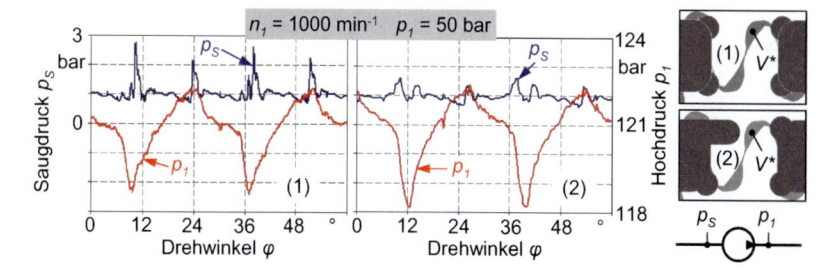

Bild 27: Einfluss der Umsteuergeometrie auf die Saugdruckpulsation

Durch die einseitige saugseitige Verlängerung der Umsteuergeometrie sinken neben den Saugdruckspitzen während der Eingriffsübergänge zusätzlich die Amplituden während der Kurzschlussphase infolge reduzierter Kavitationsneigung, Bild 27. Dieses Phänomen erfordert weitergehende Untersuchungen, insbesondere Visualisierungen sind wünschenswert.

5.2.3 CFD-Gesamtmodell und Experiment im Vergleich

Nachfolgend wurde der Druckaufbauvorgang in die Berechnung einbezogen. Neben den Fluidvolumina der 13-zähnigen Ritzel sind die Kammern zwischen den Axialspaltbrillen und dem Gehäuse modelliert, **Bild 28**. Die in den Axialspaltbrillen am Umfang angeordneten Brillennuten gewährleisten, dass die Axialspaltkompensation auch bei elastischer Formänderung des Gehäuses bei hohem Druckniveau sicher gewährleistet ist. Die Nuten bilden einen hydraulischen Kurzschluss zwischen jeweils drei bis vier Zahnkammern. Zudem sind auf der Rückseite der Axialspaltbrillen liegende Leckagespalte im Modell enthalten. Umfangsspalte an den Lagerbrillen bleiben unberücksichtigt. Um die Größe des Gitters zu begrenzen, wurden nur die Zahnregionen fein vernetzt, die im Eingriffsbereich bzw. unmittelbar vor dem Eingriff standen. Da sich die Eingriffsstellung der Ritzel periodisch wiederholt, konnten die berechneten Feldgrößen nach der Drehung um eine Zahnteilung durch Interpolation auf das Originalgitter übertragen werden. Die Druckkräfte sowie das Radialspiel im hydrodynamischen Gleitlager bewirken eine radiale Verschiebung der Zahnräder im Gehäuse. Auf der Saugseite wurde ein minimales Spaltmaß von $s = 8$ μm angenommen, während hochdruckseitig der Spalt drehwinkelabhängig 25 - 35 μm maß. Da die Gittertopologie mindestens eine Zelle zwischen Zahnkopf und Gehäuse erfordert, ist eine weitere Reduktion des saugseitigen Gehäusespaltmaßes nur durch eine feinere Gitterauflösung realisierbar, um die ausreichende Güte der Zellen während der Drehbewegung zu gewährleisten.

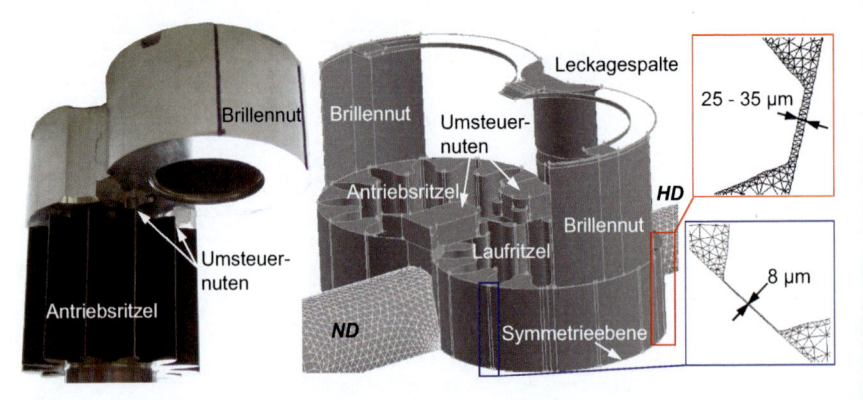

Bild 28: 3D CFD-Gesamtmodell mit Funktions- und tribologischen Spalten und Nuten

5 Strömungsanalyse an Zahnradpumpen

Die Berechnungen ergaben eine gute Annäherung an die Innendruckmessungen, **Bild 29**. Die hohe Übereinstimmung zwischen Messung und CFD während des Druckaufbauvorgangs ist insofern überraschend, da die Spalte zwischen Zahnkopf und Gehäuse teilweise nur eine Zellschicht senkrecht zur Strömungsrichtung aufweisen. Die Berechnungen mit sequentiellem Lösungsalgorithmus erfolgten mit Diskretisierungen zweiter Ordnung im Raum.

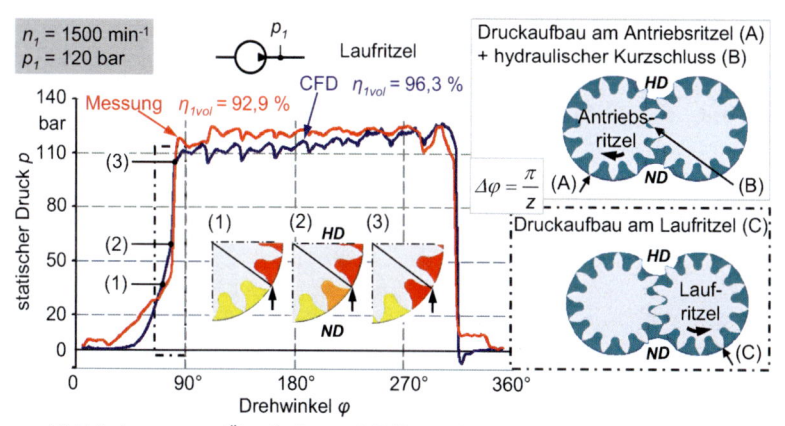

(1) Zahnkammer vor Überdeckung mit Brillennut (Niederdruck)
(2) Zahnkammer in Überdeckung mit Brillennut (Druckaufbaustoß)
(3) Druckstoß abgeschlossen

Bild 29: Vergleich von Innendruckmessung und CFD für eine Umdrehung (Laufritzel)

Allgemeine Aussagen zu Außenzahnradpumpen /F7/ betonen den großen Druckaufbauwinkel bei saugseitig radialspaltkompensierten Außenzahnradpumpen. Dies wird durch Zahninnendruckmessungen und CFD-Simulationen nicht bestätigt. Der Druckaufbau erfolgt mit betragsmäßig annähernd ebenso großer Druckänderungsgeschwindigkeit $\dot{p}$ wie der Übergang von Hochdruck auf Niederdruck. Der Druckaufbaustoß resultiert aus dem hydraulischen Kurzschluss des auf Hochdruck verdichteten Fluids in der Brillennut mit einer Zahnkammer. Bei den Messungen wird das Hochdruckniveau bereits unmittelbar nach dem Druckaufbaustoß erreicht. In der CFD liegt der mittlere statische Druck dann noch $\Delta p \approx 10$ bar unter dem Hochdruckniveau. Dem sich anschließenden allmählichen Druckanstieg sind Pulsationen überlagert, die zunächst primär durch die fortlaufende Entnahme eines Kompressionsvolumenstroms während des Druckaufbaustoßes bedingt sind, bevor sich der Einfluss der Hochdruckpulsation verstärkt.

Der Verlauf des im Bild 29 gezeigten Zahnkammerdruckes wurde durch Aufzeichnung des statischen Druckes in jeder Zahnkammer ermittelt. Die Kurve ergibt sich aus 13 Datenreihen für die Drehung um eine Zahnteilung.

Die Dimensionierung der Leckagespalte am Gehäuseumfang erfolgte bisher unter der Annahme eines ideal starren Gehäuses. Der Vergleich von CFD-Simulation und Innendruckmessung nach Bild 29 legt jedoch die Vermutung nahe, dass elastische Formänderungen auftreten, die Einfluss auf die Druckverteilung am Gehäuseumfang haben. Der Einfluss von Bauteiltoleranzen kann als sehr gering eingestuft werden, da die Toleranzbreite des Kopfkreisdurchmessers der untersuchten Zahnradpumpe bei nur 10 µm liegt. Die Lageabweichung der Ritzel aus der Mittelpunktslage der hydrodynamischen Gleitlager ist ähnlich groß /C2/. Um die Thesen zu überprüfen, wurde mit der Finite Elemente Methode (FEM) die Verformung des Gehäuses der Pumpe berechnet. Das aus einer Aluminiumlegierung hergestellte Gehäuse ist großflächig den Druckkräften ausgesetzt und besitzt gegenüber dem hochfestem Einsatzstahl der Ritzel einen wesentlich geringeren Elastizitätsmodul. Die Berechnungen im Programm ANSYS erfolgten zunächst zweidimensional. Die Gehäusestirnfläche wurde mit ca. 2.200 8-Knoten Elementen vernetzt. Die Randbedingungen für den Bereich der Schraubenbohrungen wurden variiert (Loslager, Festlager) und der aus den Messungen ermittelte hydrostatische Druck als Streckenlast an der Innenkontur aufgeprägt. Die Verformungen unterscheiden sich in Abhängigkeit der Randbedingungen. Die maximale Verformung beträgt $s \approx 70$ µm für eine reine Fest-Loslager-Anordnung, während bei der steifsten Arretierung durch vier Festlager in jeder Schraubenbohrung noch immer eine Verformung von $s \approx 40$ µm auftritt, **Bild 30**.

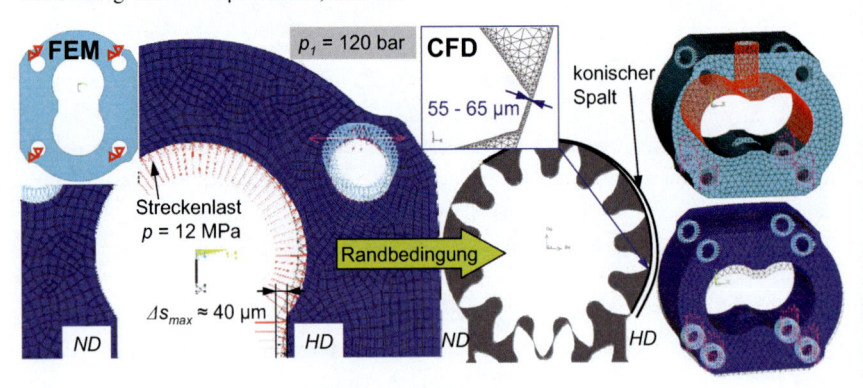

Bild 30: FEM-Ergebnisse als Randbedingungen für die CFD - konisch erweiterte Leckagespalte zwischen den Ritzeln und dem Gehäuseumfang

Bei 3D-FEM-Modellen wurden die Druckkräfte als Flächenlast vorgegeben und neben der Einprägung auf die Gehäuseinnenkontur auf den Bereich der Druckbohrung erweitert. Die Vernetzung erfolgte mit etwa 57.000 10-Knoten-Tetraeder-Elementen. Mit diesem Modell ergab sich ein dreidimensionaler Verformungsverlauf. Die maximale Verformung ist geringует fügig größer und liegt im Bereich zwischen 40 µm $\leq s \leq$ 80 µm. In allen Modellfällen vergrößert sich durch elastische Deformation das Spaltmaß zwischen Gehäuse und Ritzel konisch in Richtung Hochdruckanschluss. Da für das dynamische CFD-Gitter die 2,5D-Technik verwendet wird, können nur 2D Formänderungen berücksichtigt werden. Die neuen „Randbedingungen" vergrößern das maximale Spaltmaß am Gehäuseumfang von bisher $s = 35$ µm auf $s = 65$ µm. Das saugseitige Spaltmaß wurde von ca. $s = 8$ µm auf $s = 5$ µm reduziert.

Die Berechnung mit Gehäusedeformation ergab nun eine nochmals verbesserte Übereinstimmung zum Experiment, **Bild 31**. Berechneter und gemessener Zahnkammerdruck stimmen im Hochdruckbereich weitgehend überein. So liegt unmittelbar nach dem Druckaufbaustoß das Hochdruckniveau an. Der Leckagestrom am saugseitigen Gehäuseumfang sinkt durch die Spaltreduktion, so dass der Druck allmählicher ansteigt. Kurz vor dem hydraulischen Kurzschluss wird bei der CFD mit Gehäusedeformation ein Druckniveau von $p = 30$ bar erreicht, während bei der Messung zu diesem Zeitpunkt bereits $p = 45$ bar und bei der CFD mit unverformtem Gehäuse $p = 55$ bar anliegen. Bei der CFD mit Gehäusedeformation treten daher kurzzeitig höhere Kompressionsvolumenströme auf, so dass der Hochdruck stärker einbricht.

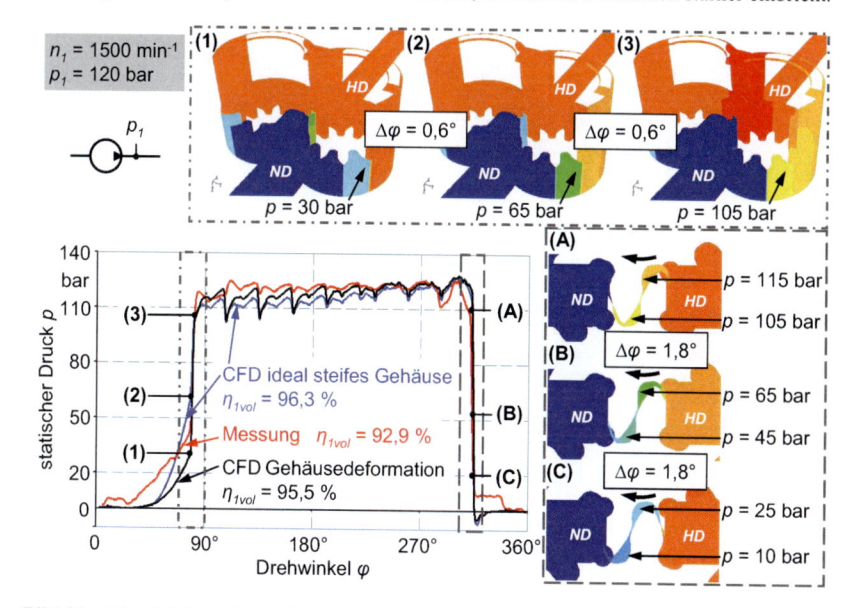

Bild 31: Vergleich von Innendruckmessung und CFD mit und ohne Gehäusedeformation

Bei ideal steifem Gehäuse kann der Druckaufbaustoß im Signal der Hochdruckpulsation nicht nachgewiesen werden. Ursache ist der hohe Druckverlust zwischen den Zahnköpfen und dem

Gehäuse. Die Vergrößerung dieses Spaltmaßes hat einen reduzierten Druckverlust zur Folge, so dass der Einfluss des Kompressionsstroms in der Hochdruckpulsation erkennbar wird, **Bild 32**: In der CFD mit Gehäusedeformation ergibt sich ein verringerter Druckanstieg unmittelbar nach der hydraulischen Kurzschlussphase infolge des zeitgleich fließenden Kompressionsstroms am Antriebsritzel sowie ein Druckeinbruch nach der Drehung um eine halbe Zahnteilung $\varphi = 360°/(2z)$, der durch den Kompressionsstrom am Laufritzel verursacht wird.

Saugseitig werden mit der CFD nur Druckspitzen als Folge des hydraulischen Kurzschlusses detektiert. Hier tritt keine Veränderung gegenüber den vereinfachten Modellen auf.

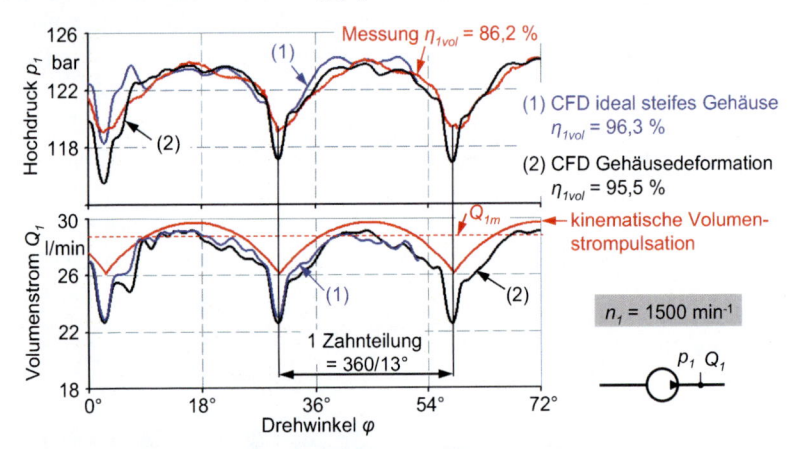

Bild 32: Vergleich der berechneten Hochdruckpulsation mit und ohne Gehäusedeformation

5.2.4 Modifikation der Druckaufbaugeometrie

Das validierte CFD-Modell wurde schließlich zur Analyse von Verbesserungsmaßnahmen für den Druckaufbauvorgang verwendet. Die Druckänderungsgeschwindigkeit $\dot{p}$ ist eine der maßgeblichen Größen für die Geräuschemission hydraulischer Pumpen. Große Druckänderungsgeschwindigkeiten führen zu hochdynamischen Kraftwechselvorgängen an den Ritzeln, die zur Köperschallanregung führen. Unabhängig vom Verdrängerprinzip /F7/ ist zur Reduktion der Geräuschemission daher die Druckänderungsgeschwindigkeit des Fluids zu minimieren. In konventionellen Außenzahnradpumpen sind keine Druckaufbaugeometrien in den Lagerbrillen integriert. So setzt der Kompressionsvolumenstrom abrupt ein, sobald der dichtende Zahnkopf unter den Brillennuten der Axialspaltbrillen vorbeiläuft.

Daher wurden zwei Druckaufbaukerben in den Axialspaltbrillen untersucht, die in Saugrichtung spitz zulaufen, **Bild 33**. Die maximale Kerbenlänge ist begrenzt, da mindestens zwei Zahnköpfe zum Gehäuse hin dichten müssen.

5 Strömungsanalyse an Zahnradpumpen

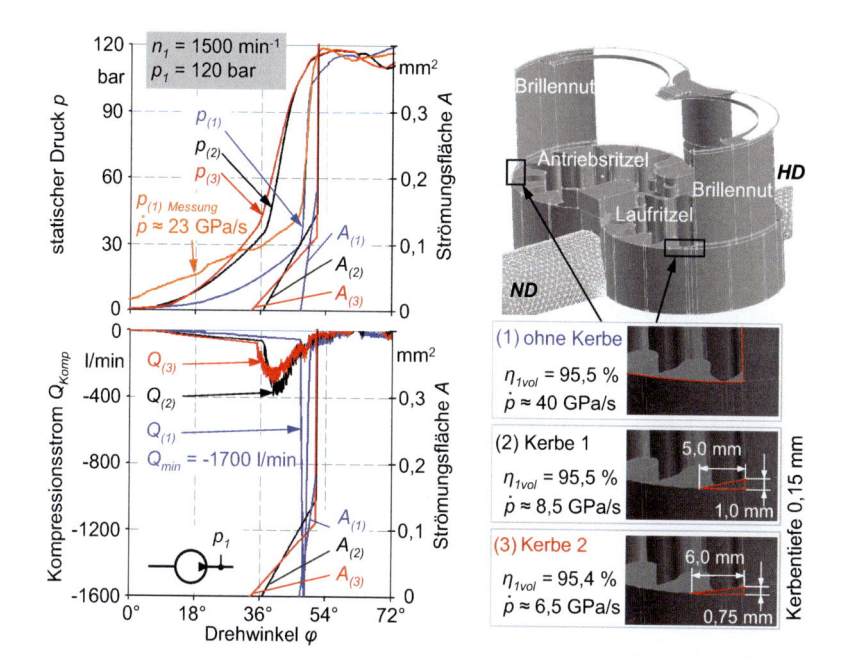

Bild 33: Berechnung des Druckaufbauvorgangs mit Umsteuerkerben in den Axialspaltbrillen

Für den Referenzbetriebszustand von $p_1 = 120$ bar und $n_1 = 1500$ min^{-1} konnte die Druckänderungsgeschwindigkeit bei Kerbe 1 auf $\dot{p}_{max} \approx 85$ GPa/s und bei Kerbe 2 auf $\dot{p}_{max} \approx 65$ GPa/s reduziert werden. Dies bedeutet eine Reduktion der anregenden Druckänderungsgeschwindigkeit auf 1/6 des Ausgangswertes. Der direkte Vergleich der Rechnungen ist möglich, da der volumetrische Wirkungsgrad konstant bleibt und somit auch der Spaltstrom am Gehäuseumfang in der gleichen Größenordnung liegt. Ausgehend vom ausgelesenen statischen Druck im Zahngrund kann der momentane Kompressionsvolumenstrom Q_{Komp} berechnet werden:

$$Q_{Komp} = \frac{\dot{p} \cdot V_K}{K'} \quad \text{und} \quad \int Q_{Komp} dt = \Delta V = \frac{\Delta p \cdot V_K}{K'} = \text{konst.} \qquad (5.7)$$

Das Volumen V_K bezeichnet die Größe einer Zahnkammer. Für die Berechnung wird idealisierend angenommen, dass V_K vollständig abgedichtet ist. Den berechneten Kompressionsvolumenstrom für die drei Varianten zeigt Bild 33. Das Kompressionsvolumen ΔV als Integral des Kompressionsvolumenstroms bleibt konstant. Allerdings unterscheiden sich aufgrund verschiedener Kompressionszeiten die Momentanvolumenströme deutlich voneinander. Während ohne Druckaufbaukerbe der Kompressionsstrom kurzzeitig einen maximalen Betrag von $|Q| \approx 1700$ l/min erreicht, verringert sich dieser Wert bei Kerbe 2 auf $|Q| \approx 300$ l/min.

Die Reduktion der Druckaufbaugeschwindigkeit und der damit verbundene verzögerte Druckanstieg verringern den Einfluss des Druckaufbauvorgangs auf die Hochdruckpulsation. Auf die Saugdruckpulsation hat die Verwendung der Druckaufbaukerben keine Auswirkungen, da der volumetrische Wirkungsgrad konstant bleibt. Während des Druckaufbaus treten Strömungsgeschwindigkeiten von $w_{max} \approx 100$ m/s auf. Im Unterschied zur Druckabbauphase sind die hohen Geschwindigkeiten hier als untergeordnet einzustufen, da das Druckniveau unmittelbar vor dem Einströmen über die Kerben bereits deutlich oberhalb des Saugdruckniveaus liegt, so dass Strahlkavitation weitgehend ausgeschlossen werden kann. Untersuchungen, die diese Aussage bestätigen, folgen im Kapitel 6.3. Messungen der Luftschallleistung im reflexionsarmen Schallmessraum zur Überprüfung der Druckaufbaukerben zeigten jedoch keine Verbesserung des Geräuschverhaltens, obwohl die Luftschallleistung im Bereich der einfachen und doppelten Pumpengrundfrequenz deutlich niedriger ausfiel. Allerdings stieg die Schallleistung bei höheren Frequenzen. Auf eine ausführliche Darstellung der Geräuschmessungen soll an dieser Stelle verzichtet werden. Auf die Geräuschemission überwiegt der Einfluss des Druckabbauvorgangs trotz vergleichbarer Beträge der Druckänderungsgeschwindigkeit beim Druckaufbau und -abbau. Die stoßartigen Lastwechsel der ineinander greifenden Zähne besitzen einen dominanten Einfluss /F3, F6/. Die Behandlung von Strukturschwingungen setzt jedoch die Kopplung von FEM und CFD voraus.

5.3 Zweiflankengedichtete Außenzahnradpumpe

Die im Kapitel 5.1 und 5.2 entwickelte CFD-Berechnungsmethode wurde nun auf eine zweiflankengedichtete Zahnradpumpe angewendet. Der Aufbau des CFD-Gesamtmodells mit 13 Zähnen erfolgte in Analogie zur bisherigen Vorgehensweise. Die Gehäusespaltmaße sind unter Berücksichtigung der elastischen Formänderung nach Kapitel 5.2 dimensioniert.

Mit Hilfe der numerischen Strömungsberechnung konnte das Geräuschverhalten einer bestehenden Konstruktion deutlich verbessert werden. Mit der CFD wurde eine Umsteuergeometrie ausgelegt, die zu einer erheblichen Reduktion der Geräuschemission der Pumpe führte, wie Vermessungen im reflexionsarmen Schallmessraum zeigten. Die ermittelten Schallleistungen sind vergleichbar mit denen von Innenzahnradpumpen gleicher Baugröße.

Diese zweiflankengedichtete Zahnradpumpe weist eine hydraulische Nullüberdeckung im Zahneingriff auf. Die theoretisch abgeleitete Reduktion der kinematisch bedingten Volumenstrompulsation /M3/ auf ¼ der Amplitude der Einflankenzahnradpumpe konnte

5 Strömungsanalyse an Zahnradpumpen 55

experimentell und mit CFD bestätigt werden, **Bild 34**. Während der Druckumsteuerphase liegt keine Drucküberhöhung durch eingesperrtes Quetschöl vor.

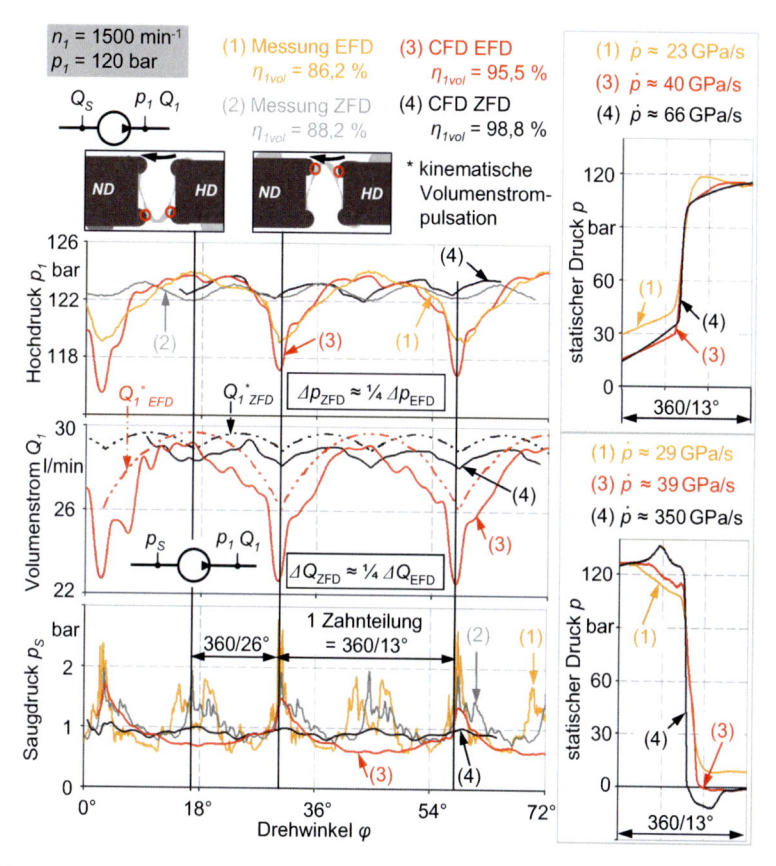

Bild 34: Druck- und Volumenstrompulsation sowie Druckumsteuervorgänge aus Messung und CFD für ein- (EFD) und zweiflankengedichte (ZFD) Außenzahnradpumpe

In der CFD werden im Umsteuervolumen kurzzeitig Minimaldrücke von p = -9 bar berechnet. Die gemessene Saugdruckpulsation der Zweiflankenzahnradpumpe unterscheidet sich deutlich von der CFD. So erreichen die Druckspitzen in den Messungen ein Druckniveau von ca. 2 bar, wohingegen in der CFD eine nahezu druckpulsationsfreie Saugströmung berechnet wird. Diese Abweichungen sind, wie bei der Einflankenzahnradpumpe angegeben, auf das einphasige Fluidmodell zurückzuführen.

Im Vergleich zur einflankengedichteten Zahnradpumpe treten bei dieser Pumpe deutlich größere Druckabbaugeschwindigkeiten auf. Dieser Unterschied hat zwei Ursachen: So kann bei einer Nullüberdeckung im Gegensatz zur negativen hydraulischen Überdeckung der Einflankenzahnradpumpe kein Fluid von der Hochdruckseite in das Umsteuervolumen nachströmen und den Druckabbaugradienten reduzieren. Zudem besitzt das Umsteuervolumen der zweiflankengedichteten Zahnradpumpe nur ¼ der Größe der einflankengedichteten Zahnradpumpe. Eine geringe Volumenänderung führt nach Gleichung (5.7) sofort zu einer deutlichen Druckänderung.

Trotz vergrößerter Druckänderungsgeschwindigkeit sinkt die Schallleistung dieser Pumpenbauart. Die Untersuchungen zeigen, dass nicht allein die Druckänderungsgeschwindigkeit als maßgeblicher Indikator für die Geräuschemission anzusehen ist.

Beim Druckaufbauvorgang wird verdichtetes Öl von der Hochdruckseite entnommen, um die kompressionsbedingte Volumendifferenz des Fluids auszugleichen. Der Kompressionsvolumenstrom führt in den vorlaufenden Zahnkammern zu einem fortlaufenden Druckeinbruch, der sich mit vergrößerndem Abstand zum Druckaufbaubereich allmählich verkleinert. Die Zahnkammern, die durch die Brillennut in den Axialspaltbrillen hydraulisch kurzgeschlossen sind, erfahren die Druckaufbaustöße weitestgehend ungedämpft. Dieses Verhalten unterscheidet sich nicht von der Einflankenzahnradpumpe.

Zusammenfassung Kapitel 5. Am Beispiel der einflankengedichteten Außenzahnradpumpe wurde eine CFD-Berechnungsmethode zur Analyse des Druckumsteuervorgangs entwickelt, validiert und als Werkzeug für Verbesserungsmaßnahmen an den Pumpen herangezogen. Methoden zur Modellreduktion fanden Anwendung. So konnte der Druckabbauvorgang unabhängig vom Druckaufbauvorgang analysiert werden. Die Verwendung eines Kavitationsmodells gestaltet sich bei dem gewählten dynamischen Gitteransatz als schwierig, so dass sich die Untersuchungen auf einen Betriebspunkt konzentrierten, bei dem Kavitation noch eine untergeordnete Rolle spielt. Mit der Modellierung eines kompressiblen einphasigen Druckmediums können unter der Annahme laminaren Strömungscharakters die hochdruckseitigen Vorgänge einschließlich der Druckumsteuervorgänge realitätsnah beschrieben sowie Leckageströme vorhergesagt werden. Dahingegen stößt das Modell für die Berechnung der saugseitigen Vorgänge an seine Grenzen.

Im Folgenden soll nun ein Kavitationsmodell für die Ölhydraulik entwickelt werden und am Beispiel der Axialkolbenpumpe Anwendung finden. Die Parametrierung des Kavitationsmodells erfolgt an drei Beispielen, die jeweils Strömungsdetails in Axialkolbenpumpen repräsentieren: der Pumpenansaugströmung, einer Ventilströmung sowie der Verdichtung eines Volumens.

6 Parametrierung und Validierung der Fluidmodelle

6.1 Saugverhalten von Pumpen

Reale Flüssigkeiten wie Mineralöl verhalten sich bei mittleren bis hohen Drücken wie schwach kompressible Medien. Die Schallgeschwindigkeit ist nahezu druckunabhängig konstant. Im Niederdruckbereich, z. B. bei Pumpensaugströmungen, ändert sich das Verhalten jedoch signifikant. Diese Strömungen sind in der Regel zweiphasig, da freie Luft enthalten ist. Alternativ zur Schallgeschwindigkeit wird im Zusammenhang mit der Ausbreitung von Dichtestörungen in Zweiphasenströmungen der Begriff der Geschwindigkeit der Wellenausbreitung gebraucht. Die Ausbreitung der Druckwellen sinkt in Blasenflüssigkeiten weit unterhalb der Werte der reinen Komponenten. Geringe Gasvolumenanteile bewirken eine starke Kompressibilität der Flüssigkeit.

Heisel u. a. /H6/ untersuchten experimentell die Auswirkung freier Luft auf die Schallgeschwindigkeit von Mineralöl. Die Schallgeschwindigkeit wurde in einer Leitung stromab einer Drossel über die Laufzeit von Druckimpulsen nach (6.1) ermittelt.

$$a = \frac{l}{\Delta t} \tag{6.1}$$

Mit steigendem Druckabfall an der Drossel und reduziertem Druckniveau in der Leitung nahm die Schallgeschwindigkeit kontinuierlich ab. In Abhängigkeit der zwei Parameter variierte die Schallgeschwindigkeit zwischen $a = 1200$ m/s und $a = 200$ m/s. Die Streuung der Ergebnisse war gering. Mit einem Partikelzähler konnten Luftbläschen im Größenbereich von 15 µm - 600 µm diagnostiziert werden, wobei kleinste Blasen dominierten. Der freie Luftanteil a_u wurde mit maximal $a_u = 0,1$ % angegeben.

Schon geringste Mengen ausgeschiedener Luft $a_u \leq 1$ % führen zu einer erheblichen Verminderung der Schallgeschwindigkeit. Diese Aussagen stehen in Analogie zu Untersuchungen für Wasser /O1/. Die physikalische Ursache der starken Reduktion der Schallgeschwindigkeit ist auf die Impulsübertragung an den Phasengrenzflächen und die thermodynamischen Eigenschaften der Zweiphasenströmung zurückzuführen. Für die Überwindung einer zunehmenden Anzahl an Phasengrenzflächen mit steigender Luftblasenkonzentration wird von einer Druckwelle mehr Energie benötigt als für die Ausbreitung in einem einphasigen Medium, so dass diese schneller dissipiert.

Die bis heute übliche Betrachtungsweise in der Hydraulik fasst das Druckmedium als einphasig auf, wobei durch Vorgabe eines druckabhängigen Kompressionsmoduls die variierenden Übertragungseigenschaften bei Nieder- und Hochdruck berücksichtigt werden.

Das dynamische Ansaugverhalten von Pumpen und die als Folge der Volumenstrompulsation der Pumpe auftretende Druckwellenausbreitung in der Saugleitung sind jedoch entscheidend von der Anwesenheit von Luftblasen infolge von Diffusionsvorgängen abhängig. Die Dämpfung der Druckschwingungen wird vom Luftgehalt der Flüssigkeit beeinflusst. Für die Beschreibung des Saugvermögens von Pumpen ist daher die Berücksichtigung eines freien Luftanteils in der Flüssigkeit von Vorteil. Bisher liegen keine gesicherten Informationen der Mineralöleigenschaften im Niederdruckbereich unter den Bedingungen einer pulsierenden Ansaugströmung vor.

An dieser Stelle setzen die eigenen Untersuchungen an, die auf eine geeignete numerische Modellierung der Ansaugverhältnisse unter Berücksichtigung des kompressiblen, zweiphasigen und instationären Strömungscharakters zielen. Das instationäre Saugverhalten der Pumpe wird durch eine Druckpulsation am Ausgang einer Pumpensaugleitung vorgegeben. Die numerischen Studien werden durch experimentelle Arbeiten mit Visualisierungs- und Druckmesstechnik überprüft.

6.1.1 CFD-Modell und Prüfstand

Die Saugleitung wurde als ein 7,5 m langes Rohr mit einem Durchmesser von $D = 50$ mm modelliert. Der experimentelle Aufbau ist durch ein 1,2 m langes Acrylglasrohr und einen davor angeordneten 4,5 m langen Saugschlauch charakterisiert. Eine ausreichend lange gerade Saugleitung gewährleistet eine strömungsgünstige, d. h. gleichförmige, rotationssymmetrische und drallfreie Zuströmung. Die Untersuchungen erfolgten am Beispiel einer Axialkolbenpumpe mit einem maximalen Hubvolumen von $V_1 = 71$ cm^3 (9 Kolben) und konzentrieren sich auf die Drehzahl von $n_1 = 2000$ min^{-1}. Bei maximalem Schwenkwinkel stellt sich im Saugrohr eine mittlere Geschwindigkeit von $w_m = 1,2$ m/s ein. Die Saugströmung besitzt dann laminaren Charakter mit einer Reynolds-Zahl von $Re \approx 1300$. Das Fluid strömt in Schichten, die sich nicht vermischen. Aus Symmetriegründen wurde ein numerisches Halbschnittmodell verwendet, **Bild 35**. Die alternative Modellierung des Saugrohres als Viertelsegment mit zwei Symmetrierandbedingungen wurde nicht verfolgt. Als Randbedingungen für das CFD-Modell wurden Druckein- und -ausgang sowie die Symmetrieebene definiert. Die Rohrstirnfläche wurde unterschiedlich diskretisiert. Bei Gittersensitivitätsstudien für den stationären, inkompressiblen Fall mit Zellseitenkanten von 1 bzw. 2 mm konnte kein Unterschied festgestellt werden. Den Ergebnissen liegen Zellen mit Seitenkanten von 1,5 mm zu Grunde. Dieses Flächengitter wurde in 3D zu Hexaeder-Zellen entwickelt, die in axialer Richtung unterschiedlich lang sind. Das Gitter umfasst ca. 270.000 Zellen. Im Abstand bis zu 1 m vor der Pumpe befinden sich Monitorebenen, die den Messstellen im experimentellen Aufbau entsprechen. Im Bereich der Monitorebenen beträgt die axiale Gitterlänge 5 mm.

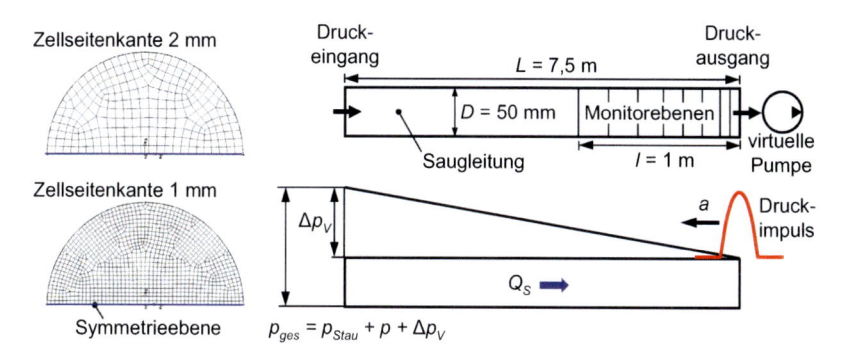

6 Parametrierung und Validierung der Fluidmodelle

Bild 35: CFD-Saugleitungsmodell

Bis zum Einlass vergrößert sich der Knotenabstand kontinuierlich auf 30 mm. Diese Maßnahme ist möglich, da der 6,5 m lange vordere Rohrabschnitt nur der Ausbildung des parabelförmigen Profils der laminaren Strömung in einer stationären Rechnung dient sowie zur Dämpfung der von der Pumpe ausgehenden Druckstöße für die instationären Simulationen, um Reflexionen am Druckrand zu minimieren. Für die Entwicklung einer ausgebildeten Rohrströmung sind für den analysierten Betriebszustand $l_A \approx 2$ m notwendig (Einströmrand = Rechteckprofil).

$$l_A = 0,03 \cdot Re \cdot D \tag{6.2}$$

Bei der Simulation wurde zunächst durch Vorgabe der mittleren Geschwindigkeit am Rohreinlauf und Umgebungsdruckvorgabe am Rohrauslauf in einer stationären Rechnung die ausgebildete laminare Strömung berechnet. Der ermittelte Druckabfall, der sich analytisch nach (6.3) und (6.4) bestätigen ließ, wurde für die Druckeingangsrandbedingung der instationären Rechnung herangezogen. Schließlich wurde die konstante Druckausgangs-randbedingung durch Druckpulsationen ersetzt, um das instationäre Förderverhalten der Pumpe nachzubilden.

$$\lambda = \frac{64}{Re} \tag{6.3}$$

$$\Delta p_V = \lambda \cdot \frac{l}{D} \cdot \frac{\rho \cdot w_m^2}{2} \tag{6.4}$$

Bei der konstanten Druckeingangsrandbedingung wurde davon ausgegangen, dass die Druck-pulsationen im Rohr nach einem Ausbreitungsweg von $L = 7,5$ m in Analogie zu experimentellen Bedingungen abgeklungen sind. Der Abstand hat sich als ausreichend her-ausgestellt, um Reflexionsschwingungen vom Druckeingang weitestgehend auszuschließen.

Für die stationären Rechnungen wurden Diskretisierungen erster Ordnung gewählt, wobei als Konvergenzkriterium Residuen von 10^{-5} vorlagen und für die instationären Rechnungen Diskretisierungen zweiter Ordnung und Residuen von 10^{-3}.

Zur Simulation der kompressiblen Strömung kamen zwei Fluidmodelle zum Einsatz: Einerseits wurde in Analogie zu den Untersuchungen an Zahnradpumpen das Druckmedium als einphasig mit druckabhängiger Dichte auf Basis des Kompressionsmoduls K' beschrieben (Anhang A.1), andererseits wurde das Medium als zweiphasig aufgefasst. Die Fluidmodellierung basiert dabei auf dem Zweiphasenmischungsmodell mit dem Singhal-Kavitationsmodell (Anhang A.4). Das Singhal-Kavitationsmodell eignet sich aufgrund der Behandlung eines nichtkondensierbaren Luftmasseanteils, der den Anteil gelöster Luft angibt. Das Fluid wird als ein Gemisch von zwei Phasen aufgefasst, wobei das Kavitations- und K'-Modell miteinander kombiniert sind. So werden Flüssigkeit und Luft als kompressible Medien behandelt. Die Primärphase bildet die Hydraulikflüssigkeit, die mit einem konstanten Ersatzkompressionsmodul K_{Fl} = 12.000 bar beschrieben ist. Eine Begründung, nach der die flüssige Phase mit einem konstanten Kompressionsmodul beschrieben werden kann, folgt im Kapitel 6.2. Die Stoffdaten der Zweitphase entsprechen denen für Luft mit Idealgasverhalten. Die Phasengrenzen der Blasen werden nicht einzeln aufgelöst. Stattdessen durchdringen die Phasen einander, so dass ein kontinuierlicher Übergang zwischen den Eigenschaften der reinen Luft und der reinen Flüssigkeit erfolgt. Die Kavitationsparameter mit der gewählten Startparametrierung lauten:

• Dampfdruck p_D variabel　　　　　　Startparametrierung: p_D = 0,2 bar
• Oberflächenspannung des Öls S = 0,036 N/m
• nichtkondensierbarer Luftmasseanteil f_G variabel　Startparametrierung: f_G = 1,38·10^{-4}

Die Startparametrierung des Dampfdruckes wurde mit p_D = 0,2 bar deutlich größer gewählt als die im Kapitel 3.4.3 genannten Werte zwischen 10^{-9} und 10^{-7} bar. Dieses Vorgehen ist zunächst phänomenologisch geprägt vor dem Hintergrund, dass Dampfkavitation in der Saugleitung im Gegensatz zur Gaskavitation ohne Bedeutung ist. Der hohe Dampfdruck wurde gewählt, um die hohe Kompressibilität infolge der dominanten Diffusionsprozesse in der Saugleitung mit einem Zweiphasen-Zweikomponenten-Kavitationsmodell zu erfassen.

6.1.2 CFD-Untersuchung der Saugströmung

Für die instationären Berechnungen wurde zunächst ein Einzelimpuls als Druckausgangsrandbedingung verwendet. Dieser besitzt eine Periodendauer von T = 3,3 ms und weist eine Amplitude von Δp = 0,8 bar auf. Die Periodendauer leitet sich aus der Kolbenfrequenz der neunkolbigen Pumpe ab. Die Impulsdauer umfasst Δt = 0,4 ms ≈ 0,12·T. Die Zeitschrittweite variierte zwischen $5·10^{-6}$ s ≤ Δt ≤ $1·10^{-5}$ s. Die Untersuchungen wurden

6 Parametrierung und Validierung der Fluidmodelle

für die drei praxisrelevanten mittleren Saugdruckniveaus p_{Sm} = 1 / 0,8 / 0,6 bar durchgeführt. Für die gewählte Startparametrierung zeigt **Bild 36b** die Dämpfung der Amplituden der Druckimpulse und die mit $a = \Delta l / \Delta t$ berechnete Schallgeschwindigkeit dieser Druckmaxima für das K'- und Kavitationsmodell. In beiden Modellen weisen die Druckamplituden einen exponentiellen Dämpfungsverlauf auf: So sinken zu Beginn der Druckwellenausbreitung die Druckamplituden p_{max} und Druckgradienten rasch, wobei deren Abnahme sich mit größer werdendem Abstand zum Saugflansch der Pumpe verlangsamt. Einen ähnlichen Charakter weist die Schallgeschwindigkeit a auf, die mit abnehmendem Druckniveau ebenfalls sinkt.

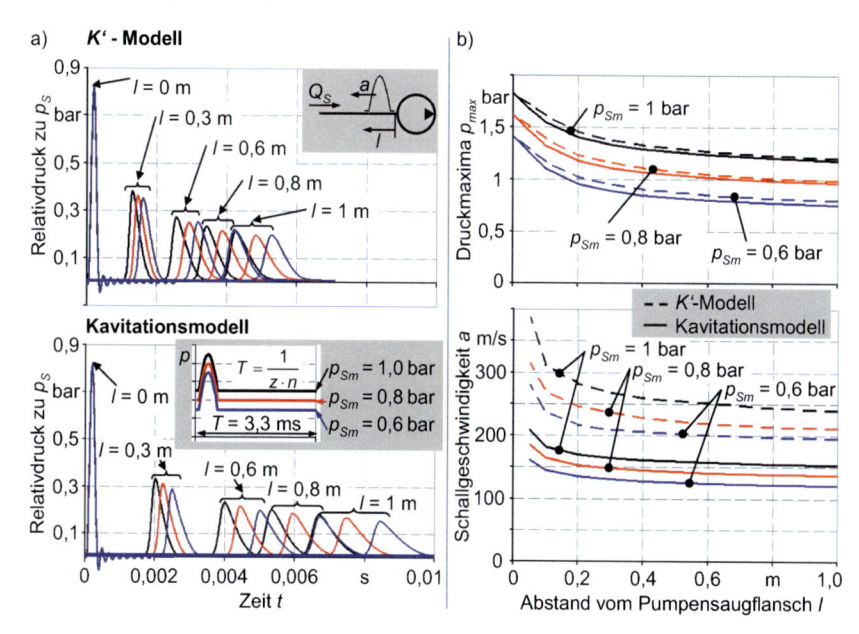

Bild 36: Druckwellenausbreitung in der Saugleitung (CFD)

Bei vergleichbarer Reduktion der Druckstoßamplituden über der Lauflänge weichen die Schallgeschwindigkeiten für die hier gewählte Parametrierung stark voneinander ab. Im Kavitationsmodell breitet sich die Druckpulsation mit Geschwindigkeiten von nur $a \leq 200$ m/s aus, während beim K'-Modell Schallgeschwindigkeiten von a = 200 - 350 m/s erreicht werden. Die Reduktion der Druckimpulse über der Zeit zeigt **Bild 36a**, wobei die Impulse als Relativdruck zu p_S dargestellt sind. Am Saugflansch (l = 0 m) sind die Druckstöße für alle drei Saugdruckniveaus deckungsgleich zueinander bevor sich mit zunehmender Impulsausbreitung die Relation $a \sim p_S$ zeigt. Mit sinkendem Saugdruck nehmen Pulsationsamplitude und Schallgeschwindigkeit ab. Im Kavitationsmodell bewirkt der steigende Volumenanteil der gelösten Luft (konstanter nichtkondensierbarer Luftmasseanteil) bei sinkendem Saugdruck eine Verringerung des Kompressionsmoduls und damit eine erhöhte Dämpfungswirkung sowie eine Abnahme der Schallgeschwindigkeit. Weitergehende Angaben befinden sich hierzu im Kapitel 6.2. Die Dämpfung von Druckschwingungen bei Anwesenheit von „Luftblasen" in der Flüssigkeit nach /H6/ kann bestätigt werden.

Nach Joukowski /J2/ lassen sich die Volumenstrom- und Druckpulsation ineinander umrechnen. Der Druckstoß berechnet sich in einem Leitungsrohr nach:

$$\Delta p = \rho \cdot a \cdot \Delta w . \tag{6.5}$$

Diese Druckstoßgleichung gilt für den reflexionsfreien Fall. Der pulsierende Pumpensaugstrom verursacht eine zeitlich periodische Änderung der Strömungsgeschwindigkeit und folglich eine zeitlich periodische Druckänderung, die eine kontinuierliche Druckstoßausbreitung von der Pumpe in das angeschlossene Leitungssystem zur Folge hat. Als Maß für den Grad des instationären Verhaltens wird die dynamische Reynolds-Zahl Re_d verwendet, die sich aus dem Produkt aus Reynolds- Re und Strouhal-Zahl Sr ableitet.

$$Re_d = \sqrt{\frac{\omega}{\nu} \cdot \frac{D}{2}} \tag{6.6}$$

Bei Werten von $Re_d \geq 10$ ist der berechnete Strömungszustand im Rohr deutlich instationär. Mit zunehmender Schwingfrequenz bildet sich eine pfropfenförmige Strömung aus /H1/, ähnlich einer Anlaufströmung oder einer turbulenten Strömung, **Bild 37**a, /T3, T4/. Die Reibung ist bei instationärer Strömung höher als bei konstanter Geschwindigkeit und zudem frequenzabhängig. Der dimensionslose Reibkoeffizient ist definiert als c_f:

$$c_f = \frac{\tau_w}{\frac{\rho}{2} w_\infty^2} . \tag{6.7}$$

Mit der Wandschubspannung τ_w:

$$\tau_w = \eta \cdot \frac{\partial w_x}{\partial y}\bigg|_{\substack{Wand\\y=0}} . \tag{6.8}$$

Die dynamische Reynolds-Zahl der Saugströmung beträgt $Re_d = 160$. Der Strömungscharakter ist stark instationär. In der Nähe der Rohrwand eilt die Schwingung der in der Rohrmitte voraus, da an der Wand die Reibungskräfte dominieren. In der Rohrmitte überwiegen hingegen die Massenkräfte (Trägheitseinfluss). Der hohe Geschwindigkeitsgradient in Wandnähe erklärt den wesentlich höheren Reibungsverlust bei instationärer Strömung. Im

6 Parametrierung und Validierung der Fluidmodelle

Bild 37b ist der Einfluss des Druckstoßes auf die Strömungsgeschwindigkeit in Saugflanschnähe ($l \approx 0$ m) gezeigt.

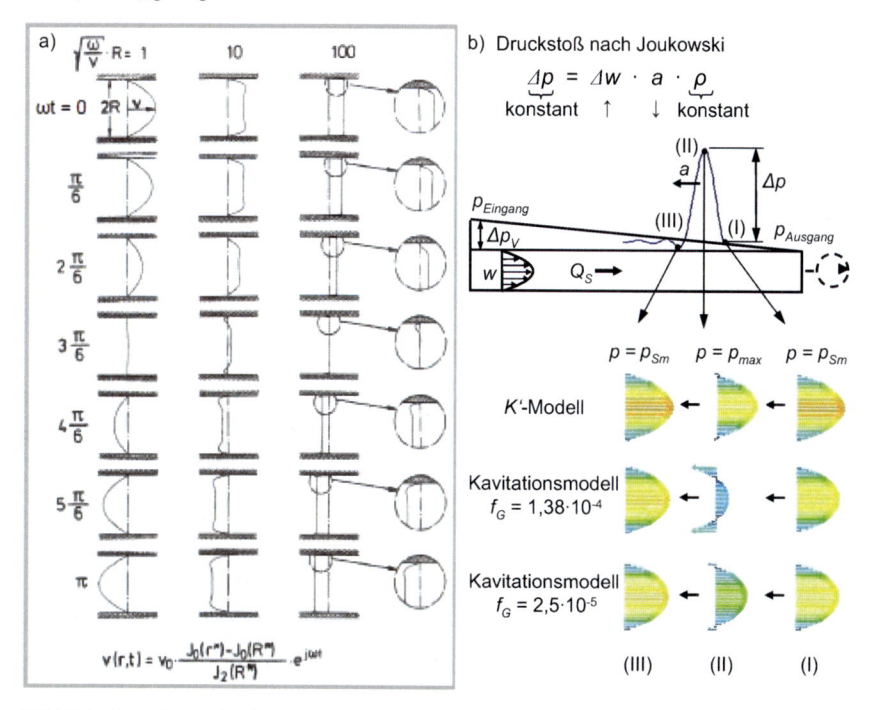

Bild 37: Instationäre laminare Rohrströmung - Prinzip nach /T3/ und Ergebnisse aus CFD

Demnach erfolgt eine zunehmende Stauchung des laminaren Strömungsprofils bis zum Durchgang des Druckmaximums (II) ($p = p_{max}$). Nachdem die Druckwelle den Strömungsabschnitt passiert hat (III), stellt sich nach kurzzeitigem Überschwingen wieder der stationäre Zustand ein. Die auffällige Deformation der Parabel beim Kavitationsmodell mit hohem Luftgehalt ($f_G = 1{,}38 \cdot 10^{-4}$) ist mit der Druckstoßgleichung erklärbar: Da sowohl die Druckänderung Δp als auch die Dichte ρ konstant sind, muss der Geschwindigkeitssprung Δw umso größer sein, je kleiner die Schallgeschwindigkeit a ist. Bei der gewählten Parametrierung tritt ein steiler Geschwindigkeitsgradient mit wandnaher Richtungsumkehr der Strömungsvektoren auf, der zu erhöhten Reibungsverlusten führt. Im K'-Modell wird gegenüber dem Kavitationsmodell im stationären Zustand eine etwas höhere maximale Strömungsgeschwindigkeit von $w_{max} \approx 2{,}4$ m/s erreicht. Der konstante Durchfluss wird im Kavitationsmodell durch ein „fülligeres" Strömungsprofil gewährleistet. Der Druckabfall ist bei beiden Modellen nahezu identisch. Für weitergehende Untersuchungen empfiehlt sich eine Grenzschichtauflösung, um den wandreibungsbedingten Druckabfall bei instationärer Rohrströmung exakt zu erfassen. In experimentellen Untersuchungen mit Hitzdrahtanemometrie kann das Geschwindigkeitsprofil zeitlich und räumlich hoch aufgelöst und mit CFD-Ergebnissen verglichen werden. Diese Methodik wurde in dieser Arbeit nicht verfolgt.

Der statische Druck in einem Medium entspricht einer Energiedichte. Der in einem Volumen gespeicherte Druck entspricht einer Energie. Bezogen auf den stationären Druck in der Strömung ergibt sich eine relative Energie.

$$E_{rel} = \int p_{rel}(V) dV \tag{6.9}$$

Aufgrund des konstanten Saugrohrquerschnitts A lässt sich die Gleichung vereinfachen:

$$E_{rel} = A \int p_{rel}(l) dl \tag{6.10}$$

Der Relativdruck entspricht der Differenz der Pulsationsamplitude an einem bestimmten Ort in der Saugleitung zum lokalen statischen Druckniveau ($p \geq 1$ bar) der stationären Strömung.

$$p_{rel}(l) = p_{instat}(l) - p_{stat}(l) \tag{6.11}$$

Im **Bild 38** sind Ausbreitung und Dämpfung der Druckpulsation in der Saugleitung für das K'-Modell bei einem mittleren Saugdruck von $p_{Sm} = 1$ bar dargestellt. Aufgrund des Druckverlustes in der Leitung variiert der stationäre statische Druck in Abhängigkeit vom Abstand zum Druckrand. Für die untersuchte stationäre Strömung beträgt der Druckabfall nach Gleichung (6.4) $\Delta p_V/l = 600$ Pa/m.

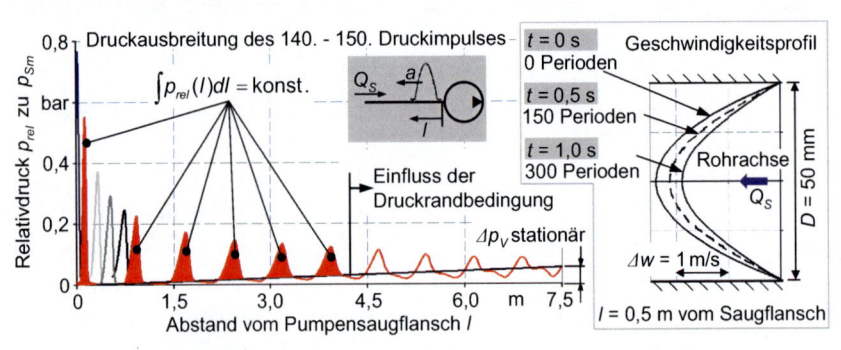

Bild 38: Druckpulsationsausbreitung und -dämpfung mit Einfluss auf das mittlere Strömungsprofil beim K'-Modell für $p_{Sm} = 1$ bar

Die Kompressibilität sowie die viskose Reibung des Druckmediums haben eine Dämpfung der Druckamplituden bei der Wellenausbreitung zur Folge. Beide Mechanismen können in

6 Parametrierung und Validierung der Fluidmodelle

der CFD abgebildet werden. Die viskose Reibung ist in der Saugleitung vergleichbar mit der in der Hochdruckleitung und spielt eine untergeordnete Rolle. Der Dämpfungsanteil resultiert insbesondere aus der Kompressibilität. Die Dichteänderung wird im K'-Modell nach Gleichung (5.4) $\rho = \rho_0/(1-(p-p_0)/K')$ mit druckabhängiger Kompressibilität K' berücksichtigt. Im Kavitationsmodell bewirkt die Kompression und Entspannung der gelösten Luft bei konstanter Kompressibilität der Flüssigkeit die Dichteänderung des Gemischs.

Die in der Realität stattfindende Dissipation der Druckwellenenergie in Wärme bleibt im K'-Modell unberücksichtigt, da die Energiegleichung nicht gelöst wird. Beim Kavitationsmodell tritt eine geringe Temperaturerhöhung um $\Delta T \approx 1/10$ K in Regionen maximaler Fluidbeschleunigung auf, so dass die Dämpfung der Druckamplituden geringfügig größer ist. An Ein- und Auslass wurde eine konstante Temperatur von $\vartheta = 40\ °C$ vorgegeben, und die Rohrwände sind als wärmedichte Systemgrenzen (adiabat) abgebildet. Da die Erwärmung des Druckmediums erst aus der Summe fortlaufender Druckstöße resultiert, kann die Dissipation in Wärme auch im Kavitationsmodell vernachlässigt werden.

Die im Medium gespeicherte Energie bleibt somit nahezu unverändert. Hieraus folgt, dass, unabhängig vom gewählten Fluidmodell, der Flächeninhalt $\int p_{rel}(l)dl$ jedes einzelnen Druckstoßes konstant bleiben muss, Bild 38. Der Absolutdruck fällt allmählich ab, wobei dessen Abfall durch eine Vergrößerung des druckbeaufschlagten Volumens kompensiert wird. Die Druckwelle wird schließlich am Konstantdruckrand in die Leitung zurückreflektiert, so dass die Dämpfung der Druckmaxima vom exponentiellen Verlauf geringfügig abweicht.

Der vergrößerte Druckabfall bei instationären laminaren Strömungsprofilen ist im untersuchten Modell durch einen Rückgang des Volumenstroms gekennzeichnet. Die Strömungsprofile im rechten Teil von Bild 38 geben den mittleren Zustand vom Berechnungsbeginn bis zum -ende wieder. Trotz sehr großer Berechnungszeit mit insgesamt 300 aufgeprägten Pulsationen stellt sich noch kein stationärer Durchfluss ein. Die hierfür notwendige Zeitdauer übersteigt die Zeit für die Ausbildung eines parabelförmigen Geschwindigkeitsprofils, die nach Gleichung (6.2) mit der mittleren Sauggeschwindigkeit ca. 1,5 s umfasst. Der wandnahe Geschwindigkeitsgradient sinkt zunächst, verändert sich zwischen $t = 0,5$ s und 1 s jedoch kaum noch. Die instationäre Grenzschichtdicke berechnet sich nach /O1/ als Verhältnis von Kreisfrequenz ω und kinematischer Viskosität v : $(\omega/v)^{-1/2}$. Bei einer Anregungsfrequenz von $f = 300$ Hz ($n_1 = 2000$ min^{-1}; $z = 9$) ergibt sich eine instationäre Grenzschichtdicke von 0,16 mm. Nach Bild 38 können diese Verhältnisse nach einer physikalischen Laufzeit von $t = 1,0$ s aus dem initialisierten Parabelprofil nicht wiedergegeben werden. Ursache ist die sehr große Zeitkonstante. Zudem ist das wandnahe Gitter feiner aufzulösen. Praxisrelevante CFD-Pumpenberechnungen können die instationäre Strömungscharakteristik in den Leitungen nicht berücksichtigen. Die bisherigen Ausführungen haben jedoch gezeigt, dass der kontinuierlich periodische Prozess der Saugdruckpulsation näherungsweise durch einen Einzelimpuls bei ausgebildeter laminarer Strömung behandelt werden kann. In weiteren Berechnungen wird daher auf die Anwendung periodischer Drucksignale verzichtet.

Im Folgenden wurden die Kavitationsparameter Dampfdruck p_D und nichtkondensierbarer Luftmasseanteil f_G variiert, um deren Einfluss auf die Änderung des volumetrischen Zweitphaseanteils zu studieren. Der Parameter f_G beschreibt den Anteil gelöster Luft im Öl und ist abhängig von der Reinheit des Mediums. Er wird als konstant angenommen, bleibt somit strömungsunabhängig und liegt auch bei hohem Druckniveau und ruhendem Medium vor. Wie im Anhang A.4 angegeben, wird in allen folgenden Darstellungen der volumetrische Zweitphasenanteil α als Summe aus nichtkondensierbarem Gas- und Dampfanteil dargestellt:

$$\alpha = \frac{V_D + V_G}{V}. \tag{6.12}$$

Dies ist möglich, da beide Anteile mit den Stoffdaten von Luft parametriert und nicht unterscheidbar sind. **Tabelle 1** zeigt, dass bei gleicher prozentualer Absenkung der nichtkondensierbare Luftmasseanteil f_G eine deutlich größere Änderung des volumetrischen Zweitphasenanteils α bewirkt als ein reduzierter Dampfdruck p_D. Daher konzentriert sich die Parametermodifikation auf den f_G-Wert. Der nichtkondensierbare Luftmasseanteil ist in *FLUENT* mit $f_G = 1{,}5 \cdot 10^{-5}$ voreingestellt und gibt einen Hinweis auf die Größenordnung des zu erwartenden Wertes. Der gewählte Dampfdruck von $p_D = 0{,}2$ bar entspricht, wie oben angegeben, nicht dem physikalischen Dampfdruck, sondern stellt für das Zweiphasenmodell eine gemittelte Eigenschaft für Gaskavitation (Übersättigung) und Dampfkavitation dar.

f_G [-]	$1{,}38 \cdot 10^{-4}$	$6{,}9 \cdot 10^{-5}$	$3{,}5 \cdot 10^{-5}$	$2{,}5 \cdot 10^{-5}$	$1{,}7 \cdot 10^{-5}$	$1 \cdot 10^{-5}$	$1{,}5 \cdot 10^{-6}$
p_D [bar]	\multicolumn{7}{c}{$1 - \alpha$ [%] bei $p = 1$ bar}						
0,2	94,63	97,24	98,6	98,98	99,31	99,59	99,94
0,1	94,90	97,38					
0,05	95,03	97,45					
0,01	95,12	97,50					
0,002	95,14	97,51					

Tabelle 1: Volumetrischer Ölanteil $(1 - \alpha)$ als Funktion von Dampfdruck p_D und nichtkondensierbarem Luftanteil f_G bei Atmosphärendruck

Das zu parametrierende Modell soll neben den Vorgängen in der Saugleitung bei vergleichbarer Parametrierung auf andere Strömungsprozesse anwendbar sein. Da das Keimspektrum (Fluidqualität) von einer Vielzahl an physikalischen und technischen Faktoren abhängt, obliegen der Methode Grenzen.

6.1.3 Experimentelle Untersuchung der Saugströmung

Zur Validierung der CFD wurden Saugdruckmessungen und Strömungsvisualisierungen durchgeführt. Den Versuchsaufbau zeigt **Bild 39**. Am Sauganschluss der Axialkolbenpumpe ist ein Acrylglasrohr mit neun Messstellen für Saugdrucksensoren arretiert. Das mineralölbeständige Acrylglasrohr mit einer Druckbeständigkeit bis $p \approx 4$ bar und einer Temperaturbeständigkeit bis $\vartheta = 70$ °C ist an beiden Enden in einen Metallflansch eingeklebt, wo es mit der Axialkolbenpumpe bzw. einem Saugschlauch verbunden ist. Der mittlere Saugdruck wird mit einer drehzahlgeregelten Schraubenspindelpumpe eingestellt. Um messtechnisch auswertbare, ausreichend große Pulsationen in der Saugleitung der Axialkolbenpumpe zu generieren, sind hochdruckseitig $p_1 = 210$ bar eingestellt. Hochdruck und Pumpendrehzahl werden mit Hilfe eines Belastungsmotors und einer Sekundärregelung variiert.

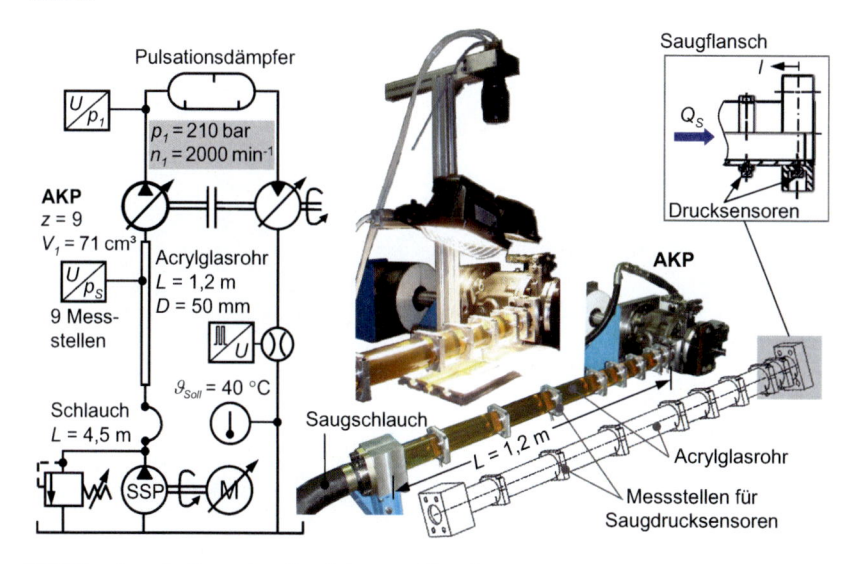

Bild 39: Ausschnitt aus dem Saugleitungsprüfstand

Zur Saugdruckmessung standen vier Sensoren mit frontbündiger Membran zur Verfügung. Diese arbeiten nach dem piezoresistiven Prinzip in einem Messbereich von 0 bis 10 bar (absolut). Der für die Saugdruckregelung benötigte Sensor befindet sich direkt am Sauganschluss der Pumpe. Für die verbleibenden Sensoren sind die anderen Messstellen vorgesehen. Aufgrund des erwarteten exponentiellen Dämpfungsverlaufs der Druckpulsation wurde der Abstand der Messstellen von der Pumpe ausgehend zunehmend vergrößert (am Pumpenanschluss $\Delta l = 0{,}05$ m). Die größte Entfernung zwischen Messstelle und

Pumpeneingang beträgt $l = 1$ m. Die Öltemperatur wird auf $\vartheta = 40 \pm 5$ °C geregelt. Im Tank herrscht das konstante Umgebungsdruckniveau von $p = 1$ bar. Mit einer Hochgeschwindigkeitskamera vom Typ CMOS Basler A504K wurden Aufnahmen am Pumpeneingang durchgeführt ($l = 0,1 - 0,2$ m). Die Kamera mit einer Bildauflösung von 1280 x 1024 Pixel gestattet im Vollbildmodus eine Bildfrequenz von 0,5 kHz und bei Begrenzung der Bildzeilen eine maximale Bildfrequenz von 16 kHz. Für die Aufnahmen wurde das Auflichtverfahren gewählt: Kamera und Beleuchtung sind einseitig auf das Acrylglasrohr gerichtet, so dass sich Luftbläschen im Öl als dunkle Umrisse abzeichnen. Die große Tiefenschärfe der Kamera gestattet, durch Variation der Belichtungszeit ($t = 0,5 - 2$ ms) verschiedene Bereiche des Strömungsquerschnitts zu fokussieren.

Die Visualisierungen der Saugströmung zeigen eine disperse Blasenströmung, **Bild 40**. Mit sinkendem statischen Druck nimmt die Anzahl und Größe makroskopischer Luftbläschen zu, zusätzlich angeregt durch die Scherbeanspruchung in der Schraubenspindelpumpe.

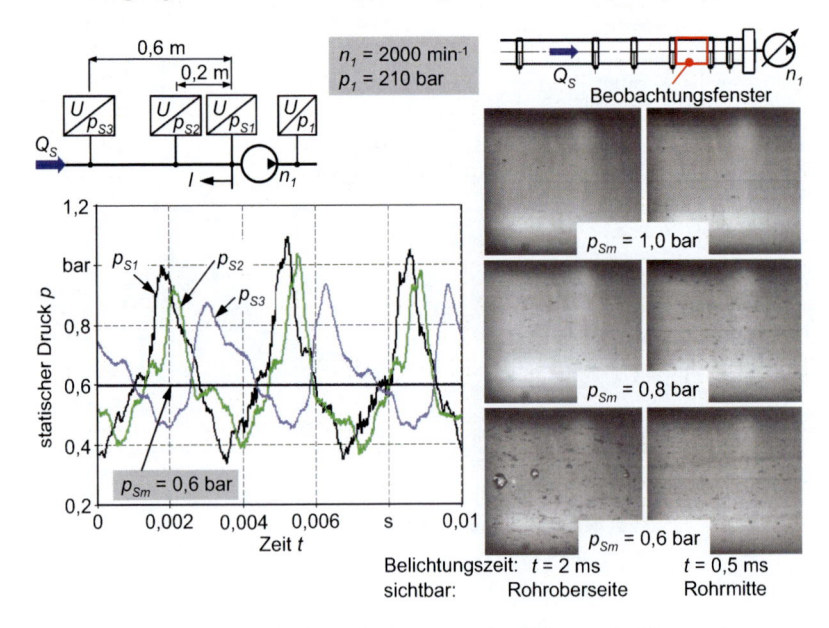

Bild 40: Messung der Druckwellenausbreitung und Visualisierung der Blasenströmung

Für die Distanz zwischen Schraubenspindel- und Axialkolbenpumpe benötigen die Fluidelemente in Abhängigkeit von ihrer Position innerhalb des Strömungsprofils einige Sekunden. Diese Zeitdauer ist ausreichend, damit sich im Medium ein neuer Gleichgewichtszustand einstellt. In Abhängigkeit des mittleren Druckniveaus unterhalb des Umgebungsdruckes entsteht im Medium ein Übersättigungszustand, in dessen Folge Luft ausgast. Für diesen Diffusionsprozess stehen aufgrund der Lauflänge in der Leitung einige Sekunden zur Verfügung, bevor die Fluidelemente in den sichtbaren Bereich des Acrylglasrohres gelangen. Innerhalb des optisch einsehbaren Rohrabschnitts konnte keine Blasengrößenzunahme bzw. steigende Anzahl freier Luftblasen beobachtet werden. Aufgrund der sehr unterschiedlichen Dichten der Phasen hat die Schwerkraft einen maßgeblichen Einfluss. Da die Luftblasen deutlich leichter als Öl sind, entstehen auftriebsbedingt an der Rohroberseite Konzentrationen größerer Blasen. Bei $p_{Sm} = 0{,}6$ bar ist der Luftgehalt im Öl so hoch, dass an der Rohroberseite Bläschen mit Durchmessern im Millimeterbereich auftreten. In der Folge kommt es zur Blasenkoaleszenz, wie im Bild 40 für $p_{Sm} = 0{,}6$ bar gezeigt. Dem parabelförmigen Strömungsprofil entsprechend bewegen sich die Luftbläschen in der Rohrmitte schneller als die Bläschen in Wandnähe. In der Rohrmitte entstehen keine größeren Luftblasen.

Bild 40 zeigt zudem die Reduktion der Druckstoßamplituden bei der Ausbreitung der Druckwellen. Mit abnehmendem Saugdruck breitet sich die Druckwelle im Rohr mit geringerer Geschwindigkeit aus und die Druckstöße - Druckmaxima und -minima - werden stärker gedämpft. Bei einem mittleren Saugdruck von $p_{Sm} = 1{,}0$ bar war die Amplitude an der Stelle p_{S3} ($l = 0{,}6$ m) häufig größer als bei p_{S2} oder sogar p_{S1}. Dieses Verhalten, dargestellt im **Bild 41**, ist auf die unterschiedliche Ausbreitungsgeschwindigkeit der Druckmaxima und -minima ($a_{p_{max}} > a_{p_{min}}$) zurückzuführen. Ein „schnelleres" Maximum kann so ein „langsameres" Minimum überlagern, in dessen Folge eine Verstärkung bzw. Abschwächung der Amplituden auftritt.

Der erwartete exponentielle Verlauf konnte in den Versuchen nicht bestätigt werden. Im Unterschied zu den Bedingungen bei /H6/ liegen bei den dynamischen Ansaugbedingungen von Axialkolbenpumpen erhebliche Streuungen der Messwerte vor. Die Streubreite wird mit zunehmendem Abstand zur Pumpe kleiner, da sowohl die Pulsationsmaxima als auch die Druckdifferenz zwischen p_{min} und p_{max} abnehmen. Die kleinste Streuung der experimentell ermittelten Werte liegt für den größten Abstand $\Delta l = 1$ m vor. Die maximal erreichbare theoretische Schallgeschwindigkeit, die sich nach Gleichung (5.5) $a = (K'/\rho)^{1/2}$ für $K' = 12.000$ bar sowie $\rho = 860$ kg/m³ ergibt, beträgt $a = 1180$ m/s. Die angegebene Schallgeschwindigkeit bezieht sich wie bei der CFD auf die Druckmaxima.

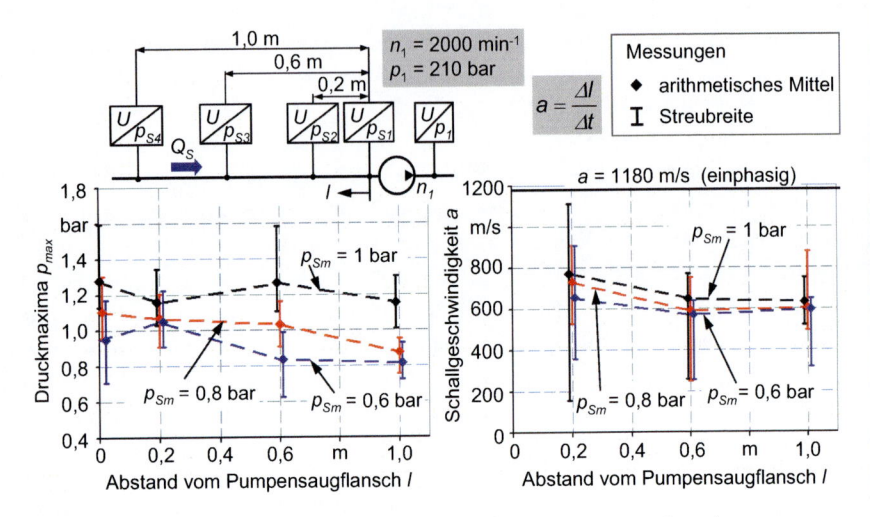

Bild 41: Experimentelle Ergebnisse für Schallgeschwindigkeit und Druckmaxima

Bild 42 zeigt die Saugströmung bei einem mittleren Druckniveau von $p_{Sm} = 0{,}8$ bar zu aufeinander folgenden Zeitpunkten. Zwischen der ersten und letzten Aufnahme vergehen 100 ms. Während dieser Zeit werden bei der Drehzahl von $n_1 = 2000$ min^{-1} 30 Druckpulse in die Saugleitung emittiert. Den Bildern ist zu entnehmen, dass der instationäre Saugdruck ohne Auswirkung auf die Blasengröße bleibt. Die durch Diffusionsprozesse freigesetzten Luftblasen verhalten sich träge. Die Zeitkonstante für das Rücklösen bzw. Ausgasen ist im Verhältnis zur Periodendauer der Druckpulsation von Pumpen deutlich größer.

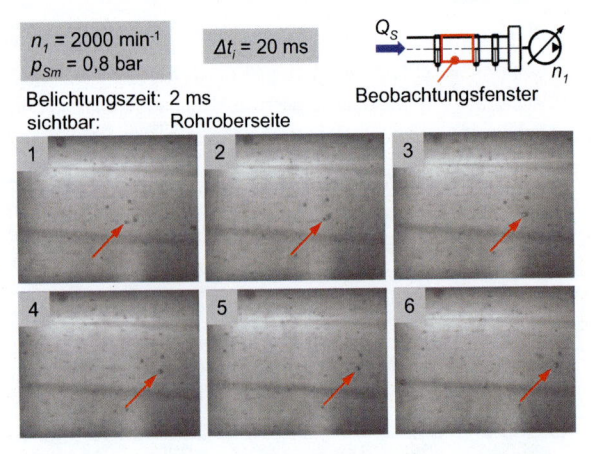

Bild 42: Saugleitungsvisualisierung - Verfolgung einer stabilen Einzelblase

6.1.4 Bewertung und Anpassung der Modellparameter und Randbedingungen

Die vorliegenden CFD-Ergebnisse sind nicht direkt mit den experimentellen Untersuchungen vergleichbar, da die Berechnungen auf einem Druckimpuls basieren, dessen Amplitude und Dauer von der experimentell ermittelten Druckpulsation abweicht. Der Einzelimpuls wurde daher an die realen Saugdruckpulsationen am Pumpeneingang durch Ableitung sinusförmiger Druckfunktionen aus den experimentellen Ergebnissen entsprechend **Bild 43** angepasst. Auf ein periodisch wiederkehrendes Signal wurde, wie oben gezeigt, verzichtet.

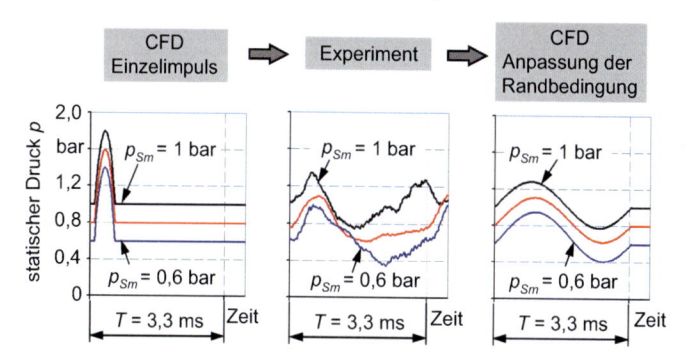

Bild 43: Anpassung des Druckrandes an Messungen der Saugdruckpulsation

Für das K'-Modell wichen CFD und Messungen bei Dämpfung und Schallgeschwindigkeit deutlich voneinander ab. Neben der Anpassung der Druckrandbedingungen wurden die Fluideigenschaften durch den druckabhängigen Verlauf des Ersatzkompressionsmoduls $K'(p)$ modifiziert. Aus den Messungen wurden für die drei Saugdruckniveaus Schallgeschwindigkeiten von a = 650, 600 und 500 m/s abgeleitet und daraus mit Gleichung (5.5) $a = (K'/\rho)^{1/2}$ auf den Ersatzkompressionsmodul K' zurückgerechnet. Den Berechnungen liegt die Annahme einer konstanten Dichte von ρ_0 = 860 kg/m³ zu Grunde. Basierend auf diesen drei „Stützstellen" erfolgte eine Anpassung des K'-Verlaufs für den Niederdruck entsprechend **Bild 44**.

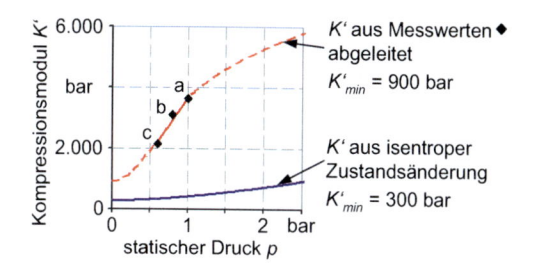

Bild 44: Parameteranpassung des K'-Modells an Messergebnisse

Im Kavitationsmodell erfolgte die Anpassung der Kompressibilität durch Variation des nichtkondensierbaren Luftmasseanteils f_G. Für unterschiedliche Anteile wurde die Schallgeschwindigkeit mit Gleichung (6.1) $a = l / \Delta t$ entsprechend **Bild 45** berechnet. Um die gemessenen Schallgeschwindigkeiten zu reproduzieren, ergibt sich durch Extrapolation ein Luftmasseanteil von $f_G = 1{,}5 \cdot 10^{-6}$ für $p_{Sm} = 0{,}8 - 1$ bar und $f_G = 1{,}8 \cdot 10^{-6}$ für $p_{Sm} = 0{,}6$ bar. So parametrierte CFD-Rechnungen ergaben Schallgeschwindigkeiten, die nur minimal von den extrapolierten Werten abwichen.

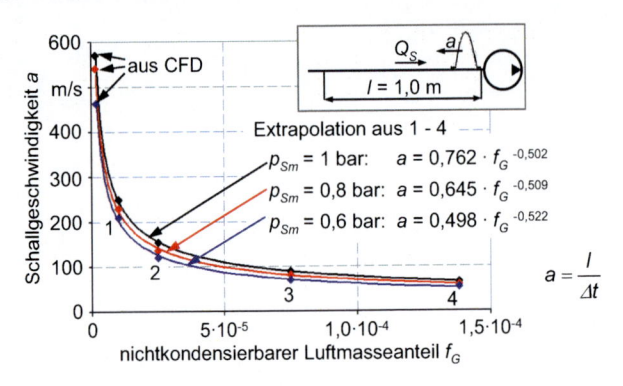

Bild 45: Parametrierung des Kavitationsmodells - Anpassung des Anteils nichtkondensierbarer Luft f_G an die gemessene Schallgeschwindigkeit in der Saugleitung

6.1.5 CFD-Modell und Experiment im Vergleich

Experiment und validierte CFD sind im **Bild 46** gegenübergestellt. Die CFD-Ergebnisse befinden sich im Streubereich der Messwerte, stimmen meist sogar mit deren Mittelwerten überein. Die Anpassung der CFD-Modellparameter an realistische Geschwindigkeiten der Wellenausbreitung bewirkt, dass die Druckstoßamplituden kaum gedämpft werden. Dies hat folgende Ursache: Die Pulsationsdämpfung entsteht insbesondere durch die Dichteänderung / Kompressibilität des Fluids. Da diese hochdruckseitig gering ist, werden Druckschwingungen hier kaum gedämpft (vgl. Kapitel 5). Auf der Saugseite ist die Kompressibilität höher und führt zur Reduktion der Pulsationsamplituden. Die Kompressibilität wurde nun im K'-Modell durch Vergrößerung des Kompressionsmoduls (Bild 44) und im Kavitationsmodell durch Reduktion des nichtkondensierbaren Luftanteils (Bild 45) erheblich verringert. In der Folge sinkt die Dämpfung. Weitere Dämpfungsmechanismen, wie die erhöhte Wandreibung durch instationär deformierte Geschwindigkeitsprofile sowie turbulente Dissipation sind von geringerem Einfluss bzw. treten nicht auf.

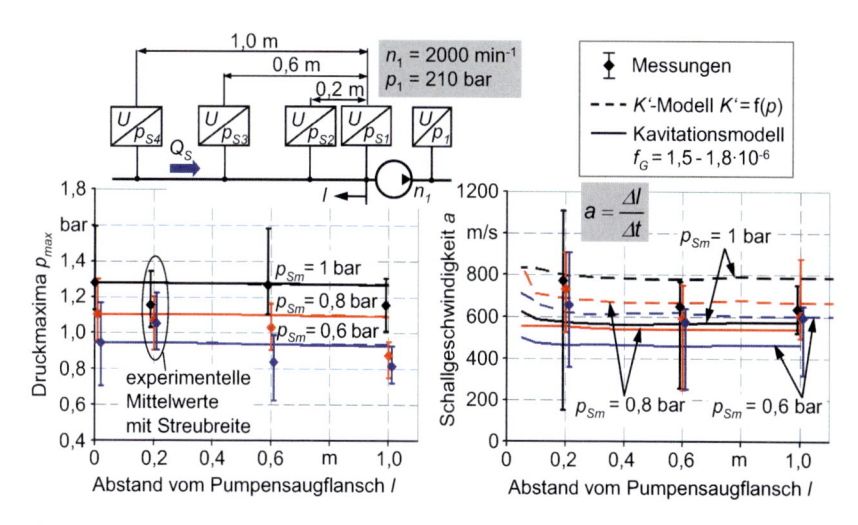

6 Parametrierung und Validierung der Fluidmodelle 73

Bild 46: Vergleich von Messung und CFD mit validiertem K'- und Kavitationsmodell

Die lokalen Druckunterschiede haben eine Änderung des Zweitphasenanteils entlang der Rohrachse zur Folge. Im **Bild 47** ist dieser Vorgang beispielhaft für ein mittleres Saugdruckniveau von p_{Sm} = 0,6 bar dargestellt. Das Verhalten ähnelt dem bei höherem Druckniveau. Da der statische Druck stets über dem Dampfdruck liegt, ist der volumetrische Zweiphasenanteil α ausschließlich auf den nichtkondensierbaren Luftanteil zurückzuführen.

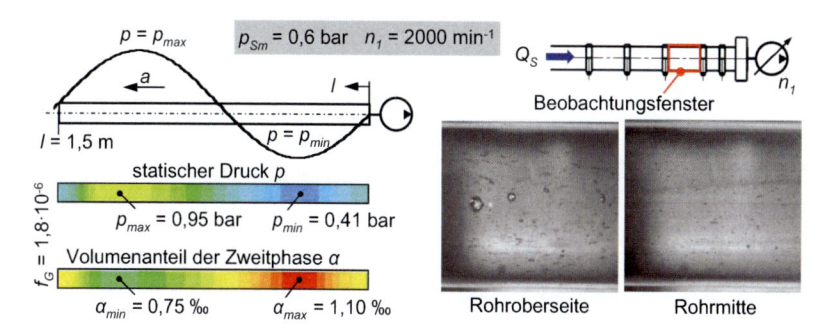

Bild 47: Verteilung der Zweitphase im Kavitationsmodell und visualisierte Blasenströmung

Der Vergleich mit den experimentellen Bedingungen einer dispersen Blasenströmung zeigt die Grenzen der Modellierung mit einem Zweiphasenmischungsmodell auf. Die Gegenüberstellung betont die Unterschiede. Trotz der Einschränkungen sind mit den vorgestellten zwei Modellen wesentliche physikalische Eigenschaften gut vorhersagbar. So konnten realistische

Ausbreitungsgeschwindigkeiten der Druckwellen sowie ein den experimentellen Bedingungen angenähertes Dämpfungsverhalten der Druckpulsation ermittelt werden.

6.2 Kompression eines abgeschlossenen Volumens

Für die Berechnung von hydrostatischen Pumpen ist als weitere Eigenschaft des Fluids die Kompressibilität realistisch zu modellieren, da hiervon der Druckaufbau und -abbau in den Verdrängerräumen bei zunehmender Druckdifferenz maßgeblich beeinflusst wird. Da die Druckumsteuerung wiederum das Pulsationsverhalten auf Saug- und Hochdruckseite beeinflusst - $\Delta p = Z \cdot \Delta w = Z \cdot \Delta Q / A_{Rohr}$ - ist die Kompressibilität der entscheidende Fluidparameter für Pumpensimulationen.

In numerischen Studien wurde ein abgeschlossenes Verdrängungsvolumen einer Kolbenpumpe bei unterschiedlicher Fluidparametrierung durch Bewegungsvorgabe mittels UDF verkleinert, um das eingesperrte kompressible Medium zu verdichten. Aus der aufgezeichneten Druckänderung über dem Kolbenhub konnte auf den Kompressionsmodul zurückgerechnet werden. Das Ergebnis dieser Studie ist im **Bild 48** zusammengefasst.

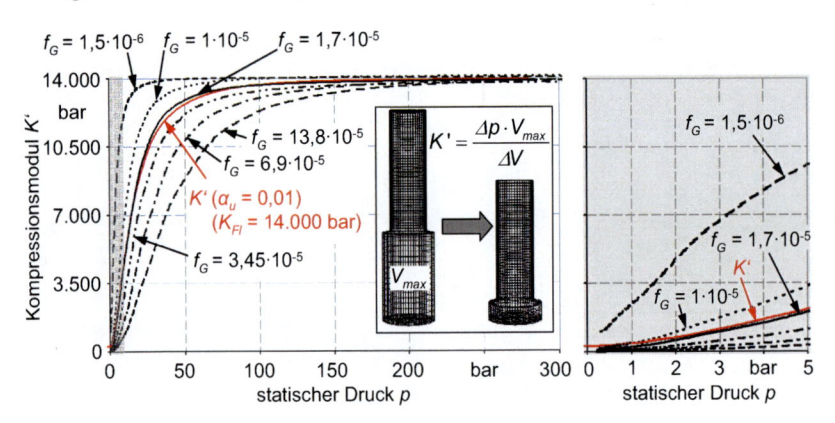

Bild 48: Kompressionsmodul eines Zweiphasengemisches in Abhängigkeit vom nichtkondensierbaren Luftmasseanteil f_G im Vergleich mit K'-Modell

Das im Kapitel 5.1 eingeführte K'-Modell kann für Pumpenberechnungen als gut validiert angesehen werden /H7/ und bildet die Referenz für die Parametrierung des Kavitationsmodells. In Analogie zum K'-Modell wurde der Maximalwert des Ersatzkompressionsmoduls auf $K' = 14.000$ bar limitiert und der flüssigen Phase als konstanter Wert zugewiesen. Im Kavitationsmodell ergibt sich die Kompressibilität des Fluids aus der kompressiblen Ölphase und der kompressiblen Zweitphase mit Idealgasverhalten. Da das K'-Modell auf der

6 Parametrierung und Validierung der Fluidmodelle

isentropen Zustandsänderung eines Flüssigkeits-Luft-Gemisches mit einem konstanten freien Luftvolumenanteil ($\alpha_U = 1\,\%$ bei p_0) beruht, muss sich im Kavitationsmodell unter der Voraussetzung eines konstanten nichtkondensierbaren Luftmasseanteils eine ähnliche druckabhängige Charakteristik des Gemisch-Kompressionsmoduls ergeben (adiabate Verdichtung). Durch Parametermodifikation kann somit die Charakteristik des K'-Modells nachgebildet werden. In Analogie zu den Ausführungen im Kapitel 6.1 wird die Kompressibilität ausschließlich durch Variation des nichtkondensierbaren Luftmasseanteils beeinflusst, während Dampfdruck und Kompressibilität der flüssigen Phase nicht variiert werden.

Nach Kapitel 6.1 wurde für die Saugströmbedingungen ein nichtkondensierbarer Luftmasseanteil von $f_G \approx 1{,}5 \cdot 10^{-6}$ als geeignet gefunden. Für den Druckaufbauvorgang bedeutet dieser Wert eine zu niedrige Kompressibilität des Fluids. So wird bereits bei geringem Kolbenhub eine starke Verdichtung erzielt. Im Ergebnis zeigte sich für $f_G = 1{,}7 \cdot 10^{-5}$ eine hohe Übereinstimmung zum K'-Modell, Bild 48.

Im Beispiel findet bei der Verdichtung kein Phasentransfer statt. Der nichtkondensierbare Luftmasseanteil f_G bleibt unabhängig vom Druckniveau konstant, wobei der volumetrische Anteil gelöster Luft entsprechend variiert. Im Singhal-Kavitationsmodell kann bei der Auswertung nicht zwischen gelöstem und ungelöstem Luftanteil unterschieden werden.

Bei der Untersuchung von Pumpenströmungen, insbesondere der Analyse des Druckumsteuervorgangs, wird nachfolgend die Kompressibilität im Kavitationsmodell mit der hier gefundenen Parametrierung modelliert. Bei Niederdruck breiten sich die Druckwellen dann mit etwas geringerer Geschwindigkeit aus und deren Dämpfung ist größer, als experimentell ermittelt.

6.3 Statische Überdeckung an einem Kolbenpumpenmodell

Die bisher vorgestellte Validierung des Kavitationsmodells an einer Pumpensaugströmung und der Kompression eines Verdrängungsvolumens erfolgte ohne daran beteiligter Dampfkavitation. Nun soll das Kavitationsverhalten exemplarisch für eine Ventilströmung - an einem statischen Modell des Druckumsteuervorgangs für die untere Totpunktlage einer Axialkolbenpumpe - analysiert werden. An diesem Modell wird der Füllungsvorgang des Verdrängungsvolumens während der Druckumsteuerung nachempfunden.

Die Studien stützen sich auf die Axialkolbenpumpe nach Kapitel 6.1. Die numerischen Simulationen werden experimentell mit Visualisierungs-, Volumenstrom- und Druckmesstechnik begleitet. Die experimentellen Daten dienen der abschließenden Validierung des CFD-Kavitationsmodells. Die Untersuchungen versprechen Erkenntnisse hinsichtlich Gitter,

6 Parametrierung und Validierung der Fluidmodelle

Modellwahl und Parametrierung, die Grundlage und Ausgangspunkt für die Analyse der dynamischen Strömungsvorgänge in der Pumpe sind.

Erstmals betrachtete Kleinbreuer /K4/ den Druckumsteuervorgang von Axialkolbenpumpen an einem statischen Modellprüfstand für den Unteren Totpunkt. Ziel seiner Arbeit war die modellmäßige Untersuchung (**Bild 49**) der in der Zylindertrommel entstandenen Strahl-Kavitationserosion. Umfangreiche Schädigungsversuche an verschiedenen Steuerkerben führte er bei einem konstanten Zulaufdruck von p_1 = 350 bar und einem konstanten Ablaufdruck von p_2 = 2 bar durch. Nach einer Betriebszeit von t = 250 h konnte er eine gute Übereinstimmung nach Form, Größe und Lage der Schädigung in Pumpen und im Modellversuch (Maßstab 1:1) feststellen. Offensichtlich sind die strömungsmechanischen Vorgänge vergleichbar. Kleinbreuer resümierte, dass diese Versuchsmethode geeignet ist, um die Strömungsverhältnisse in Axialkolbenpumpen zu simulieren. Durch Kavitationserosion sind in Kolbenpumpen besonders der Steuerspiegel und die Zylinderniere in den im Bild 49 markierten Bereichen betroffen.

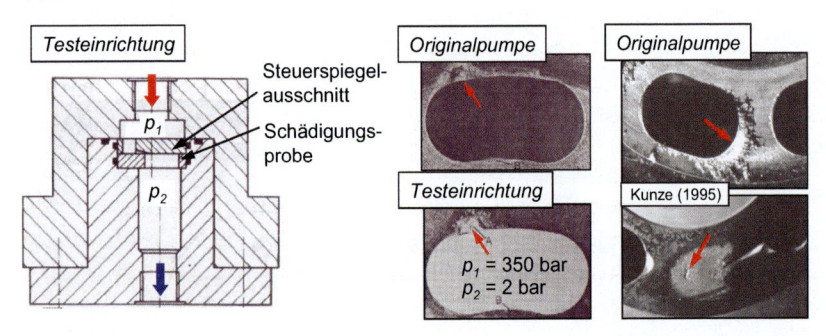

Bild 49: Schädigungsprüfstand von Kleinbreuer /K4/ und Untersuchungen von Kunze /K7/

Kleinbreuers Überlegungen bilden die Grundlage für eigene Untersuchungen an einem Prüfstand mit statischer Überdeckung. Die geometrischen Verhältnisse während des Druckumsteuervorgangs in der unteren Totpunktlage sind im **Bild 50** illustriert. Die Zylindertrommel der Axialkolbenpumpe schließt stirnseitig mit dem Steuerspiegel ab, der die Abdichtung zwischen der Saug- und Druckseite der Pumpe übernimmt. Die hydraulische Verbindung zur Saug- bzw. Druckseite erfolgt über die Saug- und Druckniere im Steuerspiegel. In den Stegbereichen zwischen den Nieren findet der Druckaufbau bzw. -abbau statt. Der Steuerspiegel einer Axialkolbenpumpe entscheidet daher über die Druckwechselvorgänge in den Umsteuerbereichen.

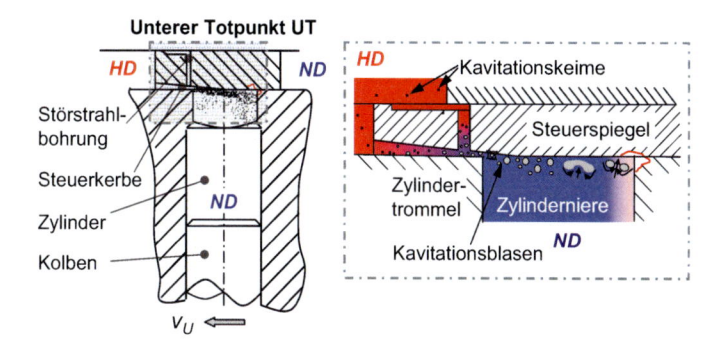

6 Parametrierung und Validierung der Fluidmodelle

Bild 50: Druckumsteuervorgang in der unteren Totpunktlage einer Axialkolbenpumpe

Der Kolben befindet sich im Bild 50 im Unteren Totpunkt, während sich der Verdrängerraum mit Umfangsgeschwindigkeit v_U von der Niederdruckseite über den Trennsteg im Steuerspiegel zur Hochdruckseite bewegt. Im Verdrängungsvolumen liegt zu Beginn des Kompressionsvorgangs Niederdruck an. Die Drehung der Zylindertrommel führt mit Hilfe einer Steuerkerbe sowie gegebenenfalls mit einer Störstrahlbohrung zu einer stetigen und kontrollierten Vergrößerung des Drosselquerschnitts zwischen der Hochdrucknicre und dem Verdrängungsvolumen. In der Folge steigt der in den Verdrängerraum eintretende Kompressionsstrom, bis der Einfluss des steigenden statischen Druckes im Verdrängungsvolumen gegenüber dem reduzierten Widerstand der Drossel überwiegt und der Volumenstrom wieder abfällt. Für den Druckausgleichsvorgang steht nur ein begrenzter Drehwinkelbereich zur Verfügung. In der Steuerkerbe treten mit zunehmender Druckdifferenz steigende Strömungsgeschwindigkeiten auf. Im konzentrierten Kompressionsstrahl treten bei niedrigen statischen Drücken Strahl- und Scherschichtkavitation auf. Sobald ein kritischer Druck unterschritten ist, wachsen die im Öl eingeschlossenen Kavitationskeime zu -bläschen, Bild 50. Der Kompressionsstrahl kann sich im Verdrängungsvolumen nicht ungehindert ausbreiten. So trifft er nach kurzer Laufzeit auf die gegenüberliegende Wand der Zylindernicre. Mit der Strömung gelangen die Kavitationsbläschen aus dem Gebiet niedrigen statischen Druckes in das Staudruckgebiet. Der Kompressionsstrahl wird bei steigendem Gegendruck abrupt abgebremst und umgelenkt, so dass die Bläschen kollabieren. In hydrostatischen Pumpen ist Kavitation besonders relevant, da bei Niederdruck gebildete Bläschen durch den simultan zur Strahlkavitationsphase einhergehenden Druckanstieg verdichtet werden und somit besonders energiereich implodieren /K7/. Durch die im Unteren Totpunkt neben der Blasengenerierung einhergehende Druckerhöhung unterscheiden sich Kavitationsphänomene in Pumpen signifikant von Kavitation in Ventilen, bei denen die Blasenimplosion zumeist im niedrigen Druckbereich erfolgt bzw. durch hohen Ablaufdruck untergeordnet bleibt.

6.3.1 Prüfstand

Die im **Bild 51** geschnitten dargestellte Axialkolbenpumpe zeigt den Zylinder mit Totpunktlage des Kolbens. Die Pumpenabmessungen bilden die Grundlage für den Modellprüfstand, mit dem verschiedene statische Überdeckungsstellungen stufenlos einstellbar sind. Im Gegensatz zu einer Axialkolbenpumpe mit rotierender Zylindertrommel und translatorisch arbeitenden Kolben liegen im Betrieb des Modellprüfstandes keine bewegten Teile vor.

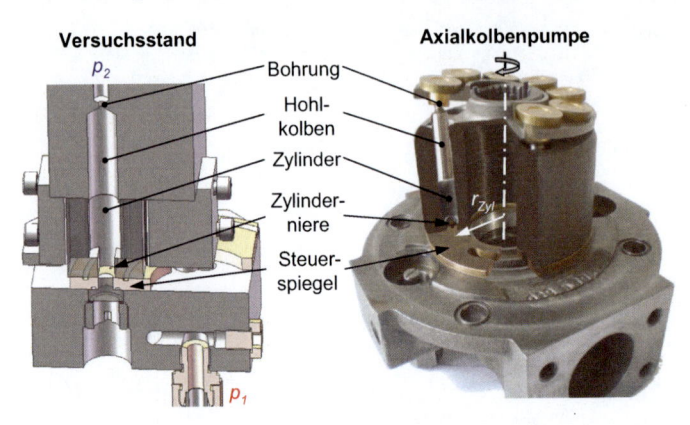

Bild 51: Visualisierungsprüfstand (links) und Axialkolbenpumpe (rechts)

Bedingung für eine prinzipielle strömungsmechanische Ähnlichkeit des dynamischen Druckumsteuerprozesses in der Pumpe und des Strömungsverhaltens im Versuchsstand ist, dass der Strahlaufbau gegenüber der Bewegung der Zylindertrommel deutlich schneller erfolgt. Die Strahlgeschwindigkeit muss somit mindestens eine Größenordnung über der Umfangsgeschwindigkeit des Zylinders liegen. Die Umfangsgeschwindigkeit v_U ergibt sich mit Hilfe des Zylinderradius r_{Zyl} und der Pumpendrehzahl n_1. Die Strahlgeschwindigkeit w lässt sich mit Hilfe der verlustfreien Bernoulli-Gleichung mit der Druckdifferenz über der Steuerkerbe abschätzen (Umwandlung von Druck- in kinetische Energie).

$$v_u = 2\pi \cdot r_{Zyl} \cdot n_1 \tag{6.13}$$

$$w = \sqrt{\frac{2}{\rho}(p_1 - p_s)} \tag{6.14}$$

Für eine Druckdifferenz von Δp = 100 bar und eine Drehzahl von n_1 = 1500 min^{-1} beträgt das Verhältnis von Strahl- zu Umfangsgeschwindigkeit ca. 25. Die Strömungsbedingungen sind somit bei einer statischen Überdeckungsstellung prinzipiell ähnlich.

6 Parametrierung und Validierung der Fluidmodelle

Die experimentellen Untersuchungen konzentrieren sich auf $\Delta\varphi_1 = 6°$ und $\Delta\varphi_2 = 9°$ negative Überdeckung von Steuerkerbe und Zylinderniere, **Bild 52**. Eine 0° Stellung bedeutet eine Nullüberdeckung zwischen Steuerkerbenspitze und Zylinderniere.

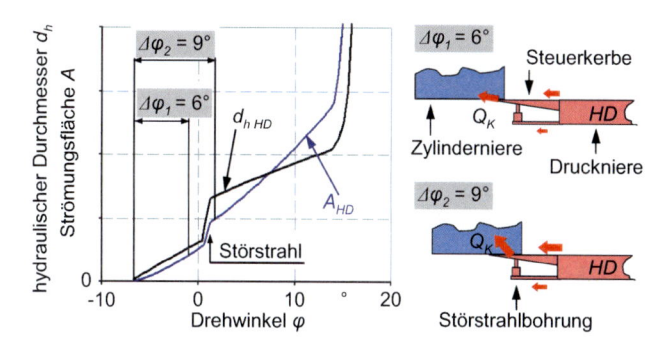

Bild 52: Strömungsquerschnitt und hydraulischer Durchmesser der HD-Umsteuerung

Die Visualisierung der Strömung erfolgt für den Bereich der Zylinderniere, da hier die größte Kavitationsintensität auftritt. Um mit Hilfe des Gegenlichtverfahrens Kavitationsgebiete aufzuzeichnen, sind beidseitig der Niere optische Gläser (synthetisches Quarzglas) mit planparallelen polierten Oberflächen befestigt. Ein drittes Fenster befindet sich im Steuerspiegel und gestattet die Sicht in Längsrichtung des Verdrängungsvolumens. Die Anordnung ist den geometrischen Verhältnissen der Originalpumpe weitestgehend nachempfunden, **Bild 53**. Die Querschnittsänderung zwischen Zylinderniere und Zylinder wird durch Absätze der Glasfenster realisiert. Der Bereich des Hohlkolbens ist durch eine Querschnittsverengung berücksichtigt.

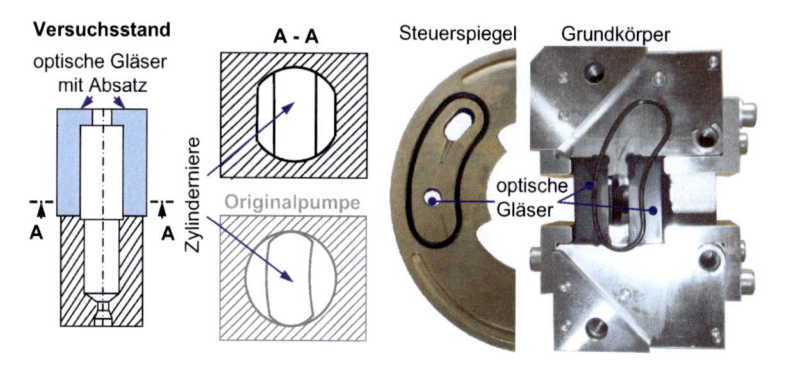

Bild 53: Visualisierungsbereich des Prüfstands mit Modellgeometrie des Zylindervolumens

Die Gläser mit einer Minimaldicke von 10 mm sind mit einem 2K-Polyurethan-Klebstoff im Grundkörper eingesetzt und schließen an ihrer Oberseite bündig mit dem Grundkörper ab, Bild 53. Stahlgrundkörper und Gläser bilden hier eine ebene Auflagefläche für den Steuerspiegel, dessen Fluidraum mit einem O-Ring abgedichtet ist. Die Dichtung gestattet die rotative Bewegung des Steuerspiegels zum Grundkörper. Aus Sicherheitsgründen sind die Gläser zusätzlich durch Haltewinkel arretiert. Der Steuerspiegel ist eine Spezialanfertigung mit den Originalabmaßen der Steuerkerbe, Störstrahlbohrung und der ersten Hochdruckniere. Für den Modellprüfstand wurde die Geometrie des Hochdruckkanals der Pumpe vereinfacht modelliert. Das über die Steuerkerbe in das Verdrängungsvolumen einströmende Druckmedium strömt tankseitig über eine Bohrung aus.

Bild 54 zeigt die Versuchsvorrichtung: Mit einem Zwei-Wege-Stromregelventil lässt sich der Volumenstrom einstellen, der über die Steuerkerbe strömt. Die sich einstellende Druckdifferenz wird mit mehreren Drucksensoren gemessen und in Kombination mit einem Zahnradvolumenstromsensor das Durchflussverhalten bestimmt. Durch Veränderung des Ablaufdrosselquerschnitts lässt sich der Gegendruck variieren. Der Visualisierungsbereich ist im Bild 54 mit einer handelsüblichen Digitalkamera und der Hochgeschwindigkeitskamera CMOS Basler A504K aufgenommen. Aufgrund der langen Belichtungszeit zeigt die Digitalkamera einen mittleren Strömungszustand, während für die Hochgeschwindigkeitsaufnahme eine Bildfrequenz von 10 kHz gewählt wurde.

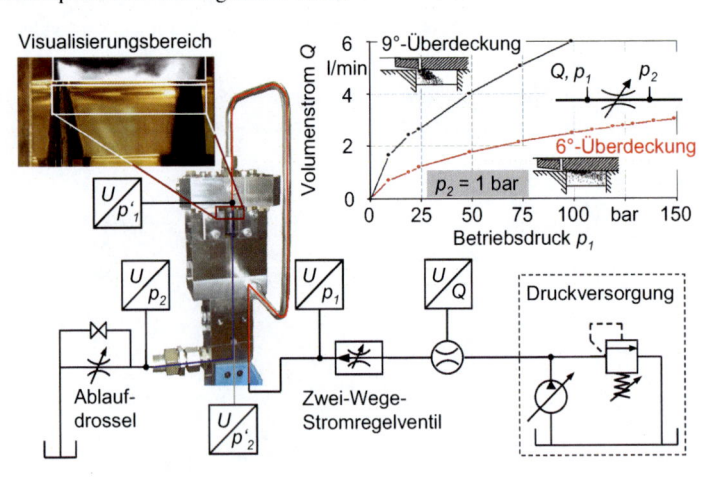

Bild 54: Prüfstandsaufbau mit Messtechnik, Visualisierungsfenster und Durchflussverhalten

6 Parametrierung und Validierung der Fluidmodelle

Nicht verstellbare Umsteuerungen mit Kerben oder Bohrungen arbeiten nur in einem Betriebspunkt optimal und neigen zur Ausbildung von Strahlkavitation. Dennoch hat sich dieses Prinzip aufgrund des einfachen Aufbaus und der kostengünstigen Herstellung durchgesetzt. Die Kombination der Kerbenvorsteuerung mit einem Störstrahl soll die Kavitationserosion durch die Zerstreuung des kavitierenden Ölstrahls reduzieren.

Im **Bild 55** sind mit der Hochgeschwindigkeitskamera Betriebszustände mit ausgeprägter Kavitation bei einer Temperatur von $\vartheta = 40 \pm 5\ °C$ festgehalten. Die Belichtungszeit beträgt einheitlich $t = 0,09$ ms, die Bildaufnahmeperiode $t = 0,1$ ms. Aufgrund der kurzen Belichtungszeiten war eine sehr gute Ausleuchtung des Messobjektes notwendig. Hierzu wurden mehrere Scheinwerfer mit einer Gesamtleistung von 1,15 kW eingesetzt. Die in den Bildern zu sehende schwarze Wolke kennzeichnet die Zone mit Mikro-Kavitationsbläschen, bestehend aus einem Gemisch aus Öl, Dampf und freier Luft. Der Kavitationsbeginn setzt bereits innerhalb der Steuerkerbe ein. Für die im Gegenlichtverfahren aufgezeichneten Aufnahmen wird der Hochgeschwindigkeitskamera gegenüberliegend Licht durch das rückwärtige optische Glas in das Strömungsgebiet geleitet. In Phasengrenzflächen innerhalb der Kavitationsgebiete erfolgt die teilweise oder vollständige Reflexion des Lichtes, so dass diese Bereiche in den Aufnahmen dunkler erscheinen. Mit abnehmendem Betriebsdruck nimmt die Kavitationsneigung ab. Verursacht durch die geringere Druckdifferenz über der Kerbe stellen sich kleinere Strömungsgeschwindigkeiten ein, und die Scherraten nehmen ab.

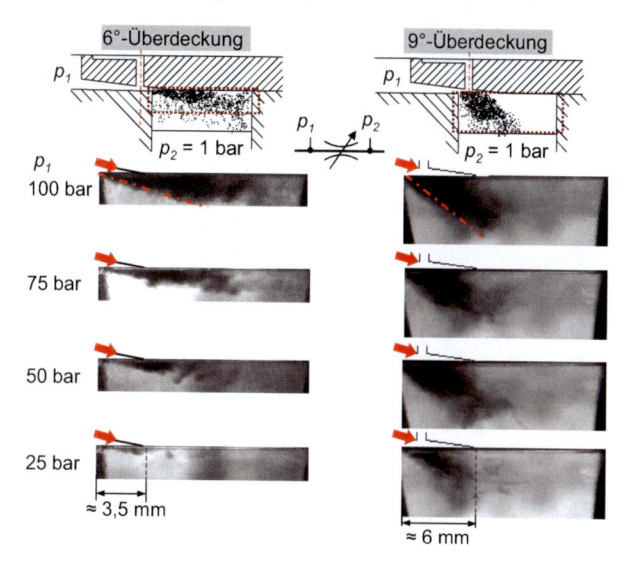

Bild 55: Hochgeschwindigkeitsaufnahmen der kavitierenden Strömung

Fortlaufend werden größere langlebige Blasen, im Allgemeinen Luftblasen, von einer Rückströmung erfasst und in das Gebiet des eintretenden Strahles zurückbefördert, besonders ausgeprägt bei der 6°-Überdeckung.

Dem Impulserhaltungssatz folgend, resultiert der Eintrittsimpulsstrom ($\dot{m} \cdot \vec{W}$) in die Zylinderniere bei 9°-Überdeckung als vektorielle Summe der Einzelimpulsströme aus Störstrahl und Steuerkerbe. Der Störstrahl lenkt den aus der Kerbe austretenden Hauptstrahl ab, so dass der Eintrittswinkel in die Zylinderniere im Vergleich zur 6°-Überdeckung steigt. Aufgrund des größeren Kerbenquerschnitts nehmen Durchfluss und Eindringtiefe des kavitierenden Strahls zu. Der instationäre Impulsaustausch bewirkt eine Aufweitung der Kavitationszone. Bei 6°-Überdeckung trat bei einem Zulaufdruck von $p_1 = 25$ bar und einem Ablaufdruck von $p_2 \leq 2$ bar Bläschenbildung auf. Für den gleichen Betriebspunkt lag bei 9°-Überdeckung bereits eine ausgeprägte kavitierende Strömung im Bereich der Zylinderniere vor.

6.3.2 CFD-Modelle

In Analogie zu den Untersuchungen der Saugströmung wird neben der kompressiblen Einphasenströmung das Kavitationsmodell nach Singhal verwendet. Beide Phasen des Kavitationsmodells sind als kompressible Medien modelliert (Öl + Luft als Idealgas). Basierend auf den Überlegungen im Kapitel 6.2 wird von einem konstanten Masseanteil von $f_G = 1{,}7 \cdot 10^{-5}$ an gelöstem Gas ausgegangen. Alle weiteren Fluidparameter entsprechen den Ausführungen im Kapitel 5.1 und 6.1.

Für die CFD-Simulation des dynamischen Verhaltens der kavitierenden Strömung wurde zunächst ein geeignetes Gitter und Simulationsmodell bestimmt. Bei der Gitterauflösung muss einerseits die Forderung nach hoher Qualität der Ergebnisse, andererseits die Forderung nach angemessener Berechnungszeit berücksichtigt werden. Während sich die Einflüsse des Gitters mit stationären Strömungsberechnungen ermitteln lassen, wird in instationären Simulationen das dynamische Verhalten analysiert. Das strömungsmechanisch interessanteste Gebiet befindet sich in und unmittelbar stromab der Kerbe. In diesem Gebiet sind hohe Gitterauflösungen notwendig. Der Kerben- und Störstrahlbereich sowie der Eintritt in die Zylinderniere müssen sehr fein diskretisiert werden, da hier die größten Strömungsgeschwindigkeiten, Scherraten und Druckgradienten auftreten. Zudem führt der Impulsaustausch im Eintrittsbereich der Störstrahlbohrung bei 9°-Überdeckung zu einem Strömungsablösegebiet unmittelbar stromab des Störstrahleintritts in die Kerbe. Kavitation im Ablösegebiet ist die Folge. Um den Einfluss verschiedener Gittereigenschaften auf die Durchströmung der Zylinderniere zu bestimmen, wurden zwei Gitter (**Bild 56**) unterschiedlicher Diskretisierung ausgewählt. Ein Gitter besitzt eine Trennfläche (Interface) zwischen

Steuerkerbe und Zylinderniere. Das Interface ermöglicht eine unabhängige Vernetzung der beiden benachbarten Fluidvolumina, so dass sich die Gittererstellung vereinfacht. Zudem lassen sich beliebige Überdeckungszustände ohne Neuvernetzung einstellen. Um Interpolationsfehler zu begrenzen, ist das Gitter der Zylinderniere im Bereich der Überdeckung mit der Kerbe feiner aufgelöst, so dass die übereinander liegenden Zellen etwa gleich groß sind. Der Übergang vom feinen kerbennahen Hexaedergitter zum gröberen Gitter stromab der Kerbe erfolgt mit Tetraeder-Zellen. Das zweite Gitter besitzt keine Trennfläche und keine Tetraederschicht. Mit Zellwachstumsfunktionen wird bei beiden Gittern ein stetiger Übergang der Hexaeder-Zellen zwischen verschiedenen Gitterauflösungen am Nierenboden im Umkreis der Kerbe sowie in Tiefenrichtung der Zylinderniere gewährleistet. Die Gittergröße unterscheidet sich in Abhängigkeit des Gittertyps sowie der Überdeckung: Das Strömungsgebiet mit Trennfläche umfasst 0,95 Mio. Zellen. Das Gitter ohne Interface setzt sich bei der 6°-Überdeckung aus der gleichen Anzahl Zellen und bei der 9°-Überdeckung aus 1,19 Mio. Zellen zusammen. Der Unterschied ergibt sich aus der variierenden Auflösung der Zylinderniere: Dieses Volumen ist ohne Interface mit 0,31 Mio. Zellen (6°) bzw. 0,57 Mio. Zellen (9°) aufgelöst.

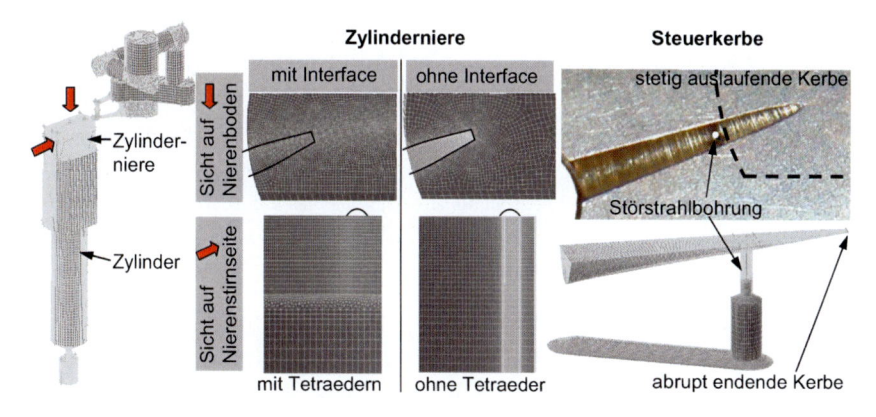

Bild 56: Gitterauswahl - Gitter mit / ohne Interface zwischen Steuerkerbe und Zylinderniere

Das Gitter der Umsteuergeometrie wurde vorab in einer separaten Studie analysiert. Dabei wurde festgestellt, dass stabile und konvergierende Rechnungen nur durch ein hoch aufgelöstes Hexaedergitter des Störstrahleintritts in die Steuerkerbe zu erzielen sind, **Bild 57** Gitter 3. Um die Steuerkerbe vollständig mit Hexaeder-Zellen zu diskretisieren, musste der stetige Kerbenauslauf durch eine plane Abschlussfläche geringfügig eingekürzt werden. Der abrupte Kerbenabschluss verursacht ein kleines Staudruckgebiet und begünstigt die Strahlablösung vom Zylindernierenboden stromab der Kerbe.

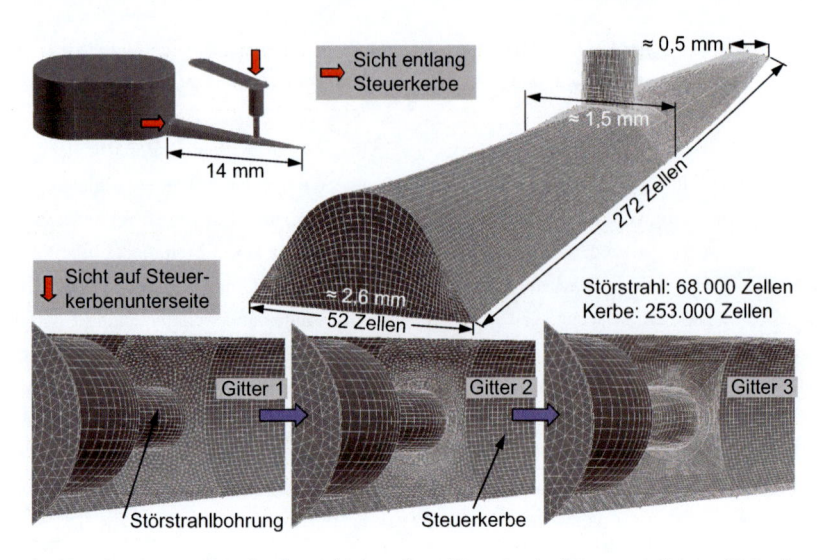

Bild 57: Strömungsgitter der Steuerkerbe mit variierender Auflösung am Störstrahleintritt

Eine Abschätzung der Reynolds-Zahl zeigt, dass bei einer Druckdifferenz von $\Delta p = 100$ bar in der Kerbe laminare Strömungsbedingungen (**Bild 58**) und in der Zylinderniere Transition (laminar-turbulenter Übergang) zu erwarten sind. Dabei wird von einer kritischen Reynolds-Zahl von $Re_{krit} = 2300$ ausgegangen. Transition ist Folge der Instabilität der laminaren Grundströmung gegenüber kleinen Störungen. Die maximale Strömungsgeschwindigkeit ergibt sich mit der verlustfreien Bernoulli-Gleichung nach (6.14). Mit dem hydraulischen Durchmesser d_h als gleichwertigem Durchmesser zu einem kreisrunden Querschnitt:

$$d_h = \frac{4 \cdot A}{u}, \tag{6.15}$$

ergibt sich die Reynolds-Zahl zu $Re = (w \cdot d_h)/\nu$. Ergänzend sei erwähnt, dass in gekrümmten Strömungskanälen Sekundärströmungen infolge der Zentrifugalkraft auftreten, die den Transitionsbereich zu größeren Reynolds-Zahlen ($Re_{krit} \approx 6000$) verschieben. Für Mikrokanäle gelten ebenfalls abweichende Bedingungen. In /O1/ sind Quellen zitiert, die für Mikrorohre ($d_h < 1$ mm) die kritische Reynolds-Zahl mit $2000 \leq Re_{krit} \leq 6000$ angeben.

Im Bereich der Zylinderniere wurde für die Bestimmung der Reynolds-Zahl die mittlere Strömungsgeschwindigkeit auf 1/3 - 2/3 der Maximalgeschwindigkeit geschätzt. Diese Annahme ist möglich, da die größten, die gesamte Zylinderniere erfassenden Wirbel, deutlich geringere Geschwindigkeiten aufweisen. Der über die Steuerkerbe in die Zylinderniere eintretende und diese diagonal durchströmende Strahl erreicht auf der gegenüberliegenden

6 Parametrierung und Validierung der Fluidmodelle

Seite die Nierenstirnseite, wo sich ein Staudruckgebiet ausbildet und der Strahl umgelenkt wird. Der maximale Wirbeldurchmesser wird durch die Nierenbreite begrenzt.

Druckdifferenz	$\leftarrow\Delta p\rightarrow$	bar	100		250	
Maximalgeschwindigkeit nach Bernoulli für Δp	w_{max}	m/s	150 6°	9°	240 6°	9°
Re Kerbe	Re_{Kerbe}	-	1.300	2.400	2.100	3.900
Re Störstrahl	$Re_{Störstrahl}$	-		1.200		2.000
Re Niere	Re_{Niere}	-	8.800 - 17.600		17.400 - 34.800	

Bild 58: Analytische Abschätzung des Strömungscharakters anhand der Reynolds-Zahl

Der Gittereinfluss wurde durch stationäre Simulationen (laminare, kompressible und einphasige Strömung) ermittelt. Für Ein- und Auslauf wurden Konstantdruckränder verwendet. **Bild 59** zeigt die Strömung in der Zylinderniere im Bereich der Visualisierungsfenster.

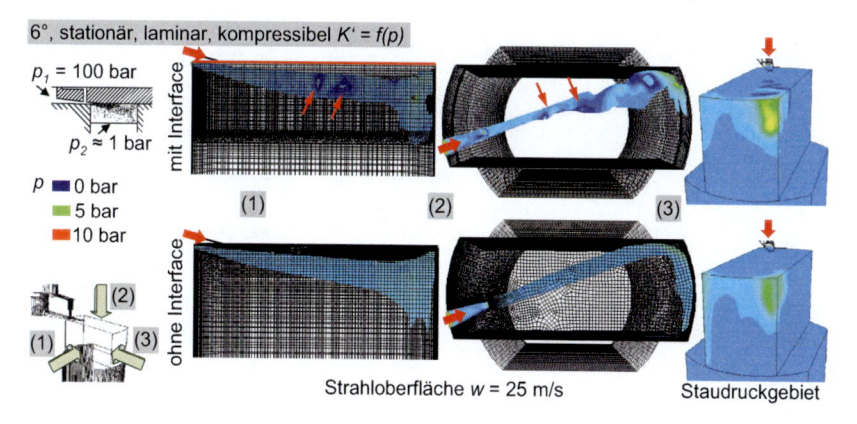

Bild 59: Gittereinfluss - Gitter mit / ohne Interface zwischen Steuerkerbe und Zylinderniere

Dargestellt ist die konstante Geschwindigkeitsoberfläche $w = 25$ m/s, skaliert mit dem statischen Druck. Beim Gitter ohne Trennfläche trifft ein fokussierter und konzentrierter Strahl auf die Nierenstirnseite. Der statische Druck im Strahl ist nahezu konstant, während beim Gitter mit Trennfläche deutliche Druckunterschiede im Strahl auftreten. Diese sind nicht physikalisch, sondern numerisch begründet: Die Randknotenpunkte der benachbarten Gitter von Kerben- und Nierenvolumen liegen nicht deckungsgleich übereinander, so dass der Austausch der Strömungsgrößen gestört ist. In den Simulationen mit Trennfläche stellt sich trotz hoher Auflösung an der Trennfläche keine stationäre Lösung ein. Das Konvergenzkriterium wird für die Kontinuitätsgleichung nicht erreicht. Strahlflattern bedingt einen erhöhten Impulsverlust, so dass die Strahllänge sinkt. Da das Gitter ohne Trennfläche diese numerischen Effekte nicht zeigt, ist es für gittersensitive Kavitationsrechnungen besser geeignet und wird allen folgenden Untersuchungen zu Grunde gelegt.

Bei 6°-Überdeckung treten die Minimaldrücke hinter dem Kerbenauslauf und bei 9°-Überdeckung stromab des Störstrahleintritts in die Steuerkerbe auf. Bei inkompressiblem Fluid liegen dort statische Drücke weit unterhalb von 0 bar vor, während beim Kavitationsmodell ein Druckabfall unterhalb des Dampfdruckes durch Zweitphasenbildung ausgeschlossen bleibt, **Bild 60**. Bei kompressiblem Fluid sinken die Minimaldrücke nicht so weit ab wie bei inkompressibler Modellierung, da die flüssige Phase während der Druckentlastung beim Durchströmen des Widerstandes expandieren kann. In der 9°-Überdeckung hat der große Unterdruck bei inkompressiblem Fluid eine Saugwirkung auf den Strahl zu Folge. Daher unterscheidet sich der Strahleintrittswinkel nur marginal vom Eintrittswinkel bei 6°-Überdeckung, Bild 59. Bei kavitierender Strömung ist der Strahleintrittswinkel dahingegen deutlich größer. CFD-Rechnungen mit inkompressiblem Fluid besitzen somit bei kavitierenden Strömungen nur eine begrenzte Aussagefähigkeit. Die instationären Strömungsanalysen erfolgten in Abhängigkeit des Fluidmodells mit Zeitschrittweiten von $1 \cdot 10^{-6} \leq \Delta t \leq 1 \cdot 10^{-5}$ s.

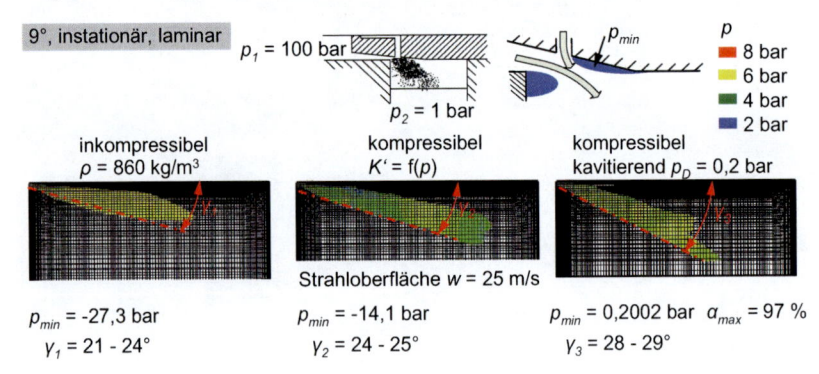

Bild 60: Auswirkungen verschiedener Fluidmodelle auf Strahlverhalten und -winkel (Momentaufnahmen)

6.3.3 CFD und Experiment im Vergleich

Mit instationären CFD-Simulationen wurde ein Strömungsmodell ausgewählt, mit dem die visualisierten physikalischen Effekte beschreibbar sind. Wie oben angegeben, muss bei einer Druckdifferenz von Δp = 100 - 250 bar davon ausgegangen werden, dass die Strömung den laminar-turbulenten Übergang vollzieht. Dem laminaren Modell wurden daher statistische

6 Parametrierung und Validierung der Fluidmodelle

Turbulenzmodelle gegenübergestellt. Klassische Turbulenzmodelle wie das k-ε bzw. k-ω Modell gelten ohne Erweiterungen nur für voll-turbulente Strömungen und sind somit für den vorgestellten Modellfall ungeeignet. Daher liegt der Fokus auf Modellen, die auch den Transitionsbereich abbilden können. Trotz der moderaten Reynolds-Zahlen findet auch das Standard k-ε Modell (SKE) als Vertreter für voll-turbulente Strömungen Verwendung, um die Unterschiede zwischen den einzelnen Modellen zu verdeutlichen. Ein Überblick zur Turbulenzmodellierung in der CFD befindet sich im Anhang A.4.3. Folgende Strömungsmodelle wurden analysiert:

- Laminares Modell
- Statistische Turbulenzmodellierung: Zweigleichungsmodelle
  - SST k-ω Modell (+ Transition)
  - k-ε Modell (SKE).

Um auf Wandfunktionen verzichten zu können, ist bei der Erstellung der Gitter auf die besonders hohe Auflösung für turbulente Grenz- und Scherschichten geachtet worden. Am Eintrittsrand wurde ein Turbulenzgrad von 2 % vorgegeben. Die Auswertung der Simulation erfolgt, nachdem der Einschwingvorgang abgeschlossen ist, wofür bei geeigneter Druckinitialisierung eine physikalische Laufzeit von ca. 6 ms notwendig war, **Bild 61**.

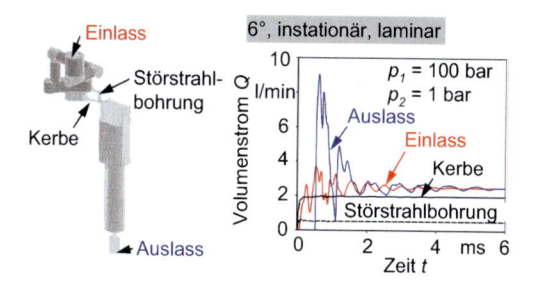

Bild 61: Einschwingverhalten nach Berechnungsstart

Bild 62 zeigt den Einfluss der Turbulenzmodellierung in der Visualisierungsansicht mit konstanter Geschwindigkeitsoberfläche von $w = 50$ m/s, skaliert mit dem statischen Druck. Während das Strömungsmodell variiert wird, liegt das Kavitationsmodell allen Berechnungen zu Grunde. Für die 6°-Überdeckung stellt sich bei allen Strömungsmodellen ein nahezu zeitunabhängiger Wandstrahl ein, so dass sich der Einfluss der unterschiedlichen Strömungsmodelle auf den Strahlverlauf gut erläutern lässt.

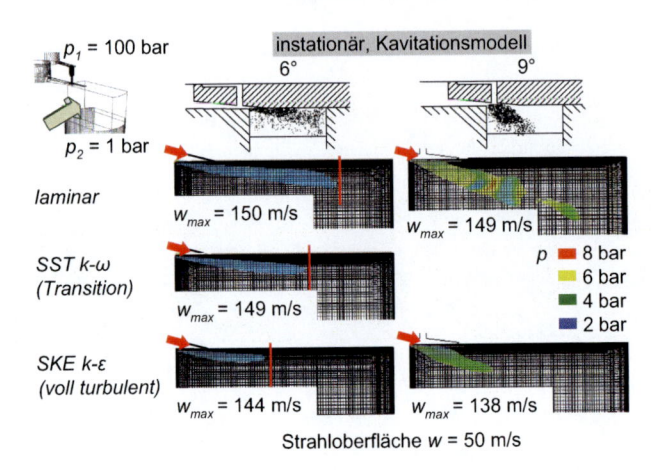

6 Parametrierung und Validierung der Fluidmodelle

Bild 62: Verschiedene Turbulenzmodelle im Vergleich (Momentaufnahmen)

Die Dissipation der Strahlenergie ist dem Impulsaustausch proportional. In Abhängigkeit des verwendeten Turbulenzmodells variiert daher die Strahleindringtiefe. Im SKE-Modell ist die Strahleindringtiefe am geringsten. Dieses Modell berücksichtigt den Impulsaustausch quer zur Hauptströmungsrichtung, wohingegen bei laminarer Strömung der Impulsaustausch ausschließlich in Hauptströmungsrichtung erfolgt. Die Strahleindringtiefe sinkt daher mit zunehmend turbulentem Strömungscharakter. Strahldissipation ist Folge von Reibungsverlusten, Umlenkverlusten durch Ablösungen und Querströmungen, Stoß- und Mischungsverlusten sowie Sekundärströmungsverlusten. Aufgrund geringerer Reibkräfte ergeben sich bei laminarem Modell ein konzentrierter Impulseintrag und große Strahleindingtiefen in die Zylinderniere. Im Vergleich zum SKE-Modell stellen die k-ω Modelle die Wandschubspannungen exakter dar. Aufgrund der wandnahen Strömung besitzen diese bei 6°-Überdeckung einen dominanten Einfluss auf den Strömungszustand. Eine Korrektur der turbulenten Viskosität für niedrige Reynolds-Zahlen zielt auf die verbesserte Abbildung des laminar-turbulenten Übergangs. Gegenüber dem SKE-Modell sinken daher die Reibkräfte und die Strahleindringtiefe steigt.

Mit laminarem Modell ist bei 9°-Überdeckung in Analogie zu den Messungen das dynamische Verhalten (Flattern) stark ausgeprägt (**Bild 63**), während sich die mit dem SKE-Modell simulierte Strömung nahezu zeitunabhängig verhält. Das hochdynamische Verhalten des Eintrittsstrahls kann mit diesem statistischen Turbulenzmodell nicht abgebildet werden, da die kleinskaligen Wirbelmechanismen nicht wiedergegeben werden und die Dissipation, d. h. der Verlust an kinetischer Energie, überbewertet wird.

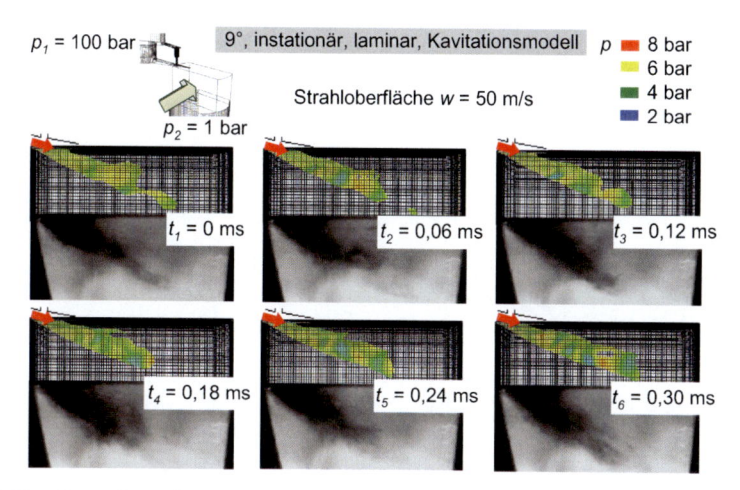

Bild 63: Gegenüberstellung von CFD (laminar) und Visualisierung

Im **Bild 64** ist das integrale Durchflussverhalten aus Experiment und CFD für laminares sowie turbulentes Strömungsverhalten für die 6°- und 9°-Überdeckung dargestellt. Mit zunehmendem Überdeckungswinkel steigt als Folge des größeren Strömungsquerschnitts der in den Verdrängerraum eintretende Massestrom. Für das laminare Modell liegt für die Druckdifferenz von Δp = 50 bar und Δp = 100 bar eine außergewöhnlich gute Übereinstimmung zum gemessenen Volumenstrom vor. Mit dem für niedrige Reynolds-Zahlen korrigierten SST-Modell ergibt sich ein dem laminaren Modell vergleichbares Durchflussverhalten, während beim SKE-Modell erwartungsgemäß deutlich größere Reibkräfte zu einem geringeren Volumenstrom führen /R5/.

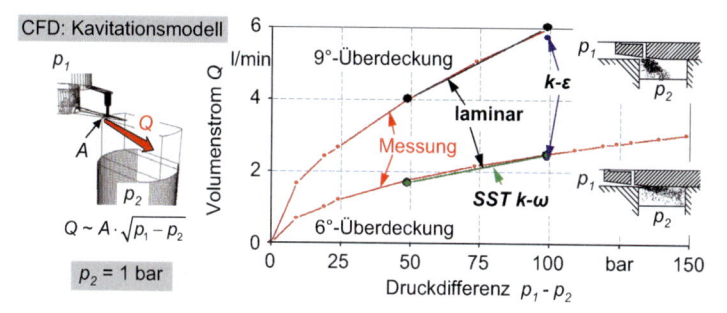

Bild 64: Durchflussverhalten - aus Messung und CFD mit Kavitationsmodell für verschiedene Turbulenzmodelle ermittelt

Für eine ausgebildete laminare Strömung besteht zwischen Druckverlust und Volumenstrom eine lineare Abhängigkeit:

$$Q = \frac{\Delta p_V}{R_H(Re)} \cdot \qquad (6.16)$$

Für eine ausgebildete turbulente Strömung steigt der Volumenstrom mit „wurzelförmigem" Verlauf:

$$Q = \sqrt{\frac{\Delta p_V}{R_H(Re)}} \cdot \qquad (6.17)$$

Der gemessene „wurzelförmige" Verlauf der Durchflusskennlinie lässt daher eine turbulente Durchströmung erwarten. Tatsächlich bildet sich über der Steuerkerbe jedoch eine laminare Einlaufströmung aus, da sich über der begrenzten Kerbenlänge kein parabolisches Geschwindigkeitsprofil einstellen kann. Die Strömungsverhältnisse bei laminarer, turbulenter, Einlauf- und ausgebildeter Rohrströmung vermittelt **Bild 65**. So liegt über der Länge der Steuerkerbe weitgehend ein Rechteckprofil ähnlich einem turbulenten Strömungsprofil vor. Daher verläuft die Tangente für die zwei berechneten Betriebspunkte mit laminarem Modell nicht durch den Nullpunkt. Aufgrund höherer Wandschubspannungen treten im Vergleich zu einem voll ausgebildeten laminaren Strömungsprofil vergrößerte Reibungsverluste auf. Dies erklärt die relativ geringen Durchflussunterschiede der verschiedenen Strömungsmodelle.

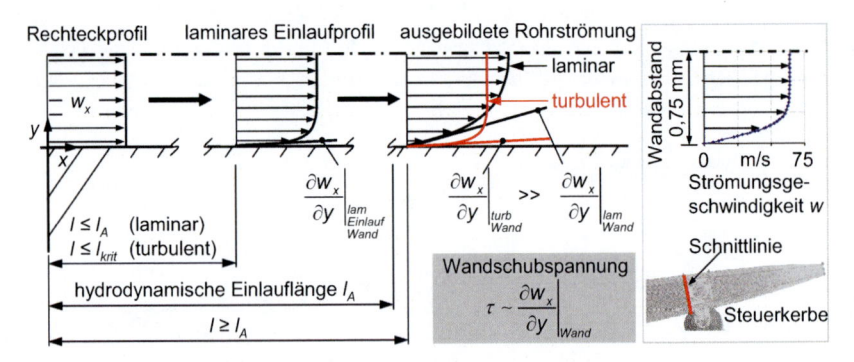

Bild 65: Rohrströmungsprofile: laminare Einlaufströmung - laminar bzw. turbulent ausgebildete Profile und Vergleich mit einem Strömungsprofil in der Steuerkerbe

Die bisherigen Ausführungen zeigen, dass die realen Strömungsverhältnisse mit laminarem Modell besser als mit statistischer Turbulenzmodellierung wiedergegeben werden. Die folgenden Rechnungen konzentrieren sich daher auf dieses Modell. **Bild 66** zeigt weitere

6 Parametrierung und Validierung der Fluidmodelle

Betriebspunkte für die 6°-Überdeckung im Vergleich zu Visualisierungen. Die Kavitationsintensität wird mit der Isooberfläche $\alpha = 1\,\%$ volumetrischer Zweitphasenanteil verdeutlicht. Begünstigt durch die große Strömungsgeschwindigkeit in der Kerbe löst der Strahl an der Kerbenspitze ab. In der Ablösezone entsteht ein Gebiet mit sehr niedrigem statischem Druck, so dass hier Kavitation auftritt. Zudem ist Kavitation seitlich der Kerbe am Übergang zur Zylinderniere anzutreffen, ebenfalls ablösebedingt. Ein größerer Ablaufdruck p_2 führt zu einem Druckanstieg im Strahl und daher zu einer Verkleinerung der Kavitationszone. Ein halbierter Betriebsdruck p_1 bewirkt eine Reduktion der Strömungsgeschwindigkeit, so dass sich wesentlich kleinere Strahleindringtiefen ergeben und das Kavitationsgebiet schrumpft. Der in die Zylinderniere eintretende Strahl weist unabhängig vom Betriebspunkt bei der 6°-Überdeckung ein nahezu statisches Verhalten im Gegensatz zur Visualisierung auf. Vergleichend sind zwei Momentaufnahmen mit einem zeitlichen Abstand von $\Delta t = 0{,}7$ ms für $\Delta p = 99$ bar dargestellt. Der zeitlich gemittelte Strahlverlauf von Visualisierung und CFD stimmt jedoch gut überein.

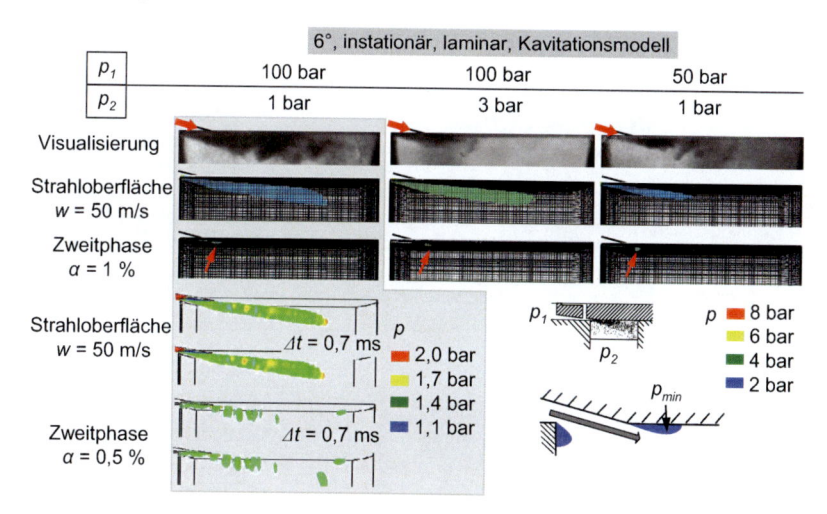

Bild 66: Visualisierung und CFD für die 6°-Überdeckung - fehlendes instationäres Strahlverhalten in der CFD

CFD-Modelle auf Basis von laminarer Beschreibung oder statistischer Turbulenz können Strahlkavitation infolge von Ablösung, Strahlumlenkung und ausgeprägten Scherschichten wiedergeben. Im Unterschied zur CFD tritt in den Visualisierungen zusätzlich Wirbelkavitation auf. Diese Form der Kavitation entsteht durch kleinskalige Wirbel, die lokal zu einer Druckabsenkung und in der Folge zu Mikrobläschenbildung führen. Dieser Kavitationsmechanismus erklärt, warum die Zonen erhöhter Zweitphasenkonzentration im

Strahl nicht stetig ineinander übergehen, sondern zueinander abgegrenzte Zonen bilden. Sehr gut ist dieses Verhalten im Bild 66 für die Visualisierung bei einer Druckdifferenz von $\Delta p \approx 49$ bar zu erkennen. Um diesen Kavitationsmechanismus berechnen zu können, muss der numerische Aufwand jedoch deutlich vergrößert werden.

Bei 9°-Überdeckung bildete sich die Zweitphase schon im Ablösegebiet stromab des Störstrahleintritts aufgrund der dort herrschenden Unterversorgung. Das Druckminimum nahe dem Dampfdruck unmittelbar hinter der Störstrahlbohrung variierte in Abhängigkeit der Strahlfluktuation in der Größenordnung von $\Delta p \approx 0{,}05$ bar. Kavitation ist ein vorrangig instationäres Phänomen. Die ausgeprägte Dynamik bei größerem Eintrittsvolumenstrom erklärt die größere Ausdehnung der Kavitationszonen jenseits der Ablösegebiete gegenüber der 6°-Überdeckung, **Bild 67**.

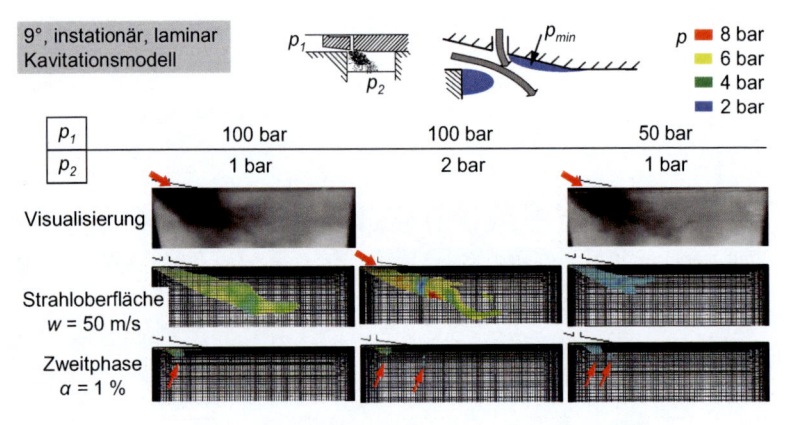

Bild 67: Visualisierung und CFD für die 9°-Überdeckung (Momentaufnahmen)

Der Vergleich mit den Visualisierungsaufnahmen legt jedoch die Vermutung nahe, dass sich in der CFD weniger Zweitphase bildet bzw. diese schneller rückkondensiert. Daher wurde die Parametrierung des Kavitationsmodells nochmals modifiziert: Einerseits wird die Reduktion der Kondensationsrate $R_{Kondensat}$ nach den Gleichungen (A.62) und (A.66) durch Unterrelaxation und andererseits die Erhöhung des Masseanteils nichtkondensierbar Luft f_G verfolgt. Die Unterrelaxation der Rückkondensation in der Form $R_{Kondensat}^* = F \cdot R_{Kondensat}$ mit $F \leq 1$ ergab keine nachweisbare Änderung der Zweitphase im Bereich der Zylinderniere, **Bild 68**. Der Kavitationsbeginn wird durch diesen Parameter nicht beeinflusst. Die Erhöhung des Masseanteils gelöster Luft f_G entspricht einer verschlechterten Reinheit des Druckmediums und führt zu einer vergrößerten Kavitationsintensität, da ein größerer Anteil gelöster Luft bei Druckabsenkung expandieren kann. Dieser Parameter beeinflusst den Kavitationsbeginn. Die Zweitphase entsteht im Strahl in den Gebieten erhöhter Scherraten.

6 Parametrierung und Validierung der Fluidmodelle

Der größere statische Druck in der Zylinderniere (Bild 68) ist auf die „Versperrungswirkung" infolge des erhöhten Zweitphasenanteils in der Ablaufbohrung zurückzuführen. Dies bewirkt eine Verringerung des effektiven Abströmquerschnitts und somit einen Druckanstieg im Verdrängungsvolumen. Während eine Vergrößerung von f_G eine bessere Annäherung an die Visualisierung bewirkt, steigt jedoch wiederum die Kompressibilität des Fluids. Daher werden die zwei vorgestellten Kavitationsparameter nicht weiter verfolgt.

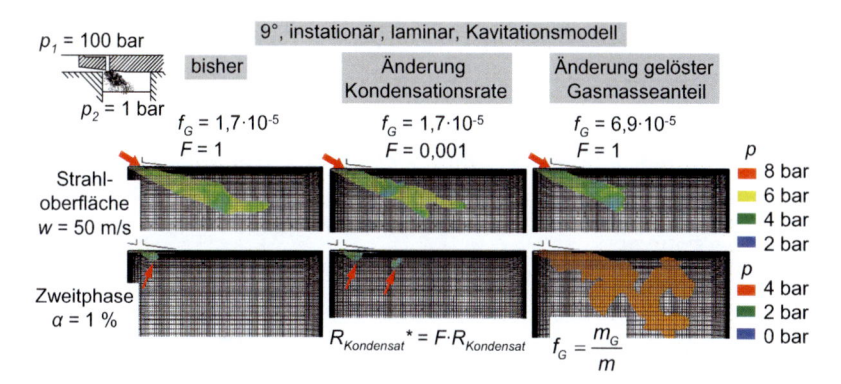

Bild 68: Parametereinfluss auf den Zweitphasenanteil (Momentaufnahmen)

Den im Anhang A.3 allgemein und im Kapitel 3.4.3 für Mineralöl spezifizierten Einfluss der Viskosität und Temperatur auf die Kavitationsneigung und -intensität zeigen die Visualisierungsaufnahmen links im **Bild 69** für 20 °C und 40 °C. Der Einfluss variabler Ablaufdrücke ist rechts im Bild zusammengefasst.

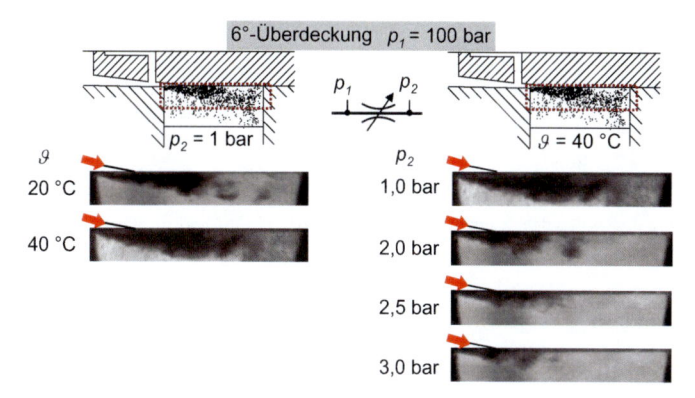

Bild 69: Visualisierung für 6°-Überdeckung - variable Temperatur und Ablaufdruck

Im Unterschied zu den CFD-Modellen mit Konstantdruckrändern treten im Experiment pulsierende Volumenströme auf, die von einer dezentralen Druckversorgung und den Wechselwirkungen im Leitungssystem verursacht werden. Aufgrund der erheblichen Abweichung der Strahldynamik bei der 6°-Überdeckung wurde der Einfluss einer instationären Druckeingangsrandbedingung auf das Kavitationsverhalten in der Zylinderniere untersucht. Die Druckpulsation am Eingang ist **Bild 70** zu entnehmen. Obwohl die prozentuale Änderung des Eingangsdruckes nur 5 % vom Absolutdruck $p_{1m} = 100$ bar ausmacht, bewirkte die einer hydrostatischen Verdrängereinheit nachempfundene Pulsation mit einer Periodendauer von $T = 3$ ms eine deutlich instationäre Strahlcharakteristik mit Wirbelkavitation anregenden Mechanismen in den Scherschichten des Strahles.

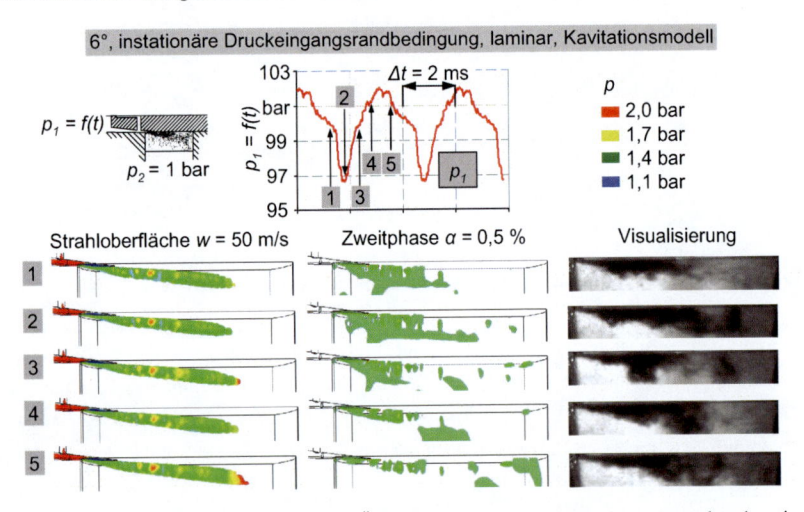

Bild 70: Visualisierung und CFD für 6°-Überdeckung - instationärer Strömungscharakter in der Zylinderniere bei pulsierendem Eingangsdruck

Ein weiterer, das instationäre Verhalten begünstigender Faktor, der hier jedoch nicht näher untersucht wurde, sind fertigungstechnische „Mängel" in Form von Bearbeitungsriefen („Stolperkanten") in der Steuerkerbe, Bild 56. Im CFD-Modell wurden die Wände als hydraulisch glatt angenommen.

Die Kombination des Singhal-Kavitationsmodells mit dem laminaren Strömungsmodell ergab für die 6°- und 9°-Überdeckung ein mit Messungen übereinstimmendes Durchflussverhalten sowie ein mit Visualisierungen übereinstimmendes Strahlverhalten. Die Simulation gibt den Strahlverlauf, den Ablösemechanismus und die Zweitphasenbildung, verursacht durch Strahlablösung, richtig wieder. Die dynamische Kavitationsentstehung, hervorgerufen durch

6 Parametrierung und Validierung der Fluidmodelle

Wirbeleffekte, ist auf Turbulenzmechanismen zurückzuführen. Durch instationäre Druckeingangsrandbedingungen können instationäre Strahl- und Scherschichtkavitation verbessert wiedergegeben werden.

Zusammenfassung Kapitel 6. Die im Kapitel 5 eingeführte CFD-Berechnungsmethode wurde um die Behandlung von Kavitationsphänomenen erweitert. Zwei für Axialkolbenpumpen relevante Strömungsgebiete, die Pumpensaugströmung und die Druckumsteuerzone im Unteren Totpunkt wurden mit dem Singhal-Kavitationsmodell untersucht. Die Verdichtung eines abgeschlossenen Volumens gab weitere Hinweise zur Parametrierung. In der Saugströmung tritt ausschließlich Gaskavitation auf, während bei der analysierten Ventilströmung Dampfkavitation dominiert. Für beide Kavitationsarten konnte eine geeignete Modellierung gefunden werden. Der dominierende Kavitationsparameter ist der nichtkondensierbare Luftmasseanteil. Für die Strömungsanalyse der kompletten Pumpeneinheit muss aufgrund der Dominanz der Kompressibilität der Masseanteil nichtkondensierbarer Luft bei $1 \cdot 10^{-5} \leq f_G \leq 2 \cdot 10^{-5}$ liegen. Das für die Ölhydraulik entwickelte Kavitationsmodell wird nachfolgend auf eine Axialkolbenpumpe angewendet.

7 Strömungsanalyse an einer Kolbenpumpe

Die im Folgenden beschriebenen numerischen und experimentellen Arbeiten an einer Axialkolbenpumpe zielen auf die Reduktion der Kavitationsneigung, um zu einer Drehzahlerhöhung dieser Pumpen zu gelangen. Das Verständnis der kavitationsanregenden Mechanismen in den Pumpen ist notwendige Voraussetzung, um mit Hilfe konstruktiver Maßnahmen Einfluss auf die Strömungsgeometrie nehmen zu können. Ein weiterer Anspruch dieser Arbeit besteht in der Vorhersage der Kavitationsgefährdung von Pumpenbauteilen. Durch Variation untersuchter Betriebspunkte, z. B. durch Absenkung des Saugdruckniveaus, kann die qualitative und quantitative Ausprägung von Kavitation vorhergesagt und somit Hinweise auf zulässige Betriebsbedingungen gegeben werden. Ausgehend von einem 3D-Gesamtmodell wird die Eignung reduzierter Pumpenmodelle bei der Analyse von Strömungsgeometrien vor dem Hintergrund handhabbarer Rechenzeiten bewertet.

Die Strömungsanalyse erfolgt am Beispiel einer Axialkolbenpumpe mit einem theoretischen Hubvolumen von $V_1 = 71$ cm³ bei einem maximalen Schwenkwinkel von $\alpha_{max} = 18°$. Die insgesamt neun Kolben sind auf einem Radius von $r_{Zyl} = 40$ mm zur Wellenachse angeordnet und besitzen einen Kolbendurchmesser von $d = 20$ mm. Allen Untersuchungen liegt der maximale Schwenkwinkel α_{max} der Pumpe zu Grunde, wobei die Stoffdaten des Druckmediums HLP 46 bei einer Temperatur von $\vartheta = 40$ °C verwendet werden.

Bild 71 stellt eine Axialkolbenpumpe in Schrägscheibenbauweise dar.

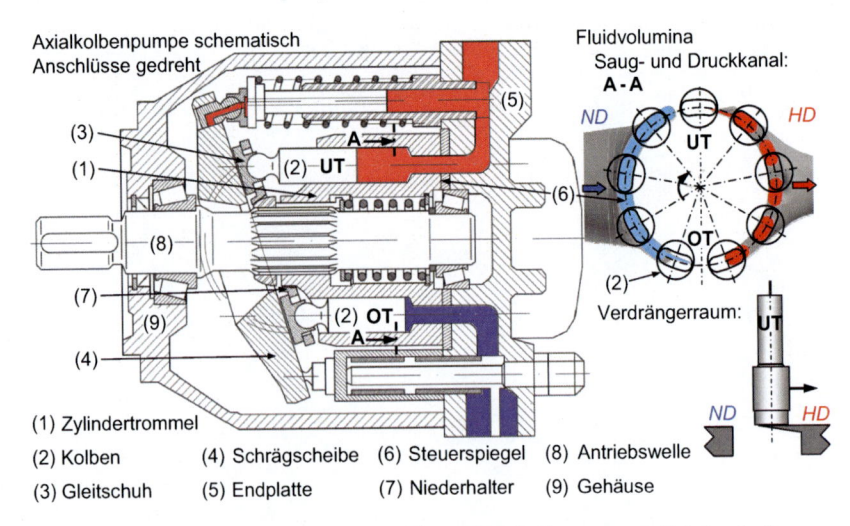

(1) Zylindertrommel
(2) Kolben
(3) Gleitschuh
(4) Schrägscheibe
(5) Endplatte
(6) Steuerspiegel
(7) Niederhalter
(8) Antriebswelle
(9) Gehäuse

Bild 71: Konstruktiver Aufbau einer verstellbaren Axialkolbenpumpe in Schrägscheibenbauweise und Darstellung der Fluidvolumina (inverses Volumen)

7 Strömungsanalyse an einer Kolbenpumpe

Die von der Zylindertrommel mitgenommenen Kolben (2) stützen sich über hydrostatisch entlastete Gleitschuhe (3) auf der Schrägscheibe (4) ab. Bei jeder Umdrehung der Zylindertrommel führen die Kolben einen Aufwärts- und einen Abwärtshub aus. Dabei wird während des Abwärtshubs beim Überfahren der Saugniere (vom Oberen Totpunkt OT bis zum Unteren Totpunkt UT) Druckmedium in die sich vergrößernden Verdrängerräume gesaugt und beim Aufwärtshub (von UT bis OT) wieder aus diesen verdrängt. Die Endplatte (5) beinhaltet den Saug- und Hochdruckanschluss der Pumpe. Der feststehende Steuerspiegel (6) trennt den Saug- vom Druckbereich und übernimmt die Druckumsteuerung zwischen beiden Bereichen. Im Unteren Totpunkt ist der Verdrängerraum durch den Trennsteg bauartabhängig vollständig oder teilweise abgeschlossen. Über Steuerkerben bzw. Bohrungen wird eine kontrollierte Verbindung zur Druckniere des Steuerspiegels bei weiterer Drehbewegung hergestellt. Dabei fließt ein Kompressionsvolumenstrom in den unverdichteten Verdrängerraum. Während des Kompressionsvorgangs trägt der umsteuernde Verdränger nicht zum Förderstrom der Pumpe bei (Nichtförderphase). Konstruktive Maßnahmen zur Einflussnahme auf den Umsteuervorgang betreffen einerseits die Gestaltung der Strömungsquerschnitte zur kontrollierten Verbindung mit der Hochdruckseite, um den Kompressionsvorgang zeitlich zu dehnen, andererseits kann der Trennsteg im Steuerspiegel zwischen Saug- und Hochdruckanschluss in Richtung Druckniere um einen Nichtförderwinkel φ_{NF} verlängert werden, so dass die Hubbewegung des Kolbens zu einer Vorkompression im Verdrängerraum führt. Ähnliche Maßnahmen werden beim Umsteuervorgang von der Druck- zur Saugseite ergriffen.

7.1 Numerische Voruntersuchungen

Die 3D CAD-Daten der Axialkolbenpumpe bilden die Grundlage für das inverse 3D-Modell. Mit einem vereinfachten Pumpenmodell wurden zunächst numerische Detailfragen studiert. Diese Modellpumpe verfügt nur über ein Verdrängungsvolumen, das sich aus dem inversen Volumen der Zylindertrommel und eines Kolbens ergibt. Während der Druckumsteuerphase liegt eine positive Überdeckung vor, so dass der Verdrängerraum kurzzeitig weder mit Saug- noch Hochdruckanschluss in hydraulischer Verbindung steht. Die Querschnitte der Steuerkerben für die Druckumsteuerung im Unteren bzw. Oberen Totpunkt sowie die Nierenform des Steuerspiegels weichen ebenfalls von bestehenden Konstruktionen ab.

Das Gitter wird im Bereich des Verdrängerraums mit jedem Zeitschritt rotatorisch und translatorisch entsprechend der sinusförmigen Hubkinematik bewegt, wobei sich der Verdrängerraum in zwei Fluidzonen aufteilt, die mit einer gitterkonformen Fläche (Interior) getrennt sind, **Bild 72**. Das Zylindervolumen ist mit einem rotierenden und translatorisch bewegten Gitter diskretisiert, während die Bewegung der Zylinderniere ausschließlich rotatorisch erfolgt. An der Stirnfläche des Zylinders werden in Abhängigkeit der definierten minimalen bzw. maximalen Zellhöhe Zellschichten eingefügt bzw. entfernt. Auf ein verformbares Gitter kann verzichtet werden. Die Methode des dynamischen Schichtens (layering) ist im Anhang A.4 erläutert. Im Unterschied zur dynamischen Gittergenerierung an den Zahnflanken können die Gitter der Kolbenbohrungen mit Nullspalt aufgebaut werden. Mittels gleitenden Gitters (sliding-mesh) ist das bewegte Gitter des Verdrängerraums vom ortsfesten der Nieren getrennt. Die Vernetzung der Geometrie erfolgte blockweise strukturiert und unstrukturiert.

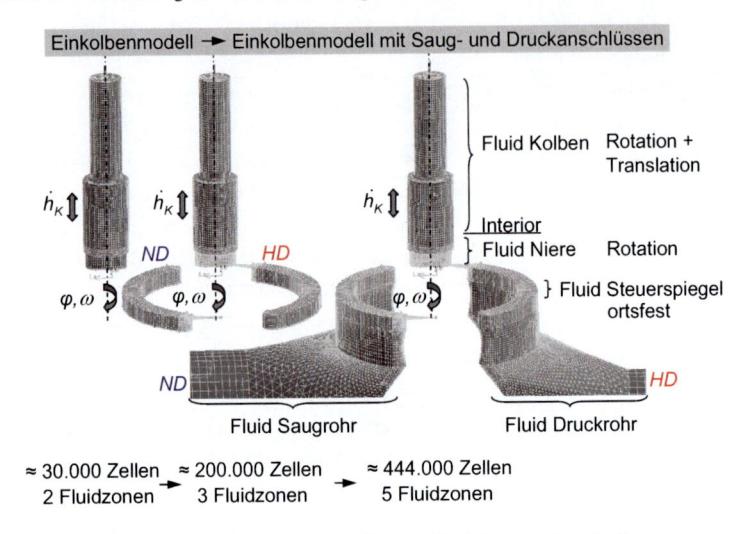

Bild 72: Entwicklungsschritte für ein vereinfachtes Modell einer Axialkolbenpumpe

Das Modell wurde sukzessive um die inversen Volumina von Steuerspiegel, Saug- und Druckanschluss sowie Saug- und Druckrohr erweitert, Bild 72. Saug- und Druckleitung sind 1 m lang. Zonen, in denen große Druckgradienten, Scherraten und Strömungsgeschwindigkeiten erwartet werden, sind vorzugsweise mit Hexadern aufgelöst. Um strömungskritische Zonen fein aufzulösen und übrige Bereiche ressourcenschonend bei allmählicher Größenänderung der Zellabmaße zu diskretisieren, wurden Zellwachstumsfunktionen für den Saug- und Druckkanal der Pumpe, bei den Übergängen von den Steuerkerben auf die Nieren sowie in der Zylinderniere beim Übergang vom fein aufgelösten Gitter in Steuerkerbennähe zu den Rändern und in Tiefenrichtung des Verdrängungsvolumens angewendet.

Die modellierte Einkolbenpumpe bildete die Ausgangsbasis für Detailuntersuchungen, wie numerische Besonderheiten bei veränderlicher Geometrie des Berechnungsgebietes, Gittersensitivitäts- und Machbarkeitsstudien mit Kavitationsmodell. Im CFD-Modell sind keine tribologischen Spalte berücksichtigt. Externe Leckage tritt ausschließlich an einer Bohrung zur hydraulischen Versorgung des Tribokontaktes Gleitschuh / Schrägscheibe auf (hydrostatisch-dynamisches Lager). Der Gleitschuh ist nicht modelliert.

7 Strömungsanalyse an einer Kolbenpumpe

Die Kompressionseigenschaften des Druckmediums wurden mit zwei Modellen wiedergegeben: Als schwach kompressibles Medium auf Basis des druckabhängigen Kompressionsmoduls K' (Kapitel 5.1) sowie mit dem Kavitationsmodell mit der in Kapitel 6.3 gewählten Parametrierung. Beide Modellierungen berücksichtigen die kinematische sowie die kompressionsbedingte Pulsation (verdrängergetriebene und gradientengetriebene Strömung).

Die numerischen Studien mit K'-Modell erfolgten exemplarisch für den Betriebspunkt p_1 = 315 bar, p_S = 1 bar bei einer Drehzahl von n_1 = 1000 min^{-1}. Das gewählte Druckniveau entspricht dem maximalen Betriebsdruck der Pumpe. Für Ein- und Austritt sind Druckrandbedingungen gewählt worden. Die Strömung wird als laminar angenommen. Als weitere Randbedingung ist der statische Druck an der Leckagebohrung mit p = 1 bar vorgegeben. Die Wände sind hydraulisch glatt. Die prinzipiellen Ausführungen zur Vergabe der Anfangsbedingungen und zur Berechnungssteuerung aus Kapitel 5 gelten analog für die CFD-Berechnungen von Kolbenpumpen. Eine Erweiterung gegenüber den dort getroffenen Ausführungen betrifft die drehzahlabhängige Initialisierung der Umfangsgeschwindigkeit des Fluids im Verdrängerraum, die vorzugsweise in einer Totpunktlage erfolgen sollte, da dann die Hubgeschwindigkeit verschwindet. Bei der Einkolbenpumpe wird aufgrund der sehr hohen Volumenstromungleichförmigkeit als Anfangsbedingung ruhendes Medium in Saug- und Druckleitung vorgegeben.

Die Diskretisierung der Pumpengeometrie erfolgte mit ca. 444.000 Zellen, wobei zur Auflösung der Steuerkerben Tetraeder-Zellen (Zellkantenlänge 0,1 mm) Verwendung fanden. Der zur Steuerkerbe in Überdeckung tretende Zylindernierenboden wurde mit Hexaeder-Zellen (Zellkantenlänge 0,3 mm) aufgelöst. Trotz des vergleichsweise groben Gitters traten bei der Berechnung mit einer schwach kompressiblen Ölphase keine Konvergenzprobleme auf. Die Simulation des Saug- und Verdrängungsvorgangs der Einkolbenpumpe beim zulässigen Maximaldruck von p_1 = 315 bar zeichnete sich bei großer Zeitschrittweite durch hohe Stabilität aus. Die Zeitschrittweite konnte mit Δt = 0,2 ms vorgegeben werden. Die Berechnung einer Umdrehung erforderte somit nur einige hundert Zeitschritte. Die maximal mögliche Zeitschrittweite wird seitens der Gittergenerierung durch die Hubgeschwindigkeit und die Zellhöhe begrenzt. Vergleichsrechnungen mit reduzierter Zeitschrittweite (z. B.: Δt = 0,05 ms) bestätigten die Ergebnisse weitgehend.

Während der Druckumsteuerphasen treten mit K'-Modell kurzzeitig negative statische Drücke in der Steuerkerbe - im Bereich hoher Strömungsgeschwindigkeiten - auf, da die Fluidmodellierung eine Unterschreitung des Dampfdruckniveaus nicht ausschließt, **Bild 73**. Für den idealisierten reibungsfreien Fall, der verlustfreien Umwandlung der Druckenergie (statischer Druck) in kinetische Energie (dynamischer Druck), beträgt der statische Minimaldruck am Austritt in die Saugniere p_{min} = -314 bar. In der Trennfläche zwischen Verdrängerraum und Steuerkerbe werden kurzzeitig p_{min} = -250 bar erreicht. Diese stark von der Realität abweichenden Drücke während der Umsteuerphasen beeinflussen das Strahlverhalten.

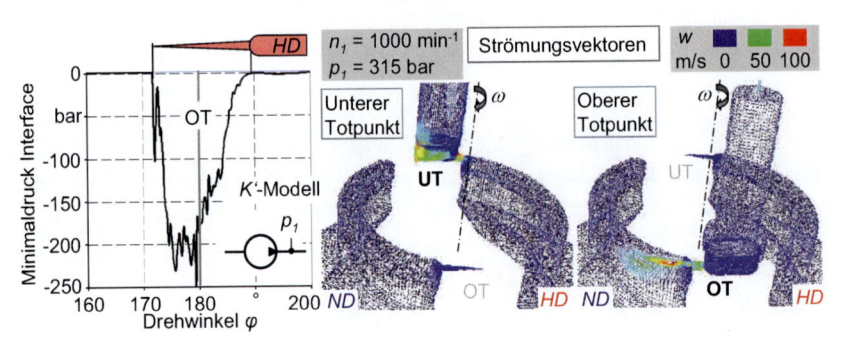

Bild 73: Minimaldruck in der Trennfläche (Interface) zwischen Zylinderniere und Steuerkerbe während des Druckumsteuervorgangs im Oberen Totpunkt (K'-Modell)

Bei angepasster Initialisierung stellen sich bereits innerhalb der ersten Umdrehung stabilisierte Strömungsverhältnisse ein, so dass die Rotation um 360° für die Analyse der Strömungsvorgänge ausreichend ist, **Bild 74**. Im Beispiel treten am Ende der Druckumsteuerphase in der oberen Totpunktlage und zu Beginn der Umsteuerphase in der unteren Totpunktlage kurzzeitig negative statische Drücke im Verdrängerraum aufgrund hydraulischer Unterversorgung auf.

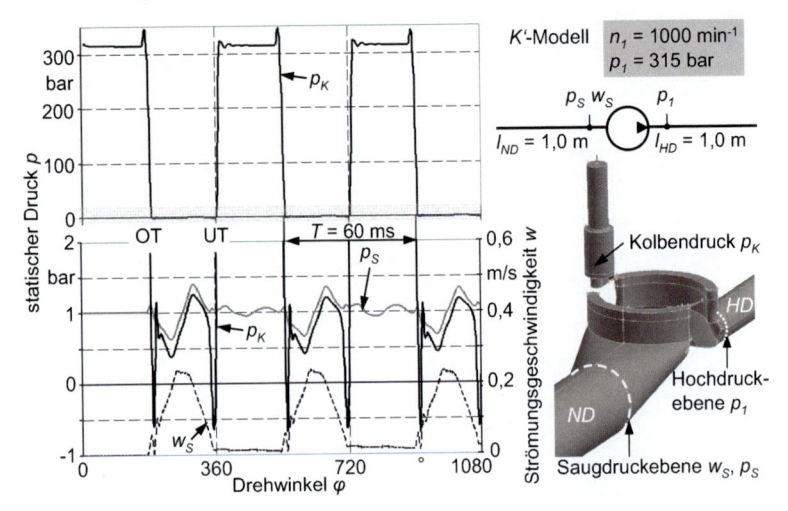

Bild 74: CFD-Ergebnisse für Einkolbenmodell mit K'-Fluidmodellierung

7 Strömungsanalyse an einer Kolbenpumpe

Die Auswertung der Feldgrößen auf der Saug- und Druckseite erfolgt in Monitorebenen, die den Positionen der Drucksensoren im Versuchsaufbau entsprechen. Die Ergebnisse des Ansaug- und Fördervorgangs mit Einkolbenmodell können jedoch nicht mit einer Pumpe verglichen werden. Näherungsweise ergibt sich das Ansaug- und Förderverhalten der Pumpe durch phasenrichtige Superposition der Einzelvolumenströme aller Kolben. Druckreflexionen an den Konstantdruckrändern überlagern jedoch eine künstliche Pulsation, **Bild 75**. Nach $a = l/t$ (6.1) und $a = (K'/\rho)^{1/2}$ (5.5) ergibt sich auf der Hochdruckseite eine Wellenausbreitungsgeschwindigkeit von $a = 1250$ m/s. Bei einer zeitlichen Auflösung von $\Delta t = 0{,}2$ ms benötigt eine von der Pumpe ausgehende Druckwelle zum 1 m entferntem Druckrand ca. $t = 1$ ms, was 5 Zeitschritten entspricht. Am Konstantdruckrand wird die Druckwelle mit einem Phasensprung von 180° reflektiert und läuft zur Pumpe zurück. Dort erfolgt die erneute Reflexion an den Wänden des Triebwerkes ohne Phasensprung. Am Konstantdruckrand wird die bereits zweimal reflektierte Druckwelle erneut reflektiert, um nach 4 ms phasenrichtig wieder am Pumpentriebwerk einzutreffen. Die Pulsation des Hochdruckes korreliert mit einer Pulsation des Volumenstroms. Für die numerische Bestimmung der Hochdruckpulsation muss daher bei einem Neunkolbenmodell in Analogie zu Kapitel 5 ein an den Betriebspunkt abgestimmter RALA modelliert werden. Eine Reduktion der Zeitschrittweite ($\Delta t = 0{,}05$ ms für die im Bild 75 gezeigten Kurven) bewirkt eine langsamer abklingende Druckschwingung, wobei die Periodendauer unabhängig von der zeitlichen Auflösung konstant bleibt. Die stärker abklingende Druckschwingung resultiert bei größerer Zeitschrittweite insbesondere aus der ungenügenden zeitlichen Auflösung der Reflexionsvorgänge.

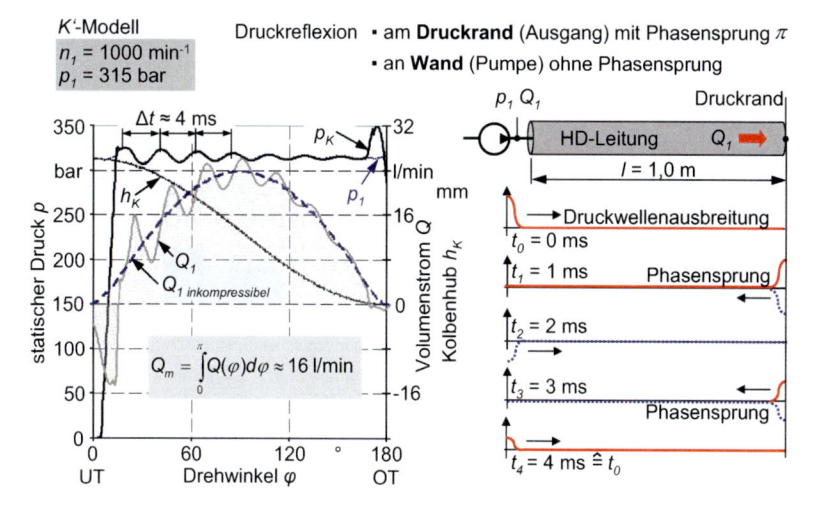

Bild 75: Numerisch bedingte Volumenstrom- und Druckpulsation in der Hochdruckleitung als Folge eines Konstantdruckrandes

Im Bild 75 ist neben dem Volumenstrom als Summe von Kompressions- und kinematischer Pulsation auch der rein kinematisch bedingte Volumenstrom bei inkompressiblem Fluid $Q_{1inkompressibel}$ (bei gleichem Leckstrom über die Leckagebohrung) dargestellt. Bei inkompressiblem Fluid treten keine Druckreflexionen und folglich keine überlagerten Schwingungen des geförderten Volumenstroms auf. Das Phänomen der Druckreflexion ist ebenfalls auf der Saugseite anzutreffen, wo es aufgrund kompressionsbedingter Dämpfung (Kapitel 6.1) untergeordnet bleibt.

Die hydraulischen Vorgänge beim Druckaufbau werden durch den Kolbenvolumenstrom Q_K und den Kolbendruck p_K charakterisiert. Der Volumenstrom Q_K ist bei kompressiblem Fluid negativ, da ein Kompressionsstrom von der Hochdruckseite in den Verdrängerraum entgegen der Förderrichtung eintritt, Bild 75. Der Kolbendruck ergibt sich während der Umsteuerphase im Unteren Totpunkt durch die Überlagerung der Volumenänderung durch den Kolbenhub und den Kompressionsstrom. Der Anteil aus dem Kompressionsvolumenstrom überwiegt bei hohen statischen Drücken. Die bleibende Differenz zwischen dem Volumenstrom $Q_{1inkompressibel}$ und Q_1 resultiert aus den Kompressionsverlusten beim Druckaufbau. Der hieraus resultierende volumetrische Wirkungsgradabfall beträgt nach $\Delta V/V_0 = \Delta Q/Q_0 = \Delta p/K'$ für den analysierten Betriebspunkt ca. 2,7 %. Der im Unteren Totpunkt von der Sinusform leicht abweichende Volumenstrom $Q_{1inkompressibel}$ resultiert aus dem kurzzeitig auftretenden „Ausgleichsvolumenstrom" bei anfänglicher Druckdifferenz zwischen Hochdruckseite und Verdrängerraum. Unter idealen Bedingungen muss der Druckaufbauvorgang bei inkompressiblem Medium innerhalb eines Zeitschrittes erfolgen. Da über die Leckagebohrung Druckmedium abströmt, waren in der CFD hierfür 3 Zeitschritte zu je Δt = 0,05 ms erforderlich. Die Ausführungen gelten analog für den Oberen Totpunkt.

Kavitationsmechanismen begrenzen die Drehzahl von Axialkolbenpumpen. Die Arbeit konzentriert sich im Folgenden auf die Phasen der Druckumsteuerung im Oberen bzw. Unteren Totpunkt, da diese aus strömungsmechanischer Sicht am interessantesten sind. So treten kurzzeitig hohe Druckgradienten mit großen Ausgleichsströmen auf, die eine starke Kavitationsanregung darstellen.

Die Berechnung des Gesamtsystems mit hochgradig instationären Phänomenen stellt vergleichsweise hohe Anforderungen an die Strömungssimulation. Die Limitierung der numerischen Simulation von kavitierenden Pumpenströmungen resultiert daraus, dass große Unterschiede zwischen den - bei Kavitation und bei einphasigen Strömungsbedingungen - auftretenden relevanten Längen- und Zeitskalen vorliegen. Für die Analyse der Zweiphasenströmung in Axialkolbenpumpen ergeben sich folgende Größenordnungen für die charakteristischen Längen- und Zeitskalen:

7 Strömungsanalyse an einer Kolbenpumpe

- Längenskala: zwischen $1 \cdot 10^{-6}$ m für die Auflösung der kavitierenden Strukturen und $1 \cdot 10^{-1}$ m von Pumpenabmessungen inklusive angeschlossener Leitungen

- Zeitskala: zwischen $1 \cdot 10^{-7}$ s für die Auflösung turbulenter bzw. kavitierender Strukturen und $1 \cdot 10^{-1}$ s für die Durchströmung von Pumpe und Leitungssystem

Die numerische Simulation von Kavitation in Pumpen ist heute nur unter vereinfachten Annahmen möglich. Eine vollständige Auflösung der zeitlichen und räumlichen Skalen ist nicht möglich. Mit der oben genannten Diskretisierung ergaben sich bei einem Hochdruckniveau von p_1 = 315 bar mit Kavitationsmodell keine konvergierenden Rechnungen. Die Divergenz der Kavitationsrechnungen mit Zweiphasenmischungsmodell kann folgende Ursachen haben:

1) unzureichende Gitterauflösung von Steuerkerbe und Zylindernierenboden (in Zonen hoher Zweitphasenkonzentration),

2) in Strömungsrichtung nicht ausgerichtete Gitterzellen bzw. unstrukturierte Vernetzung in kavitierenden Strömungsgebieten,

3) sehr hohe Druckgradienten,

4) zu hohe Zeitschrittweite bei hochdynamischen Prozessen (z. B. Phasentransfer),

5) unzureichende numerische Dämpfung (Unterrelaxation).

In der Arbeit wurden sämtliche Parameter modifiziert, um an instationär kavitierende Strömungen angepasste Eigenschaften des Gitters sowie eine angemessene Berechnungssteuerung zu erzielen: Das Hochdruckniveau wurde zunächst auf p_1 = 60 bar begrenzt. Die Folge sind geringere Druckgradienten und Strömungsgeschwindigkeiten während der Umsteuerphasen sowie reduzierte Zweitphasenkonzentrationen. Die hochdynamischen Strömungsvorgänge mit Phasentransfer während der Umsteuerphasen erfordern eine deutlich reduzierte Zeitschrittweite, um Konvergenz zu erzielen. Waren mit dem K'-Modell Zeitschrittweiten von $\Delta t = 2 \cdot 10^{-4}$ s hierfür ausreichend, musste die Zeitschrittweite nun auf $2{,}5 \cdot 10^{-6}$ s $\leq \Delta t \leq 1 \cdot 10^{-5}$ s in Abhängigkeit der Dynamik des Phasenaustausches während der Druckumsteuerung reduziert werden. Hochgradig instationäre Phasenaustauschraten begrenzen die Zeitschrittweite. Eine hohe Gitterauflösung mit Hexaeder-Zellen ist in Regionen mit ausgeprägt instationärer Kavitation obligatorisch. Das Gitter mit anfangs 444.000 Zellen wurde durch verbesserte Auflösung, insbesondere durch Hexaeder-Zellen kleiner Abmessung am Zylindernierenboden und in der Steuerkerbe auf zuletzt 1.212.000 Zellen (Faktor 3) erweitert, **Bild 76**. Die Zellkantenlänge beträgt in der Steuerkerbe 0,05 mm in Strömungsrichtung und am Nierenboden 0,09 mm. Der Gitterübergang vom fein aufgelösten Zylindernierenboden zum Rest des Verdrängerraums erfolgt mit Tetraeder-Zellen, wobei diese mit einer Zellwachstumsfunktion in Tiefenrichtung vergrößert werden.

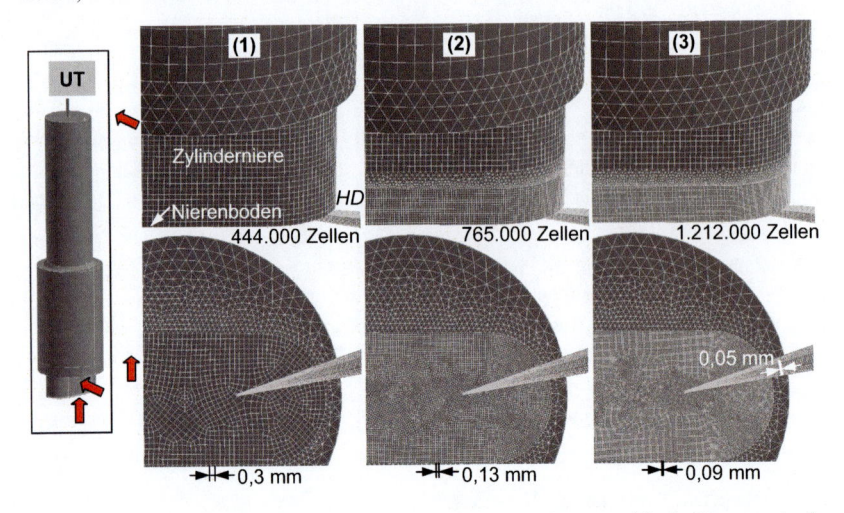

Bild 76: Variation der Gitterauflösung im Verdrängungsvolumen und in der Umsteuerkerbe

Im Überdeckungsbereich von Nierenboden und Steuerkerbe ist eine vergleichbare hohe Gitterauflösung anzustreben, um Interpolationsfehler an der Trennfläche zu minimieren und über die Trennfläche ausgebildete Kavitationszonen so aufzulösen, dass durch die Gitterbewegung bedingte Verlagerungen dieser Zonen in der Größenordnung einer Zellabmessung liegen. Weiterhin gewährleistet nur eine hohe Gitterauflösung im überlappenden Interface-Bereich einen sich stetig entwickelnden Durchfluss. Hochinstationär schwankende Volumenströme zwischen einzelnen Zeitschritten als Folge unzureichender Auflösung des Überdeckungsbereiches führen zu instabilen Kavitationszonen und verhindern konvergierende Rechnungen (Diskretisierungsfehler). Der Diskretisierungsfehler tritt auch bei einphasiger Modellierung auf, bewirkt hier jedoch - aufgrund einfacherer Numerik - nur eine reduzierte Konvergenzgeschwindigkeit und größere Abweichungen von der exakten Lösung. Aufgrund der groben Auflösung der Steuerkerbe und des überdeckenden Nierenbodens werden Strömungsdetails nicht korrekt wiedergegeben. Insofern das Systemverhalten und nicht die Strömungsdetails in den Umsteuerkerben von Interesse sind, ist dieser Fehler bei einphasiger Modellierung zu akzeptieren. Wie die Untersuchungen im Kapitel 6.3 gezeigt haben, treten bei trennenden Interface-Flächen numerisch bedingte Instationaritäten auf, allerdings kann bei Pumpenströmungen nicht auf den gleitenden Gitteransatz mit trennenden Interfaces verzichtet werden.

7 Strömungsanalyse an einer Kolbenpumpe

Das Verhältnis der Zellabmessungen zwischen Zylindernierenboden und Saug- bzw. Druckniere beträgt ca. 11. In einer separaten Studie wurde die Auflösung der Saugniere und des Saugtraktes verbessert, so dass sich das Verhältnis der Zellabmessungen auf ca. 3 reduzierte. Durch Verfeinerung des Gitters trat keine Veränderung der Ansaugverhältnisse auf. Als Vergleichskriterium diente u. a. der statische Druck am Nierenboden und im Inneren des Verdrängerraums, **Bild 77**. Die Druckdifferenz zwischen Nierenboden und Verdrängerraum ist im Wesentlichen auf den Einströmdruckverlust in der Zylinderniere zurückzuführen.

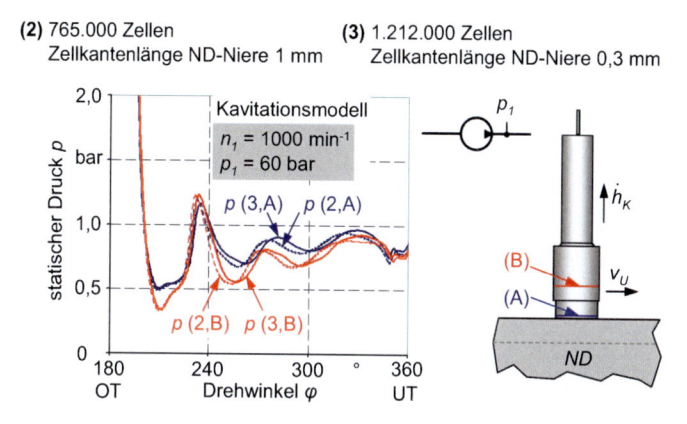

Bild 77: Gittereinfluss auf das saugseitige Einströmverhalten mit Kavitationsmodell

Durch die Reduktion der Zeitschrittweite während der Druckumsteuerphase stieg die Anzahl der notwendigen Zeitschritte pro Umdrehung um den Faktor 5 gegenüber dem K'-Modell auf ca. 2000 Zeitschritte. Die beschriebenen Maßnahmen hatten verbesserte Konvergenz zur Folge. Darüber hinaus kam Unterrelaxation zum Einsatz. Die Relaxationsfaktoren beeinflussen die Wichtung von alter zu neuer Lösung zwischen zwei Iterationsschritten. Diese wurden mit minimal 2/3 des Standardwertes gewählt. Die Verzögerung des Iterationsprozesses durch Erhöhung der numerischen Dämpfung führte in jedem Falle zur Stabilisierung der Rechnung.

Bei der Verbesserung der räumlichen Auflösung der an den Druckumsteuerprozessen beteiligten Geometrien wurde die These aufgestellt, dass die Netzverfeinerung dann ausreichend ist, wenn besonders gittersensible Feldgrößen bei einer weiteren Verfeinerung keine nennenswerte Änderung mehr erfahren. Neben Volumenstrom und Druckaufbau im Verdrängerraum wurde der minimale volumetrische Anteil an Ölphase im überlappenden Interface-Bereich der Umsteuergeometrie als Vergleichskriterium herangezogen, **Bild 78**. Es konnte festgestellt werden, dass zwischen Gitter 1 und 2 eine große Änderung, zwischen Gitter 2 und 3 eine geringe Änderung des maximalen Anteils an Zweitphase in der Interface-Ebene auftrat. Da während der Druckumsteuerung bei Gitter 3 mehr Zweitphase in den besser aufgelösten Scherschichten des Kompressionsstrahls auftrat, verzögerte sich der Druckaufbau gegenüber den anderen Gittern um ca. 1°. Die Zweiphasengebiete müssen zunächst „implodieren", bevor der statische Druck im Verdrängungsvolumen ansteigen kann. Offensichtlich muss das Gitter noch feiner aufgelöst werden, was ressourcenbedingt jedoch unterblieb.

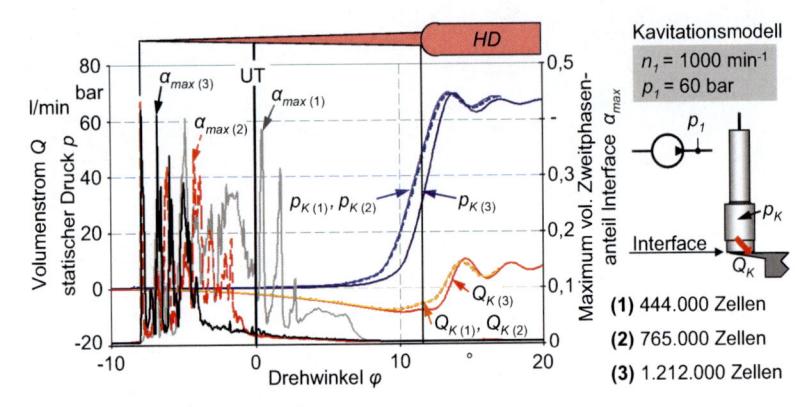

Bild 78: Gittereinfluss auf das Druckumsteuerverhalten mit Kavitationsmodell

Die Studien verdeutlichen die hohe Gittersensibilität bei der Berechnung kavitierender Druckumsteuerprozesse mit dem Singhal-Kavitationsmodell. Zudem sind kleine Zeitschrittweiten obligatorisch /L3/. Durch Gitterverfeinerung kavitationskritischer Zonen mit Hexaeder-Zellen, Herabsetzung der Zeitschrittweite und Erhöhung numerischer Dämpfungsfaktoren kann die numerische Stabilität hergestellt werden. Mit der vereinfachten Modellpumpe wurden Testrechnungen bis zu einem Hochdruckniveau von $p_1 = 100$ bar erfolgreich durchgeführt. Der numerische Aufwand steigt im Vergleich zum K'-Modell durch verbesserte räumliche und zeitliche Diskretisierung sowie die zusätzlich zu lösende Energie- und Dampftransportgleichung deutlich. Zudem erhöht sich bei den Kavitationsrechnungen die Anzahl an Iterationsschritten pro Zeitschritt (sinkende Konvergenzgeschwindigkeit). Die Summe der einzelnen Faktoren bedeutet letztlich eine Erhöhung der CPU-Rechenzeit um ein Vielfaches gegenüber den K'-Modellen.

7.2 CFD-Modell der Axialkolbenpumpe

Nachfolgend wird die Strömung in der Axialkolbenpumpe aus Kapitel 6 analysiert. Die CFD-Studien begannen - wie für das vereinfachte Modell - mit einem Einkolbenpumpenmodell. Das Gitter nach **Bild 79** umfasst 1,63 Mio. Zellen. Im Modell ist die externe Leckage für die hydraulische Versorgung der Gleitschuhlager berücksichtigt. Die Saugleitung wurde mit einer

7 Strömungsanalyse an einer Kolbenpumpe

Länge von 7 m modelliert. Diese Wahl orientiert sich an den Ausführungen in Kapitel 6.1, um Druckreflexionen am Druckeingangsrand zu vermeiden. Bei der analysierten Steuerspiegelausführung gibt es keinen Nichtförderwinkel φ_{NF}. Durch Verdrillung der Umsteuergeometrie wird erreicht, dass der umsteuernde Kolben schon vor Erreichen von UT mit der Hochdruckseite verbunden ist. An diesem Modell konnten die Strömungsverhältnisse während der Druckumsteuerphasen im Oberen und Unteren Totpunkt untersucht werden, um daraus ableitend Einsatzgrenzen der Pumpen aufzuzeigen.

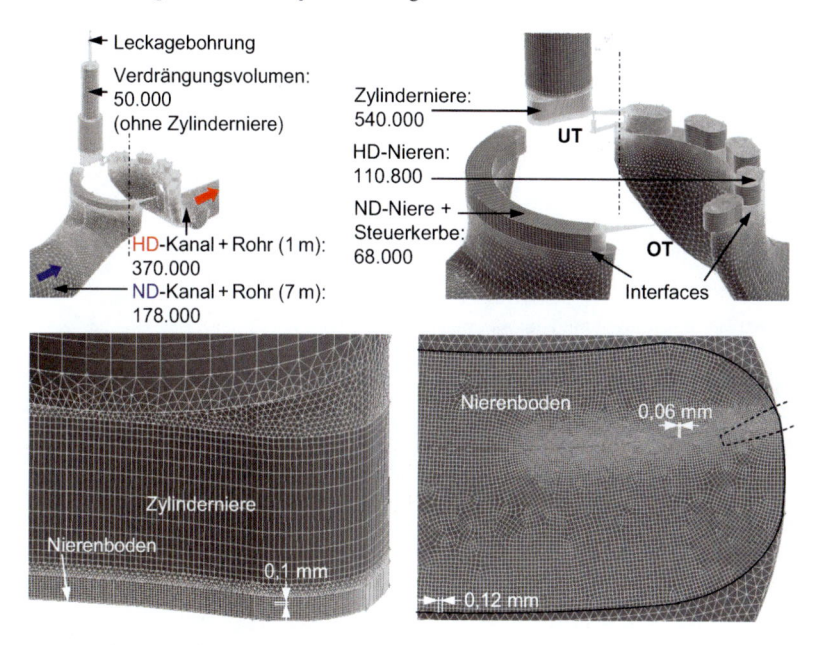

Bild 79: Gitter des Einkolbenpumpenmodells mit Zellanzahl in jeweiliger Fluidregion und Detailansicht der Zylinderniere

Die grundsätzlichen Ausführungen zu Gitterauflösung, Zeitschrittweite sowie Berechnungssteuerung, die für das vereinfachte Pumpenmodell abgeleitet wurden, lassen sich übertragen. Besondere Sorgfalt bei der Vernetzung erforderte das komplexe Umsteuersystem für den Unteren Totpunkt, bestehend aus Steuerkerbe und Störstrahl. Das Gitter entspricht der im Kapitel 6.3 beschriebenen optimierten Variante. In Analogie zur vereinfachten Geometrie wurde der Zellübergang vom fein aufgelösten Zylindernierenboden zum Rest des Verdrängerraums mit Zellwachstumsfunktionen realisiert. Da durch den flach in die Zylinderniere eintretenden Kompressionsstrahl mit Kavitationszonen stromab der Steuerkerbe zu rechnen ist, wurde der Nierenboden, besonders jedoch der Überdeckungsbereich zur Steuerkerbe fein aufgelöst. Zwischen Saugniere und Saugkanal sowie zwischen den Hochdrucknieren und Hochdruckkanal sind jeweils Interface-Flächen (**Bild 80**) angeordnet, um schlechte Zelleigenschaften, wie spitze Winkel, zu vermeiden.

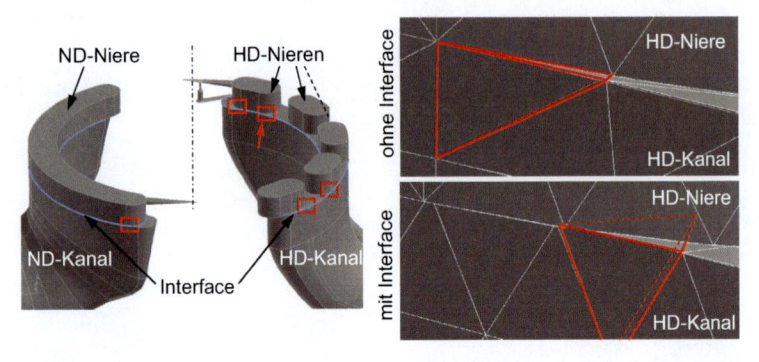

Bild 80: Interface-Trennflächen zwischen ND- bzw. HD-Kanal und Steuerspiegelvolumina

7.3 Strömungsanalyse am Einkolbenpumpenmodell

Die Untersuchung der Strömungsvorgänge an einem Einkolbenmodell konzentrierte sich zunächst auf zwei Betriebspunkte, für die ein Vergleich mit Innendruckmessungen vorgenommen werden konnte:

- $n_1 = 1500$ min^{-1}, $p_1 = 100$ bar, $p_S = 1$ bar
- $n_1 = 1500$ min^{-1}, $p_1 = 250$ bar, $p_S = 1$ bar

Für die in /W3/ beschriebenen Messungen kam der Versuchsstand entsprechend Bild 18 zum Einsatz. Für die Innendruckmessungen wurde ein Miniaturdrucksensor auf einer Platine auf der Zylindertrommel arretiert, **Bild 81**.

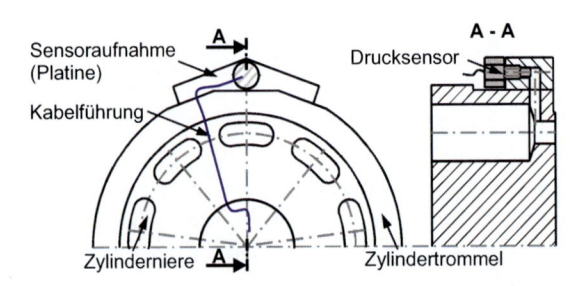

Bild 81: Innendruckmessungen mit modifizierter Zylindertrommel nach /W3/

7 Strömungsanalyse an einer Kolbenpumpe

Die hydraulische Verbindung zwischen Drucksensor und Verdrängungsvolumen erfolgte durch eine Hilfsbohrung. Das geschaffene Totvolumen beträgt 107 mm³, was einer Vergrößerung des Verdrängungsvolumens im Unteren Totpunkt um ca. 0,6 % entspricht. Aufgrund des vorgeschalteten Ölvolumens und dessen Induktivität entsteht ein schwingfähiges System, so dass die Innendruckmessungen nicht zur Analyse von dynamischen Einflüssen geeignet sind. Zur Unwuchtkompensation sind zwei weitere Platinen mit einem Winkelversatz von jeweils 120° am Zylinderumfang befestigt.

Für beide Betriebspunkte wurde in der CFD laminares Strömungsverhalten angenommen. Die Überlegungen basieren auf den Ausführungen im Kapitel 6.3. Beim Umsteuerprozess liegt die Umfangsgeschwindigkeit mindestens um eine Zehnerpotenz unter der Strahlgeschwindigkeit des Kompressions- bzw. Dekompressionsstrahls, so dass deren Einfluss näherungsweise vernachlässigt werden kann. Während der Phase maximaler Hubgeschwindigkeit besitzen die Umfangsgeschwindigkeit der Zylindertrommel sowie die Hubgeschwindigkeit der Kolben jedoch großen Einfluss. Dann erreichen die verdrängergetriebenen Strömungen Reynolds-Zahlen, die drehzahlabhängig im Bereich des laminar-turbulenten Übergangs liegen, **Bild 82**. Die laminare Modellierung ist für die örtlich und zeitlich sehr unterschiedlichen Strömungscharaktere in der komplexen Geometrie der Kolbenpumpe jedoch am besten geeignet.

Drehzahl	n_1	min⁻¹	1000	1500	2000
Umfangsgeschwindigkeit	v_U	m/s	4,2	6,3	8,4
Hubgeschwindigkeit	$\dot{h}_{K\,max}$	m/s	1,3	2,0	2,7
resultierende Geschwindigkeit	v_{ges}	m/s	4,4	6,6	8,8
Reynolds-Zahl	Re_d	-	**1.900**	**2.900**	**3.800**

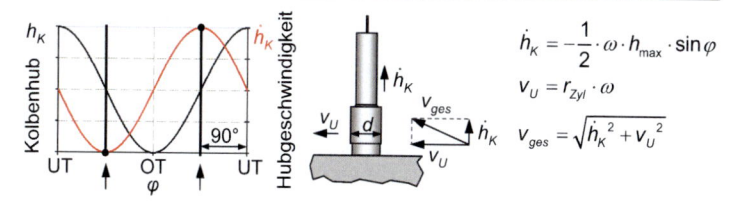

$$\dot{h}_K = -\frac{1}{2} \cdot \omega \cdot h_{max} \cdot \sin\varphi$$

$$v_U = r_{Zyl} \cdot \omega$$

$$v_{ges} = \sqrt{\dot{h}_K^2 + v_U^2}$$

Bild 82: Abschätzung der Reynolds-Zahlen der verdrängergetriebenen Strömung während des Saughubes (n_1 = 1000, 1500 und 2000 min⁻¹)

Bild 83 zeigt für das Kavitationsmodell die physikalischen Größen über einer Umdrehung sowie im Detail die Druckumsteuerung im Oberen und Unteren Totpunkt für p_1 = 100 bar. Die Anpassung der Zeitschrittweite an die jeweiligen Strömungsbedingungen während einer

Umdrehung wurde mittels Ereignissteuerung in *FLUENT* vorgenommen. Auf Wirkungsgradangaben wird nachfolgend verzichtet, da außer der externen Leckage zum Gleitschuh keine tribologischen Spalte berücksichtigt sind. Der externe Leckagevolumenstrom Q_{Leck} ist gering. Interne Leckage kann bei der Untersuchungsgeometrie durch negative Überdeckung zwischen Verdrängerraum und Steuerspiegel auftreten. Ihr Anteil ist jedoch vernachlässigbar.

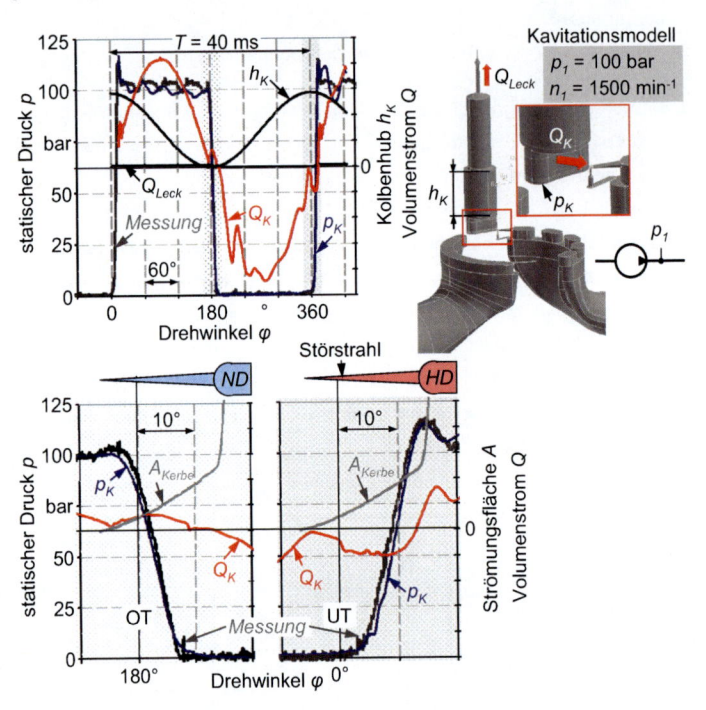

Bild 83: Charakteristische Geometrie und mit Kavitationsmodell berechnete Strömungsgrößen der Einkolbenpumpe bei $n_1 = 1500$ min^{-1} und $p_1 = 100$ bar

Der berechnete mittlere statische Druck am Nierenboden p_K ist dem gemessenen Druck einer Neunkolben-Pumpeneinheit gegenübergestellt. Während der mit CFD ermittelte Druckabbau im Oberen Totpunkt einen weitgehend glatten Verlauf aufweist, ist der Druckaufbauvorgang im Unteren Totpunkt durch ein unstetiges Verhalten gekennzeichnet. Die Kompressions- bzw. Dekompressionsströme Q_K während der Druckumsteuerung in UT bzw. OT zeichnen sich ebenfalls durch einen unruhigen Verlauf aus. Der Volumenstrom Q_K wird in der Trennschicht zwischen Steuerkerbe und Zylindernierenboden ausgewertet. Die unstetige Druck- und Volumenstromänderung resultiert aus Kavitationsvorgängen und überlagerten Druckstoßwellen. Den Zusammenhang zwischen Ein- bzw. Austrittsvolumenstrom und dem

7 Strömungsanalyse an einer Kolbenpumpe

statischen Druck im Verdrängerraum vermittelt die Gleichung (3.2) $p_K = -\int (K'(p)/V_K)\, dV$. Der verdrängergetriebene Ansaugvorgang weist bei einem Drehwinkel von ca. 220° eine markante Unstetigkeit auf. Diese Abweichung vom sinusförmigen Volumenstromverlauf tritt auch bei Erhöhung des Hochdruckniveaus auf und wird später erläutert.

Bild 84 stellt die Verhältnisse im Oberen und Unteren Totpunkt für die beiden Fluidmodelle gegenüber.

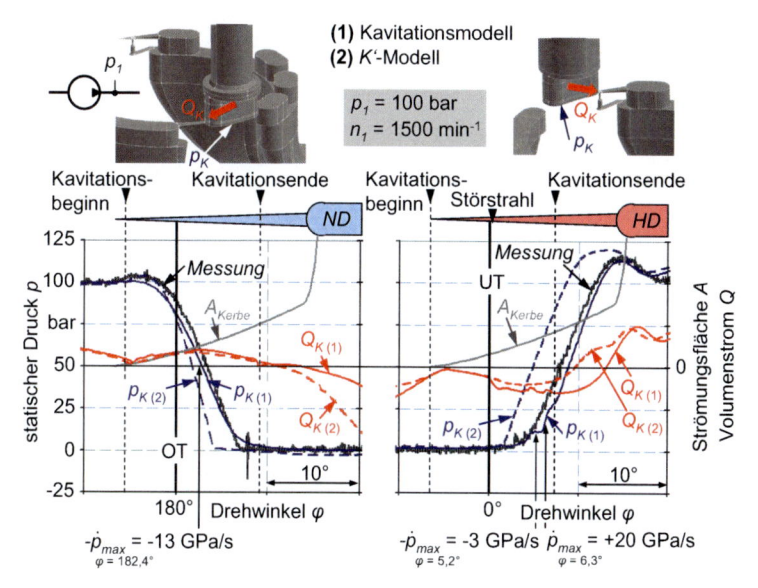

Bild 84: Fluidmodellvergleich für Einkolbenpumpe bei $n_1 = 1500$ min^{-1} und $p_1 = 100$ bar

Der Druckabbauvorgang im Oberen Totpunkt erfolgt mit K'-Modell im Vergleich zu Messung und Kavitationsmodell schneller. Aufgrund der großen Druckänderungsgeschwindigkeit wird das Saugdruckniveau bereits nach Überdeckung mit 45 % der Kerbenlänge erreicht. Mit Kavitationsmodell tritt der Kavitationsbeginn nicht unmittelbar nach Überdeckungsbeginn mit der Steuerkerbe auf. Zunächst breitet sich eine Druckstoßwelle in die Steuerkerbe aus, die aus dem hydraulischen Kurzschluss mit dem Verdrängerraum resultiert. Anschließend treten Phasenübergänge auf, in deren Folge die gesamte Steuerkerbe „durchkavitiert". Die Versperrung des Steuerkerbenquerschnitts mit Zweitphase bewirkt eine Abnahme des effektiven Strömungsquerschnitts und in der Folge eine reduzierte Druckänderungsgeschwindigkeit, so dass der Druckabbauvorgang erst nach 80 % der Kerbenlänge abgeschlossen ist. Die maximale Druckänderungsgeschwindigkeit ist für das Kavitationsmodell angegeben. Der Phasentransfer erklärt, weshalb der Volumenstrom beim

Kavitationsmodell Unstetigkeiten aufweist, die im Unteren Totpunkt noch stärker ausgeprägt sind. Der schlagartige Rückgang des Zweitphasenanteils bewirkt eine Erhöhung der Dichte und hat einen sprungartigen Abfall des Volumenstroms zur Folge, während sich der Massestrom stetig ändert.

Der Druckaufbauvorgang im Unteren Totpunkt vollzieht sich mit K'-Modell im Vergleich zu Messung und Kavitationsmodell früher. Trotz zunehmender hydraulischer Überdeckung findet bei beiden Modellen zunächst kein Druckaufbau statt. Während sich dieses Verhalten beim K'-Modell ausschließlich aus der Kompressibilität des Druckmediums ergibt, bewirkt der Phasentransfer im Kavitationsmodell einen noch späteren Druckanstieg. Erst nach Überdeckung mit 25 % bzw. 40 % der Kerbenlänge verstärkt sich der Druckaufbau. Die Überdeckung mit der Störstrahlbohrung erhöht den eintretenden Volumenstrom. Die größere Zunahme des Eintrittsvolumenstroms beim Kavitationsmodell resultiert aus dem Dichteabfall infolge Phasentransfers. Der Druckaufbau erfolgt beim K'-Modell mit nahezu konstanter Druckänderungsgeschwindigkeit, während mit dem Kavitationsmodell deutliche Unterschiede auftreten. Hier kommt es kurzzeitig sogar zu negativen Druckänderungsgeschwindigkeiten, d. h. kurzzeitigem Druckabfall. Außerdem verharrt das Druckniveau bei einem Drehwinkel zwischen $\varphi = 5 - 6°$ bei annähernd 10 bar, bevor das Druckniveau schlagartig weiter steigt. Diese Unstetigkeiten sind Folge der instationär kavitierenden Strömung in Wechselwirkung mit Druckwellen. Druckstoßwellen werden durch instationär einströmendes Medium verursacht. Sie breiten sich im Verdrängungsvolumen aus und sind dem allmählichen Druckanstieg im Verdrängerraum überlagert. Sie sind besonders bei abrupten Änderungen des Eintrittsvolumenstroms infolge von Querschnittsübergängen stark ausgeprägt. Durch Druckreflexion an den begrenzenden Wandungen treten Druckschwingungen auf. Diese sind in Wechselwirkung mit Kavitationszonen verantwortlich für den unstetigen Druckaufbauvorgang im Unteren Totpunkt. Kavitation tritt sofort nach dem hydraulischen Kurzschluss von Steuerkerbe und Zylinderniere auf. Da die Untersuchungen zunächst auf einem Einkolbenpumpenmodell basieren, sind die statischen Drücke im Verdrängungsvolumen zu Beginn des Druckaufbaus größer als bei einer Neunkolbenpumpe. So beträgt der Druck im Verdrängerraum mit K'-Modell $p_K = 2{,}1$ bar und mit Kavitationsmodell $p_K = 1{,}6$ bar. Das erhöhte Druckniveau resultiert aus der Induktivität („Trägheit") der beschleunigten Ölsäule in der Saugleitung, bei abnehmender Vergrößerung des Verdrängungsvolumens entsprechend der Hubkinematik.

Bei der Ausstattung des Verdrängungsvolumens mit Druckmesstechnik ist zu berücksichtigen, dass in der Staudruckzone des Kompressionsstrahls im Unteren Totpunkt statische Drücke weit oberhalb des mittleren Druckniveaus im Verdrängerraum auftreten. Daraus resultieren während der Kompressionsstrahlphase an der vor- und rücklaufenden Wand des Verdrängerraums signifikante Druckunterschiede. Zudem treten bei Messungen in der Stau-

7 Strömungsanalyse an einer Kolbenpumpe

druckzone Implosionsstoßdrücke durch auf die Wand treffende Mikrojets sowie Stoßwellen infolge kollabierender Bläschen auf. Daher sind bei Innendruckmessungen im Verdrängungsvolumen einer Kolbenpumpe unbedingt Angaben zum Messort erforderlich. In der gewählten Messanordnung wird in Analogie zur Auswertung der CFD-Ergebnisse der mittlere, staudruckzonenunabhängige Druck gemessen. Druckaufzeichnungen im Bereich der gitterkonformen Innenfläche (Interior) ergaben nahezu identische statische Drücke wie am Nierenboden.

Die Ursache der Kavitationsschädigung und des Kavitationsschalldruckes ist die Blasenimplosion beim Druckanstieg. Kunze /K7/ vermutet, dass die Kavitationsintensität proportional der Anzahl der implodierenden Blasen ist und mit steigender endoskopisch ermittelter Kavitationsfläche sowie längerer Wirkungsdauer zunimmt. Die von ihm endoskopisch erfasste Größe der Kavitationsfläche und die Wirkungsdauer der Kavitation über dem Drehwinkel nehmen mit steigender Drehzahl, steigendem Hochdruck und steigendem Schwenkwinkel zu. **Bild 85** zeigt die berechnete Ausprägung der Kavitation am Nierenboden sowie in der Zylinderniere anhand der Feldgrößen statischer Druck, volumetrischer Zweitphasenanteil sowie Strömungsgeschwindigkeit.

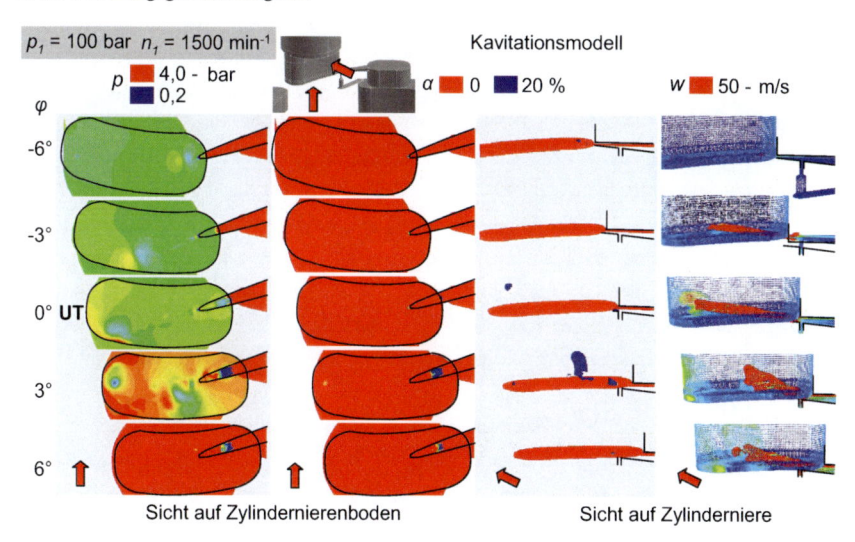

Bild 85: Untere Totpunktlage: Statischer Druck p, vol. Zweitphasenanteil α und Strahloberfläche $w = 50$ m/s mit Kavitationsmodell bei $n_1 = 1500$ min^{-1} und $p_1 = 100$ bar

Während Kunze mit Endoskopie-Messtechnik nur einen zweidimensionalen Eindruck der kavitierenden Strukturen erhält, gestattet die CFD dreidimensionale Einblicke. Die Angabe des Kavitationsvolumens zur Charakterisierung der Kavitationsintensität ist gegenüber der Angabe einer Kavitationsfläche genauer. Die Zweitphasengebiete sind mit einem Volumenanteil von $\alpha = 20\ \%$ ausgewiesen. Im Vergleich zu Angaben von /S6, H6, S4/, bei denen typische Dampf- bzw. Gasvolumenanteile von $\alpha = 0,1\ \%$ angegeben sind, erscheint dieser Anteil als sehr hoch. Ähnlich ist der Unterschied zu Grafiken eigener Untersuchungen für den Fall einer statischen Überdeckung (Kapitel 6.3.3) mit einem Volumenanteil von $\alpha = 0,5 - 1\ \%$. Allein die Notwendigkeit, die Skalierung um den Faktor 20 gegenüber den Analysen mit statischer Überdeckung anheben zu müssen, demonstriert die viel größere Bedeutung von Kavitation in Pumpen gegenüber Ventilen und erklärt sich mit der wesentlich höheren Instationarität bei vergleichbaren Reynolds-Zahlen.

Der in die Zylinderniere eintretende Kompressionsstrahl verursacht bei geringem Druckniveau Kavitation in seinen Scherschichten, besonders seitlich und an der Strahlspitze. Aufgrund der Ausbreitung des Kompressionsstrahls verschiebt sich die Zone maximaler Kavitationsintensität mit der Strahlspitze. Nach dieser Anfangsphase ausgeprägter Kavitation nimmt die Kavitationsintensität bei beginnender Überdeckung mit der Störstrahlbohrung erneut zu. Die größte Kavitationsintensität tritt kurz nach der Überdeckung der Zylinderniere mit der Störstrahlbohrung auf. Die im Kapitel 6.3 beschriebene vektorielle Addition der zwei Impulsströme aus Störstrahl und Steuerkerbe bewirkt eine sprungartige Änderung des Strahleintrittswinkels und ein Ablösen des anfänglich flach in die Zylinderniere eintretenden Strahls. Einerseits verschiebt sich die Zone ausgeprägter Scherschichtkavitation vom Zylindernierenboden in die Tiefe der Zylinderniere und andererseits bewirkt die Strahlablösung im Steuerkerbenbett eine hydraulische Unterversorgung und folglich Kavitation. Dem Kompressionsstrahl, der sich flach am Nierenboden ausbreitet, wird keine weitere Energie mehr zugeführt, so dass dieser dissipiert. Mit zunehmendem Überdeckungswinkel steigt der Volumenstrom in der Steuerkerbe weiter an, während der Strom über die Störstrahlbohrung nahezu konstant bleibt. Daher klappt der abrupt in die Tiefe der Zylinderniere abgelenkte Kompressionsstrahl bei fortlaufender Überdeckung allmählich wieder zurück. Die ausgeprägte Kavitationsneigung bewirkt, dass im Vergleich zum K'-Modell deutlich mehr Volumenstrom in die Zylinderniere einströmt. Zudem resultiert aus den dynamischen Kavitationsvorgängen eine unstetige Volumenstromentwicklung. Allgemein gilt, dass bei kompressiblen kavitierenden Strömungen keine Volumenstromkontinuität zu erwarten ist. Vergleichende Untersuchungen müssen sich immer auf den Massestrom beziehen.

7 Strömungsanalyse an einer Kolbenpumpe 115

Bild 86 zeigt die Feldgrößen statischer Druck, volumetrischer Zweitphasenanteil und Strömungsgeschwindigkeit für die obere Totpunktlage. Vom „durchkavitierten" Steuerkerbenkanal lösen instationär Kavitationszonen ab und bewegen sich mit der instationären Strömung in die Saugniere. Mit sinkender Strömungsgeschwindigkeit fällt der Zweitphasenanteil.

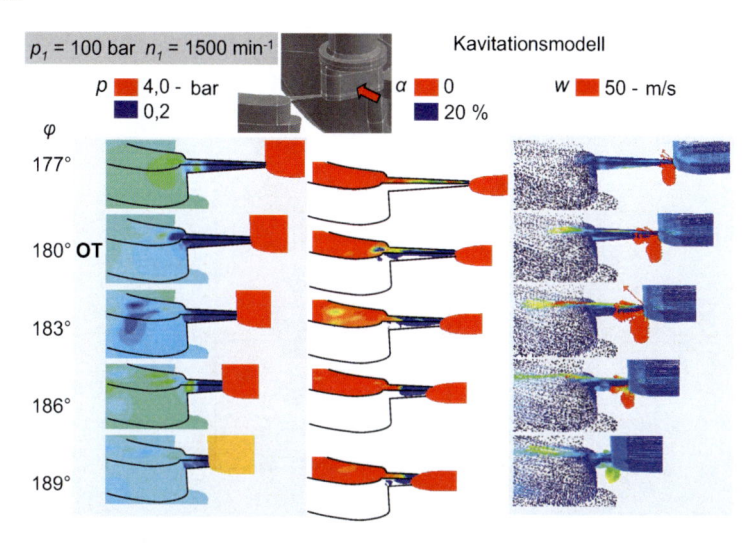

Bild 86: Obere Totpunktlage: Statischer Druck p, vol. Zweitphasenanteil α und Strahloberfläche $w = 50$ m/s mit Kavitationsmodell bei $n_1 = 1500$ min^{-1} und $p_1 = 100$ bar

Die Überlegungen gelten in gleicher Weise für das Hochdruckniveau von 250 bar, wobei hier die Unterschiede zwischen den Fluidmodellen und somit die Charakteristik kavitierender Strömungen noch deutlicher hervortritt, **Bild 87**. Auch für diesen Betriebspunkt liegt eine bemerkenswerte Übereinstimmung zwischen Messung und CFD mit Kavitationsmodell vor.

Allerdings steigt der „Betreuungsaufwand" deutlich an, da mit steigendem Hochdruck die Instabilität der CFD-Rechnungen zunimmt. Auf die Schwächen des verwendeten Singhal-Kavitationsmodells wird im Anhang A.4 hingewiesen. Unter „Betreuungsaufwand" ist die Anpassung von Zeitschrittweite, Relaxationsfaktoren sowie gegebenenfalls der Wechsel der Verfahren zur räumlichen Diskretisierung während der Berechnung zu verstehen. Für eine Betriebspunkterweiterung hin zu noch größeren Hochdruckniveaus ist das Modell daher nicht geeignet. Die analysierte, geometrisch komplexe Umsteuergeometrie für die untere Totpunktlage stellt erhöhte Anforderungen an die Numerik. Die Berechnung vereinfachter Geometrien (z. B. ohne Störstrahl) führt zu einer verbesserten numerischen Stabilität.

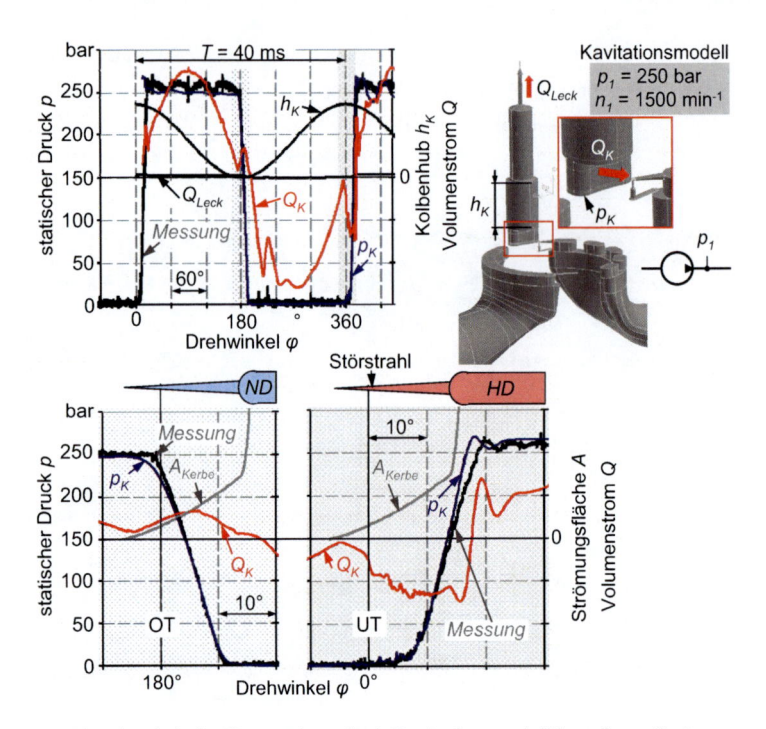

Bild 87: Charakteristische Geometrie und mit Kavitationsmodell berechnete Strömungsgrößen der Einkolbenpumpe bei $n_1 = 1500$ min^{-1} und $p_1 = 250$ bar

Während im Oberen Totpunkt der Dekompressionsvolumenstrom nur geringfügig steigt, ergeben sich im Unteren Totpunkt viel größere Kompressionsvolumenströme im Vergleich zum geringeren Hochdruckniveau. Der Unterschied resultiert aus der unterschiedlichen Größe des Verdrängungsvolumens in den jeweiligen Totpunktlagen. Zudem vergrößert sich der Volumenstromunterschied zwischen den Fluidmodellen, **Bild 88**. Die Druckänderungsgeschwindigkeiten steigen deutlich an, insbesondere die negative Druckänderungsgeschwindigkeit im Unteren Totpunkt. Hochfrequente Druckschwingungen beim Druckaufbau in Kolbenpumpen werden auch in /F7/ angesprochen, aber nicht im Zusammenhang mit Kavitation interpretiert. Dahingegen betont Meincke /M2/ die dem Druckaufbau hochfrequent überlagerten Schwingungen als direkte Folge der Kavitation, die er messtechnisch bis zu sehr hohen statischen Drücken (bis $p_K = 150$ bar bei $p_1 = 500$ bar) verfolgen kann.

Bei $p_1 = 100$ bar wird das Hochdruckniveau während der Überdeckung mit der Steuerkerbe erreicht. Mit zunehmendem Hochdruckniveau ist die Länge der Steuerkerbe für den Druckaufbauvorgang nicht mehr ausreichend dimensioniert. Für $p_1 = 250$ bar liegt das

7 Strömungsanalyse an einer Kolbenpumpe

Druckniveau im Verdrängerraum bei beginnender Überdeckung des Nierenbodens mit der Hochdruckniere noch ca. 80 bar unterhalb p_1. Infolge der sich rasch vergrößernden Strömungsfläche nimmt der Volumenstrom nochmals zu, so dass der statische Druck im Verdrängerraum trotz abnehmender Druckdifferenz zuletzt steiler ansteigt.

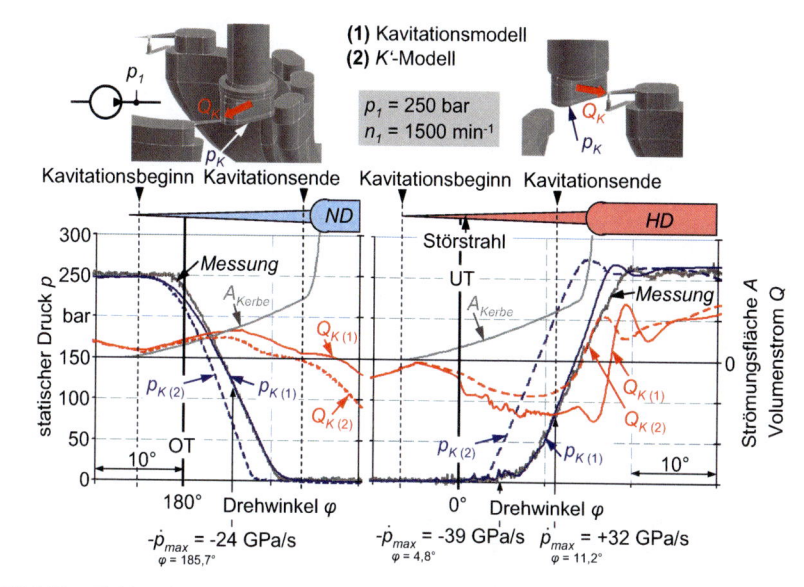

Bild 88: Fluidmodellvergleich für Einkolbenpumpe bei $n_1 = 1500$ min^{-1} und $p_1 = 250$ bar

Mit zunehmendem Hochdruckniveau steigt nach Kunze die Kavitationsintensität. Diese durch Endoskopieaufnahmen abgeleitete Aussage stimmt mit den CFD-Untersuchungen überein. Sowohl das Kavitationsvolumen als auch die Wirkungsdauer, d. h. der Drehwinkelbereich mit beteiligter Kavitation, erhöhen sich, **Bild 89**. Dabei sinkt die Wirkung der Störstrahlbohrung, da der Volumenstromanteil aus der Steuerkerbe gegenüber dem Anteil aus der Störstrahlbohrung ansteigt. In der Folge tritt der Kompressionsstrahl flacher in die Zylinderniere ein.

Auch bei der Druckentlastung im Oberen Totpunkt steigt die Kavitationsintensität, **Bild 90**. Die in die Saugniere abströmenden Kavitationszonen weisen eine längere Lebensdauer sowie größere räumliche Abmessungen auf, so dass sie deutlich tiefer in die Saugniere eindringen können.

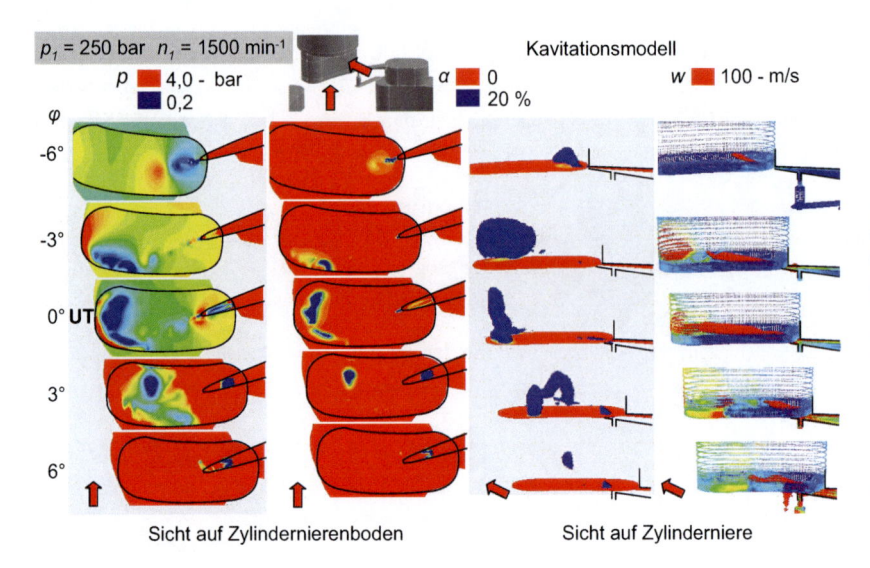

Bild 89: Untere Totpunktlage: Statischer Druck p, vol. Zweitphasenanteil α und Strahloberfläche $w = 100$ m/s mit Kavitationsmodell bei $n_1 = 1500$ min^{-1} und $p_1 = 250$ bar

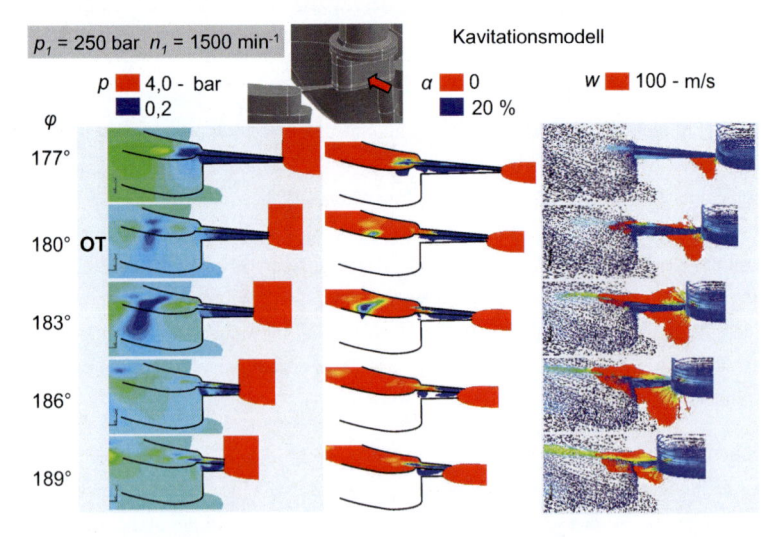

Bild 90: Obere Totpunktlage: Statischer Druck p, vol. Zweitphasenanteil α und Strahloberfläche $w = 100$ m/s mit Kavitationsmodell bei $n_1 = 1500$ min^{-1} und $p_1 = 250$ bar

7 Strömungsanalyse an einer Kolbenpumpe

Der in der unteren Totpunktlage in die Zylinderniere einströmende Kompressionsvolumenstrom setzt sich aus Anteilen aus der Störstrahlbohrung Q_1 und aus der Steuerkerbe Q_2 zusammen. Die Summe aus Q_1 und Q_2 wird hier mit Q_3 bezeichnet. **Bild 91** zeigt, dass zwischen dem am Nierenboden ermittelten Volumenstrom Q_K und dem hochdruckseitig ermittelten Volumenstrom Q_3 mit Überdeckungsbeginn von Zylinderniere und Störstrahlbohrung eine deutliche Differenz auftritt. Als Ursachen sind einerseits die Strahldynamik des Eintrittsvolumenstroms Q_K sowie andererseits die Abnahme der Dichte als Folge von Kavitationszonen im Bereich des Eintrittsstroms anzusehen. Mit beginnender Überdeckung von Störstrahlbohrung und Zylinderniere steigt der mittlere Eintrittswinkel des Kompressionsstrahls abrupt an, so dass auch der Eintrittsstrom kurzzeitig überschwingt. Am Nierenboden ist die Größe und Intensität der Kavitationszone stark instationär geprägt, weshalb im weiteren Verlauf der Eintrittsstrahl bei allmählich abnehmendem Eintrittswinkel schwingt. Erst nachdem das Hochdruckniveau soweit angestiegen ist, dass Kavitation nur noch schwach ausgeprägt ist, tritt der Eintrittsstrom schwingungsfrei in die Zylinderniere ein und die Verläufe von Q_3 und Q_K nähern sich einander wieder an. Bei der Bilanzierung des Massestroms (Massestromkontinuität) treten ebenfalls Unterschiede auf, die ausschließlich durch das Strahlflattern hervorgerufen sind. Da in der Hydraulik stets der Volumenstrom angegeben wird, sind auch die folgenden Ausführungen auf den Volumenstrom bezogen.

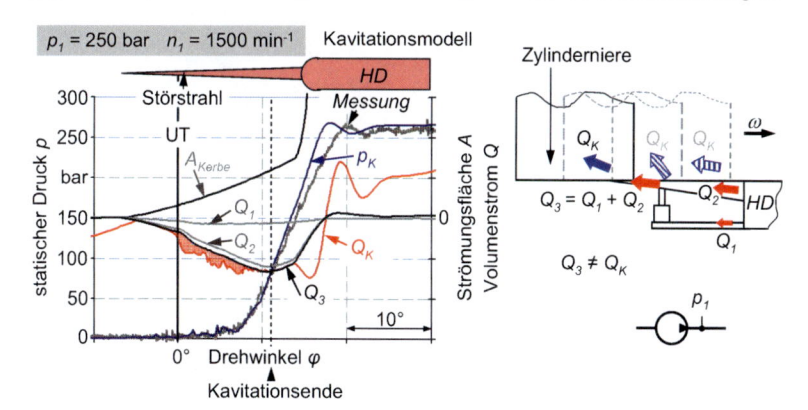

Bild 91: Untere Totpunktlage: Volumenstrombilanz für $n_1 = 1500$ min^{-1} und $p_1 = 250$ bar

Mit steigendem Hochdruckniveau nehmen sowohl der Drehwinkel als auch das Druckniveau im Verdrängerraum zu, bei dem die Kavitation wieder verschwindet, **Bild 92**. Ursache sind die steigenden Strömungsgeschwindigkeiten während der Druckumsteuerung, so dass Strahlkavitation ausgeprägter auftritt und das mit Zweitphase angereicherte Volumen wächst. Durch ausgelöste Luftblasen und Dampfkavitation werden die Druckwechselvorgänge in den Umsteuerbereichen wesentlich beeinflusst. Der Kompressionsmodul der Flüssigkeit sinkt. Bei der Auslegung und Optimierung der Umsteuergeometrie geht man heute zumeist noch von Kavitationsfreiheit aus. Die Arbeiten zeigen, dass dies jedoch mit steigender Druckdifferenz zu größeren Fehlern führt. Dem Druckaufbau muss zunächst der Phasentransfer in die flüssige Phase vorausgehen. Dies begründet, weshalb der Druckaufbau bei steigendem Hochdruck zu größeren Drehwinkeln verschoben wird. Dieses messtechnisch verifizierte Verhalten kann mit dem K'-Modell nicht wiedergegeben werden. Da das Kavitationsende erst bei höherem statischem Druckniveau im Verdrängerraum auftritt, wird vermutet, dass die Schädigungswirkung der implodierenden Kavitationswolke zunimmt, da der Blasenzerfall energiereicher erfolgt. Aus der Literatur /M2/ ist bekannt, dass Kavitation während der Druckumsteuerung bis zu Druckniveaus von $p_K > 50$ bar auftritt.

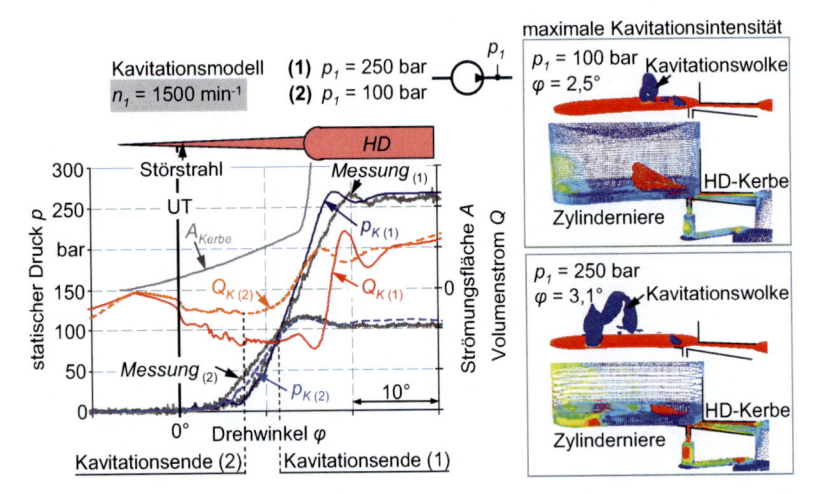

Bild 92: Untere Totpunktlage: Druckaufbau und Kavitationsintensität für $n_1 = 1500$ min^{-1} und $p_1 = 100$ bar bzw. $p_1 = 250$ bar

Der Druckabbauvorgang im Oberen Totpunkt unterscheidet sich ebenfalls in Abhängigkeit vom Druckniveau, **Bild 93**: Mit steigendem Hochdruckniveau vergrößert sich der Drehwinkel, bis die Druckentlastung abgeschlossen ist. So unterscheidet sich der Drehwinkel des Dekompressionsendes bei $p_1 = 100$ bar bzw. $p_1 = 250$ bar um $\Delta\varphi = 5°$. Da der Druckabbau bei einem Hochdruckniveau von 100 bar bereits während der Überdeckung mit der Steuerkerbe endet, wird der Verdrängerraum anschließend hydraulisch unterversorgt. Bei zunehmendem Kolbenhub muss das Druckmedium über die Steuerkerbe in das Verdrängungsvolumen einströmen. Demgegenüber endet bei $p_1 = 250$ bar der Druckabbau am Ende der Steuerkerbe, so das der Verdrängerraum nicht unterversorgt bleibt. Dieser Unterschied erklärt, weshalb bei abnehmendem Hochdruckniveau kleinere Minimaldrücke im

7 Strömungsanalyse an einer Kolbenpumpe

Verdrängerraum mit der CFD berechnet werden. Die Druckmessdaten, die mit einer Abtastrate von 50 kHz aufgenommen wurden, sind mit einer Signalglättung versehen. Bei einer Glättungsbreite von 5 wird der gleitende Mittelwert durch arithmetische Mittelung jedes Wertes mit beidseitig 5 Nachbarwerten ermittelt. Das gegenüber dem Saugdruck abweichende Absolutdruckniveau darf nicht überbewertet werden, da für die Messungen Drucksensoren mit einem Messbereich von 350 bar eingesetzt wurden.

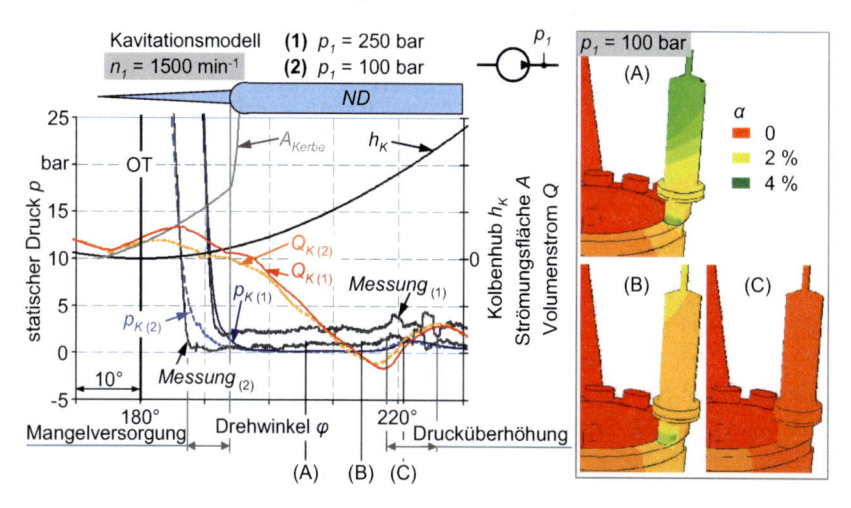

Bild 93: Druckentlastung und einsetzender Füllungsvorgang nach der oberen Totpunktlage

Nachdem die Zylinderniere mit der Saugniere in Überdeckung steht, kann der Druckunterschied zwischen Saugkanal und Verdrängerraum bei geringem Druckverlust ausgeglichen werden. Die hochdynamische Umkehr der Strömungsrichtung (vom Aus- zum Einströmen) bewirkt jedoch auch bei Umsteuervorgängen, die am Kerbenende abgeschlossen sind, einen Verlust. Die Induktivität der beschleunigten Ölsäule verhindert ein sofortiges Füllen des Verdrängerraums, so dass auch in diesem Fall eine Unterschreitung des mittleren Saugdruckniveaus auftritt. Der Einströmvorgang erfolgt umso dynamischer, je größer die Druckdifferenz ist. Einem anfänglichen Unterdruck im Verdrängerraum folgt kurze Zeit später ein kurzzeitiger Überdruck. Diese Drucküberhöhung findet weitgehend unabhängig vom Hochdruckniveau in Übereinstimmung zu den Innendruckmessungen bei ca. 220° statt. Die Ursache ist die Trägheit der Ölsäule als Folge ihrer Beschleunigung. Die kurzzeitige Umkehr der Druckverhältnisse zwischen Saugkanal und Verdrängerraum erklärt den nichtsinusförmigen Volumenstromverlauf (vgl. Bilder 83 und 87). Eine Verkürzung der Umsteuerkerbe durch Verlängerung der Saugniere hätte keine wesentliche Änderung zur Folge, wie der Vergleich der Rechnungen mit p_1 = 100 bar und p_1 = 250 bar zeigt. Die Analysen beziehen sich ausschließlich auf den maximalen Schwenkwinkel, bei dem die Umsteuerkapazität im Oberen Totpunkt minimal ist. Bei reduziertem Schwenkwinkel erhöhen sich die Umsteuerkapazität und somit auch der Dekompressionsstrom. Eine prinzipielle Empfehlung für eine nach OT verlängerte Saugniere ist daher unter dem Gesichtspunkt des typischen Betriebsbereiches abzuwägen. Die Umkehr der Druckverhältnisse im Verdrängerraum kurz nach der oberen Totpunktlage ist im Bild 93 anhand des volumetrischen Zweiphasenanteils visualisiert. Zudem ist Strahlablösung an der vorlaufenden Zylindernierenwand erkennbar.

Die bisherigen Ausführungen beziehen sich auf ein Einkolbenmodell. Der Füllungsvorgang des Verdrängerraums unmittelbar im Anschluss an die Druckentlastung im Oberen Totpunkt ist maßgeblich durch die Druckumsteuerung geprägt. Die Strömungsvorgänge sind daher mit denen in der Pumpe vergleichbar. Die Aussagen sind mit einem Neunkolbenpumpenmodell zu überprüfen.

7.4 Strömungsanalyse am Neunkolbenpumpenmodell

Auf der Einkolbenpumpe aufbauend wurde das CFD-Modell auf eine Neunkolbenpumpe erweitert, in dem außer Leckagespalten sämtliche Geometrien des Pumpentriebwerkes berücksichtigt sind. Neben neun Verdrängerräumen, deren Hubkinematik individuell über UDF-Funktionen vorgegeben wird, beinhaltet das Modell einen reflexionsarmen Leitungsabschluss, dessen Blendenquerschnitt $A_{RALA} = f(K', p, Q)$ nach Anhang A.2 ausgelegt ist. Für die Strömungsein- und -auslässe wurden Konstantdruckränder gewählt. Um die Modellgröße zu limitieren, besitzen von den neun Verdrängerräumen nur zwei eine feine Diskretisierung der Zylinderniere, **Bild 94**. Das Gesamtmodell umfasst insgesamt 2,3 Mio. Zellen und ermöglicht, charakteristische Größen der Pumpeneinheit, wie die Hochdruck- und Saugdruckpulsation zu simulieren, die mit Messergebnissen aus /W3/ verglichen werden können.

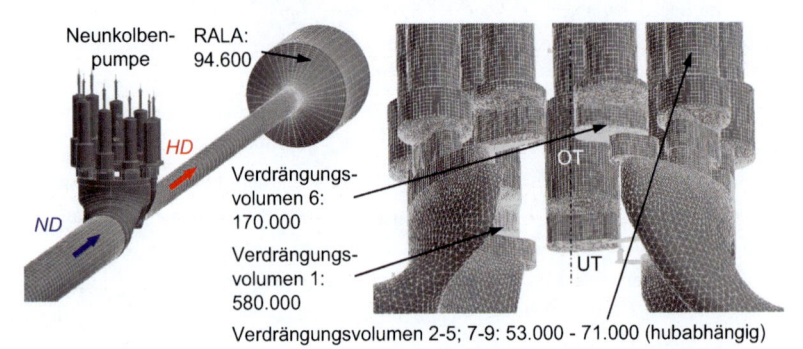

Bild 94: Neunkolbenpumpenmodell mit reflexionsarmem Leitungsabschluss (RALA) mit Zellanzahl in jeweiliger Fluidregion

7 Strömungsanalyse an einer Kolbenpumpe

Die Vorgehensweise hinsichtlich Zonenaufteilung, zonenweiser Initialisierung und Interpolation der Feldgrößen nach der Drehung um jeweils eine Kolbenteilung ($\Delta\varphi = 40°$) auf das Originalgitter entspricht den Ausführungen im Kapitel 5. Mit Hilfe des erstellten Modells konnte der gesamte Strömungspfad der Kolbenpumpe von der Saugleitung über die Pumpe zur Druckleitung bis zur Abströmung über den RALA beispielhaft für einen Betriebspunkt ($n_1 = 1500$ min^{-1}, $p_1 = 100$ bar) berechnet werden. Die Initialisierung erfolgte mit der mittleren Saug- und Förderstromgeschwindigkeit in den Leitungen.

Die Berechnungsergebnisse des Einkolbenmodells konnten weitgehend bestätigt werden: CFD und Messung zeigen bei den Druckumsteuervorgängen ein übereinstimmendes Verhalten, **Bild 95**.

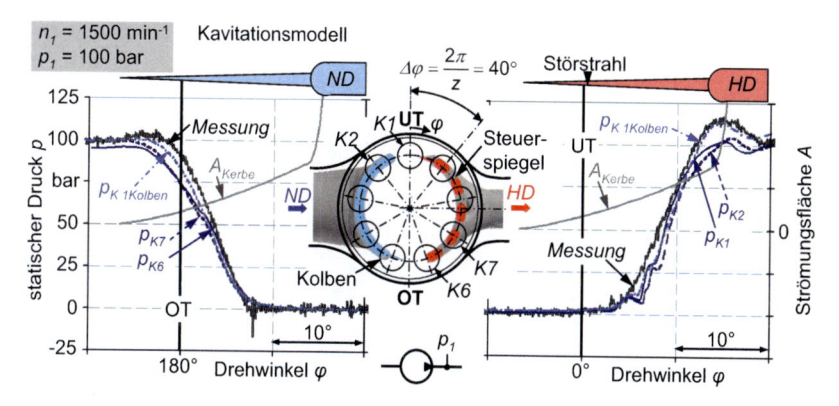

Bild 95: Druckumsteuerung im Oberen und Unteren Totpunkt bei der Neunkolbenpumpe im Vergleich zur Einkolbenpumpe

Mit dem Neunkolbenmodell werden jeweils zwei Umsteuervorgänge ausgewertet, um Einflüsse aus der Berechnungsinitialisierung auszuschließen. Verfolgt wird die Drehung des Triebwerks um annähernd $\Delta\varphi = 120°$. Der Druckabbau in der oberen Totpunktlage erfolgt nahezu identisch zum Einkolbenmodell - unabhängig vom Berechnungszeitpunkt. In der unteren Totpunktlage findet der Druckanstieg gegenüber dem Einkolbenmodell geringfügig verzögert statt. Betrug der statische Druck im Verdrängungsvolumen bei Überdeckungsbeginn mit der Hochdruckseite im Einkolbenmodell $p_K = 1,6$ bar, treten im Neunkolbenmodell $p_K = 0,7$ bar auf. Dieser Unterschied resultiert aus der vergleichmäßigten Ansaugströmung, so dass keine Drucküberhöhung infolge der Induktivität des Fluids auftritt. Der ca. 1 bar niedrigere Ausgangsdruck bei Überdeckungsbeginn erklärt den verzögerten Druckaufbau, da der Kompressionsvolumenstrom geringfügig steigen muss. Ab einem Drehwinkel von $\varphi = 10°$ differieren die Kurvenverläufe des Kolbendrucks beim Neunkolbenmodell stärker vom Einkolbenmodell. Der weitere Druckanstieg erfolgt mit geringerer Druckänderungsgeschwindigkeit. Ursache dieser Unstetigkeit ist die Interpolation der Feldgrößen auf das Ausgangsgitter bei einem Drehwinkel von $\varphi = 10°$. Da nun die Strömungsgrößen im Verdrängungsvolumen auf ein deutlich gröber aufgelöstes Gitter verteilt werden und der Durchfluss über die Steuerkerbe beeinflusst wird, treten größere Abweichungen zur Messung auf. Zudem wird in die Berechnungssteuerung durch reduzierte Relaxationsfaktoren bei beginnender Überdeckung in der oberen Totpunktlage eingegriffen.

Der niedrigere statische Druck zu Beginn des Füllungsvorgangs in der unteren Totpunktlage hat eine erhöhte Kavitationsintensität im Vergleich zum Einkolbenmodell zur Folge, **Bild 96**. Der Drehwinkel, bei dem die größte Kavitationsintensität auftritt, bleibt unbeeinflusst.

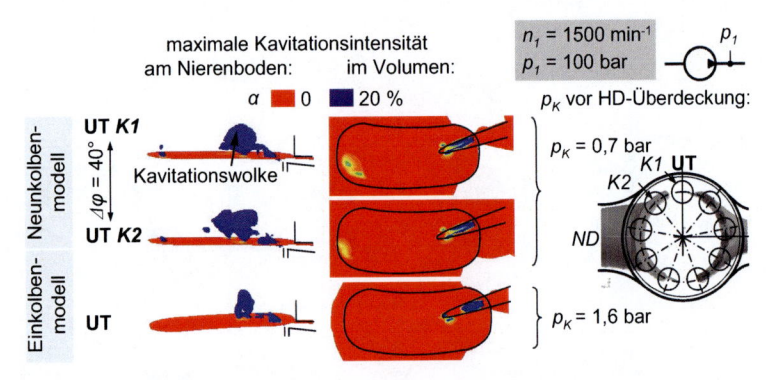

Bild 96: Kavitationsintensität während der Druckumsteuerung im Unteren Totpunkt bei der Neunkolbenpumpe im Vergleich zur Einkolbenpumpe

Bei Kolbenpumpen ist die kompressionsbedingte Pulsation am stärksten ausgeprägt /L5/. Dies verdeutlichen CFD-Berechnung und Messung der Drücke am Pumpenausgang p_1 und in einem Verdrängungsvolumen p_K, **Bild 97**. Aufgrund der Feldgrößeninterpolation wird der „Drucküberschwinger" im Verdrängerraum unmittelbar auf die Druckaufbauphase folgend nur gedämpft wiedergegeben. Berechnete und gemessene Hochdruckpulsation zeigen dennoch einen vergleichbaren Verlauf. Die berechnete Saugdruckpulsation weist geringere Amplituden als die gemessene Pulsation auf. Hochdruckseitig stimmen Phasenlage von Volumenstrom- und Druckpulsation überein, während saugseitig eine 90°-Phasenverschiebung vorliegt (siehe Bild 25).

7 Strömungsanalyse an einer Kolbenpumpe

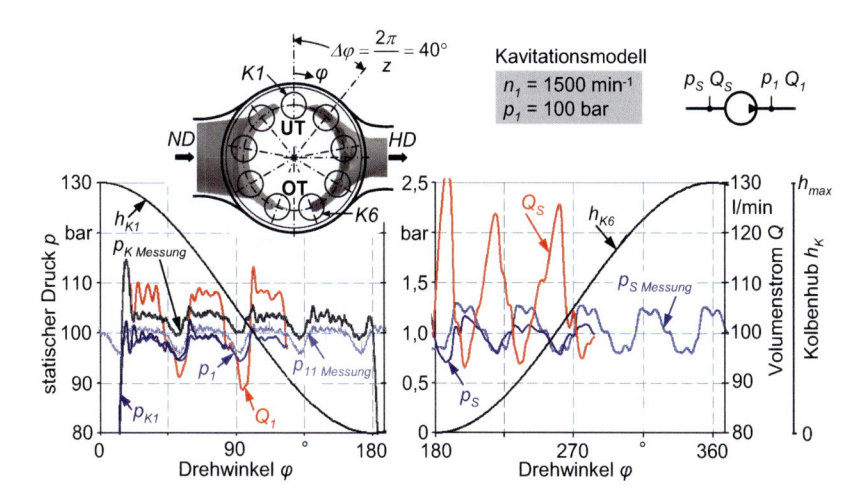

Bild 97: Hochdruck- und Saugdruckpulsation für das Modell der Neunkolbenpumpe

Deutlich fällt der Unterschied zwischen angesaugtem Pumpenvolumenstrom Q_S und verdrängtem Förderstrom Q_1 auf. Während der mittlere Saugvolumenstrom Q_{Sm} = 108 l/min beträgt, werden hochdruckseitig nur Q_{1m} = 100 l/min abgegeben. Neben vier bzw. fünf mit Hochdruck beaufschlagten Leckagebohrungen bedingt die Kompression des Druckmediums den Volumenstromabfall um 7,4 %.

In Analogie zu den Ergebnissen mit Einkolbenmodell tritt nach der oberen Totpunktlage nach kurzzeitiger Unterversorgung eine Drucküberhöhung im Verdrängungsvolumen auf, **Bild 98**. Beim Einkolbenmodell wurden die statischen Drücke am Nierenboden aufgezeichnet. Demgegenüber erfolgte die Druckaufzeichnung für das Neunkolbenmodell am Übergang von der Zylinderniere zum Zylinder. Für die dynamische Gittergenerierung mussten die Nierenböden sämtlicher Verdrängerräume zu einem Interface zusammengefasst werden und standen somit als Monitorflächen nicht zur Verfügung. Der Drehwinkelbereich, bei dem eine Drucküberhöhung vorliegt, ist mit der Messung und den Aussagen zum Einkolbenmodell vergleichbar.

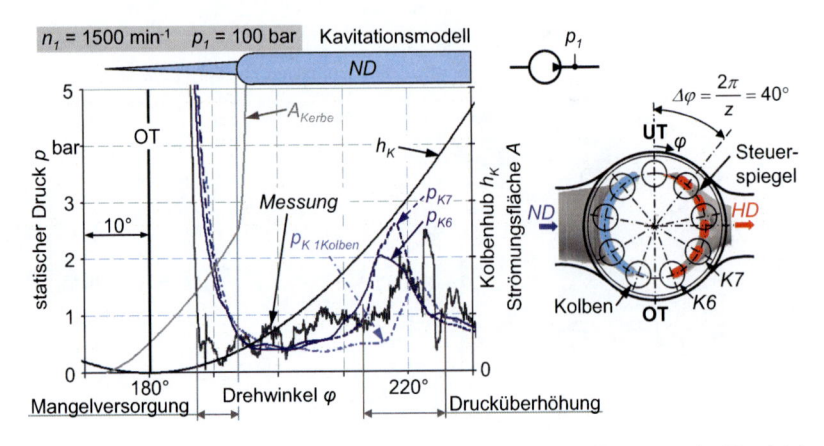

Bild 98: Druckentlastung und Füllungsvorgang nach OT - Neunkolbenpumpe im Vergleich mit Einkolbenpumpe bei $n_1 = 1500$ min^{-1} und $p_1 = 100$ bar

Um die dynamischen Ansaugströmungsvorgänge der Pumpe eingehender zu untersuchen, wurde das Neunkolbenmodell modifiziert. Sämtliche Strömungsgebiete, die keine direkte Auswirkung auf die Saugseite der Pumpe haben, sind entfernt. Hierzu zählen RALA, Hochdruckleitung, Hochdruckkanal und die Druckaufbaugeometrie im Unteren Totpunkt. Die Feldgrößen werden nach der Drehung um eine Kolbenteilung auf das Ausgangsgitter interpoliert, so dass für die Simulation der Druckentlastung im Oberen Totpunkt nur ein Verdrängungsvolumen mit großer Gitterauflösung benötigt wird. Für die restlichen Verdränger genügt eine moderate Auflösung des Gitters. Im Ergebnis umfasst das CFD-Modell nur 0,91 Mio. Zellen. Dies entspricht ca. 40 % der Größe des Ausgangsgitters und gestattet, größere Drehwinkel zu berechnen. Hochdruckseitig ist das Strömungsvolumen durch eine geschlossene Niere mit Konstantdruckrand begrenzt. Die „Druckumsteuerung" im Unteren Totpunkt erfolgt in diesem Modell ausschließlich durch die Verdichtung des Verdrängungsvolumens infolge der Hubkinematik. Da erst nach dem Druckaufbau die Verbindung zum Druckauslass hergestellt wird, treten hochdruckseitig minimale Pulsationen auf. Diese Vorgehensweise erweist sich als zulässig, ist doch die interne Leckage der analysierten Pumpe im Unteren Totpunkt vernachlässigbar gering, so dass keine Auswirkungen auf die Saugströmung vorliegen. Der Hochdrucktrakt besitzt in diesem Modell keine Bedeutung für die Auswertung der Strömungsgrößen.

Die Strahlkavitationsvorgänge im Oberen Totpunkt haben Auswirkungen in den Verdrängerräumen, die dem umsteuernden Volumen vorauslaufen. Kavitationskeime bzw. -blasen werden von ihnen eingesaugt. **Bild 99** zeigt die Zweitphasenbildung während der

7 Strömungsanalyse an einer Kolbenpumpe

Druckentlastung im Oberen Totpunkt im Vergleich mit einer Visualisierungsaufnahme von Kunze.

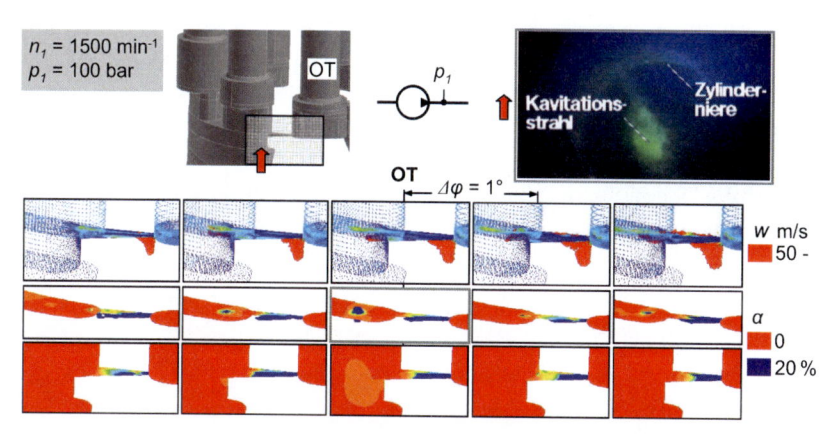

Bild 99: Strahlkavitation und instationäre Ablösung von Kavitationszonen in der oberen Totpunktlage im Vergleich mit einer Visualisierung von Kunze /K7/

Während in der CFD mit Singhal-Kavitationsmodell die gebildete Kavitationszone aufgrund steigenden Druckniveaus nach kurzer Zeit wieder verschwindet, muss davon ausgegangen werden, dass die Blasenlebensdauer unter realen Betriebsbedingungen größer ist. Kunze vermutet eine Zunahme an mikroskopischen Störstellen, die ein Aufreißen der Flüssigkeit während der Druckumsteuerung im Unteren Totpunkt begünstigt. Diese Aussagen werden durch die eigenen Untersuchungen am Visualisierungsprüfstand für statische Überdeckungen (Kapitel 6.3) bestätigt. Demnach treten langlebige makroskopische Luftblasen durch Übersättigung auf. Da die Zeitskalen für Diffusionsvorgänge wie das Rücklösen von Luftblasen in der Größenordnung von Millisekunden liegen, können stabile Blasen bis zum Druckaufbau im Unteren Totpunkt existieren. Für eine halbe Umdrehung werden bei der untersuchten Drehzahl 20 ms benötigt. Mit steigendem Hochdruckniveau p_1 vergrößert sich das Zweiphasengebiet und dringt zudem weiter in die Saugniere ein. Die Wahrscheinlichkeit für langlebige Blasen steigt.

Die im Bild 5 für Axialkolbenpumpen gezeigten Kavitationsarten - Strahlkavitation in OT, Kavitation durch Ablösung und Strahl- sowie Kompressionskavitation in UT - können mit der CFD wiedergegeben werden. **Bild 100** zeigt zusammenfassend die berechnete Verteilung an Zweiphase auf der Saugseite. Den Einzelbildern liegt ein Drehwinkelschritt von jeweils $\Delta\varphi = 5°$ zu Grunde, so dass die Einzelbilder die Drehung um eine Kolbenteilung umfassen. Der Bildauswertung ging die Rotation um acht Kolbenteilungen ($\Delta\varphi = 320°$) voraus, wobei bereits nach $\Delta\varphi = 120°$ keine markanten Änderungen mehr auftraten. Kunze gibt an, dass es zu Beginn des Ansaugprozesses zur Strömungsablösung sowie zur Kavitation im Verdrängungsvolumen kommt. Beide Phänomene können mit der CFD wiedergegeben werden. So tritt im Verdrängungsvolumen Strömungskavitation aufgrund der kurzzeitigen Unterversorgung über die Umsteuergeometrie auf, während es an der vorlaufenden Zylindernierenwand zur Strömungsablösung mit nachfolgender Kavitation kommt. Strömungskavitation während der Phase maximaler Hubgeschwindigkeit tritt bei der analysierten Pumpe bei der Drehzahl von n_1 = 1500 min^{-1} nicht auf. Strömungskavitation im Bereich der Saugniere ist primär ein diffusionsbedingter Prozess (Gaskavitation, Übersättigung), der mit dem Kavitationsmodell nicht behandelt werden kann. Ergänzender Hinweis: Für ein mittleres Eingangssaugdruckniveau von p_{Sm} = 1 bar beträgt die zulässige Grenzdrehzahl n_{1max} = 2200 min^{-1} und für ein Eingangsdruckniveau von p_{Sm} = 0,8 bar ca. n_{1max} = 2000 min^{-1} - beide Angaben gelten jeweils für den größten Schwenkwinkel.

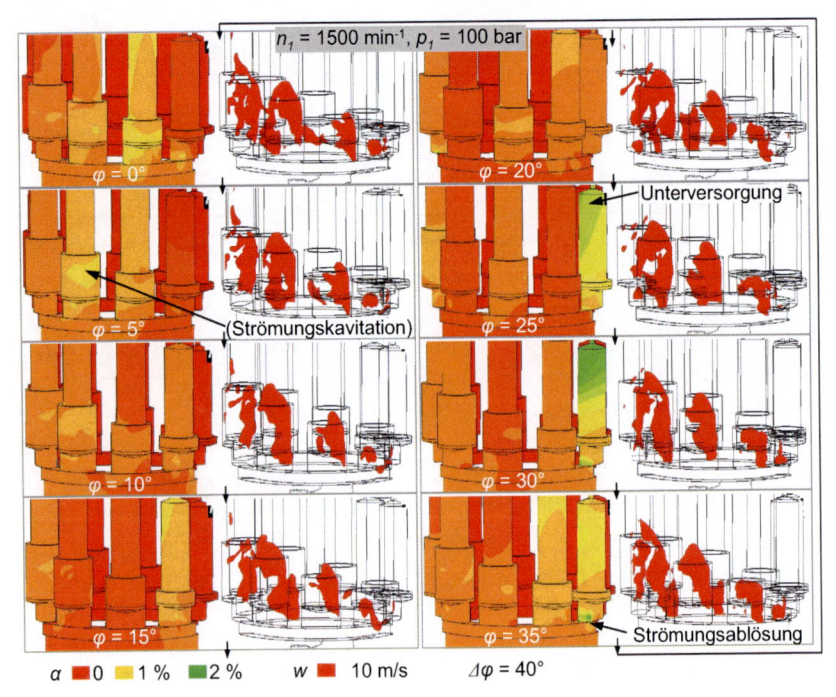

Bild 100: Reduziertes Neunkolbenpumpenmodell für n_1 = 1500 min^{-1} und p_1 = 100 bar mit dem vol. Zweitphasenanteil α sowie der Geschwindigkeitsoberfläche w = 10 m/s

Am Ende der Saugniere sind, kinematisch bedingt, die Kolben- und damit die Strömungsgeschwindigkeit in der Zylinderniere bereits deutlich abgesunken. Kunze /K7/

7 Strömungsanalyse an einer Kolbenpumpe   129

zeigt hier das Rücklösevermögen der Hydraulikflüssigkeit, die dazu führt, dass während der 90°-Drehbewegung von der Mitte zum Ende der Saugniere bereits deutlich weniger Strömungskavitation sichtbar ist. Allerdings vermutet Kunze aufgrund vibroakustischer Untersuchungen eine Zunahme mikroskopisch kleiner Kavitationskeime.

Unter der vereinfachenden Annahme einer reibungsfreien, stationären, inkompressiblen und eindimensionalen Flüssigkeit, ist die maximale Geschwindigkeit der Saugströmung berechenbar, bei der keine Kavitation auftritt. Mit der Bernoulligleichung ergibt sich unter den Randbedingungen, dass der maximal mögliche dynamische Druck gleich dem Umgebungsdruck ist und der Dampfdruck vernachlässigt werden kann:

$$w_{krit} = \sqrt{\frac{2 \cdot p_0}{\rho}} . \tag{7.1}$$

Mit der Dichte von $\rho = 860$ kg/m^3 erhält man eine kritische Strömungsgeschwindigkeit von $w_{krit} = 15{,}3$ m/s. Unter der Annahme, dass saugseitig keine Druckverluste auftreten, kann die theoretische Maximalrotationsgeschwindigkeit für Vollhub berechnet werden. Mit der Kolbengeschwindigkeit $\dot{h}_K$:

$$\dot{h}_K = -\frac{h_{max}}{2} \cdot \omega \cdot sin(\omega t) \tag{7.2}$$

und dem Flächenverhältnis von Kolben zu Nierenboden, erreicht die senkrecht zum Nierenboden eintretende Strömungsgeschwindigkeit w_{Niere}:

$$w_{Niere} = \dot{h}_K \cdot \frac{A_K}{A_{Niere}} . \tag{7.3}$$

Mit der Rotationsgeschwindigkeit der Zylindertrommel auf dem Zylinderradius $v_U = w \cdot r_{Zyl}$ ergibt sich durch Vektoraddition die resultierende mittlere Strömungsgeschwindigkeit w_m:

$$w_m = \sqrt{v_U^2 + w_{Niere}^2} . \tag{7.4}$$

Mit dem oben definierten Kriterium für die maximale resultierende Strömungsgeschwindigkeit ergibt sich für die analysierte Axialkolbenpumpe eine theoretische maximale Rotationsgeschwindigkeit von $n_1 = 3010$ min^{-1} bei Vollhub.

Untersuchungen von Kunze /K7/ zeigen, dass der größte Verlust durch die Strömungstrennung im Übergang zwischen Saugniere und Zylinderniere auftritt. Eine Vergrößerung der Überströmfläche von der Saugniere über die Zylinderniere in den Verdrängerraum zur Reduktion der Füllungsverluste ist jedoch nicht trivial zu realisieren. Die Überströmfläche muss kleiner als die Kolbenfläche ausgeführt werden, da sonst die Zylindertrommel nicht auf den Steuerspiegel gedrückt wird und somit die als hydrostatisch-dynamisches Gleitlager ausgelegte Dichtung Zylindertrommel / Steuerspiegel versagt. In der Dichtebene Steuerspiegel / Zylindertrommel übt der statische Druck eine axiale Kraft aus, der die Druckkräfte aller Kolben entgegenwirken. Damit die Zylindertrommel nicht abhebt, sind in der industriellen Praxis Entlastungsgrade von 96 - 98 % üblich.

Bild 101 zeigt die Entwicklung der Feldgrößen auf der Saugseite. Nach einem Drehwinkel von $\Delta\varphi = 120°$ nach Initialisierung wiederholen sich die dominanten Strömungsvorgänge. Dies veranschaulichen die Saugdruck- und Saugvolumenstrompulsation. Bei der berechneten Saugdruckpulsation fällt auf, dass der mittlere Druck allmählich abfällt. Dieses Verhalten erklärt sich mit dem Konstantdruckrand von 1 bar in 7 m Entfernung zum Pumpeneinlass und den vergrößerten Reibkräften in der Saugleitung bei initialisiertem Rechteckprofil der Strömungsgeschwindigkeit. Weiterhin ist der statische Druck im Verdrängungsvolumen aus Innendruckmessung und CFD gegenübergestellt. Während der Überdeckung mit der Saugniere schwingt der statische Druck des Ölvolumens um den mittleren statischen Druck von ca. 1 bar. Zwischen CFD und Messung liegt eine bemerkenswerte Übereinstimmung vor. Die hier gewählte Angabe des Drehwinkels bezieht sich auf den Berechnungsstart unabhängig vom Koordinatensystem der Pumpe.

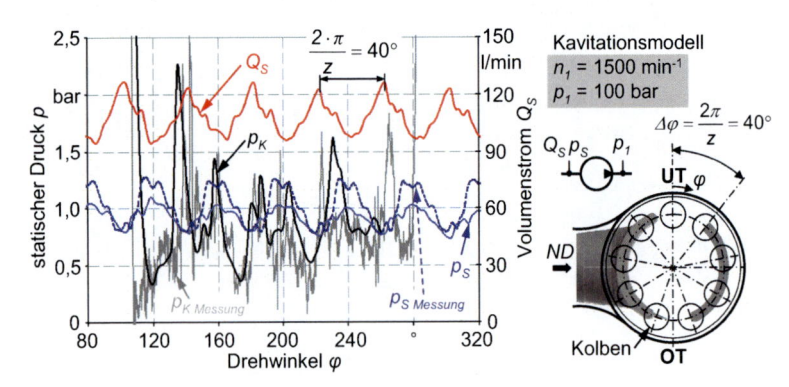

Bild 101: Reduziertes Neunkolbenpumpenmodell - Saugverhalten

Der dynamische Einfluss der Saugleitung auf das Saugvermögen der Pumpe kann jedoch nicht realistisch bestimmt werden. **Bild 102** zeigt die Entwicklung des Strömungsprofils in der Saugleitung. Die initialisierte Rechteckprofilströmung weist reibungsbedingt nach 41 ms eine Profilform auf, deren Entwicklung jedoch noch nicht abgeschlossen ist. Demnach müssen mehrere Umdrehungen berechnet werden, um eingeschwungene Strömungsverhältnisse in der Saugleitung zu garantieren. Bezug nehmend auf Kapitel 6.1 ist hierfür etwa eine physikalische Laufzeit von 1 s erforderlich. Für die Berechnung des Druckverlustes in der Saugleitung bei pulsierenden Saugströmungen sind daher - wie im Kapitel 6.1 praktiziert - vereinfachte Saugleitungsmodelle zu favorisieren.

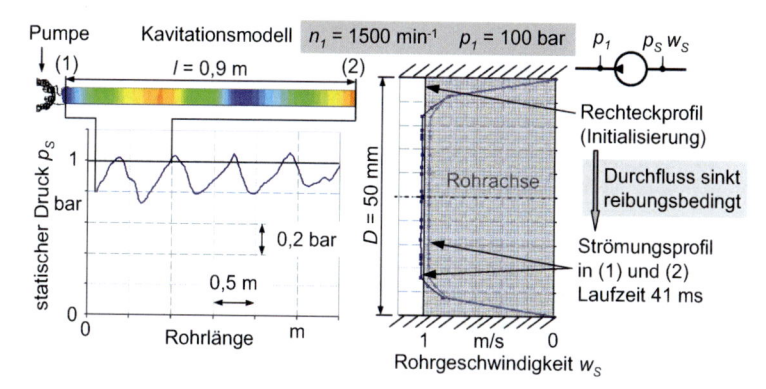

Bild 102: Reduziertes Neunkolbenpumpenmodell - Druckverteilung der pulsierenden Saugströmung und mittleres Geschwindigkeitsprofil zu Beginn und nach 41 ms Laufzeit

Insofern die Kavitationsvorgänge während der Druckumsteuerphasen von untergeordneter Bedeutung für die Analyse des Verdrängungsverhaltens der Pumpe sind, können mit Einphasenmodellen auf Basis eines druckabhängigen Kompressionsmoduls realistische Aussagen zur Hochdruckpulsation getroffen werden, **Bild 103**.

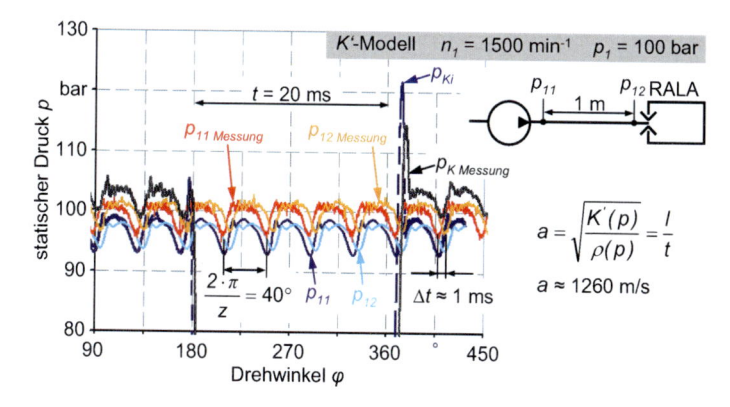

Bild 103: Neunkolbenpumpe - Hochdruckpulsation mit K'-Modell

Über die bisher diskutierten Validierungsmöglichkeiten hinaus können die für den Druckumsteuervorgang berechneten Kavitationszonen mit Schädigungsversuchen verglichen werden. Dabei wird die Pumpe im Dauereinsatz betrieben, typischerweise über mindestens 100 h, um wenigstens das Endstadium der Inkubationsphase der Kavitationserosion zu erreichen. Dabei handelt es sich um das erste von drei Kavitationserosionsphasen, an deren Ende das Verformungsvermögen des Werkstoffs, d. h. seine Kavitationsresistenz, überschritten wird, so dass es zur Rissbildung und zum Ausbrechen einzelner Materialpartikel kommt. Bei ungünstigen Saugdruckniveaus wird eine Schädigungsfigur auf dem Steuerspiegel frühzeitig sichtbar. Dem Autor lagen geschädigte Steuerspiegel als Ergebnis von Dauerversuchen mit einer Laufzeit von 100 h vor, die auf vorausgegangenen Arbeiten am Institut basieren. Der Vergleich der Schädigungsfiguren mit den numerischen Ergebnissen bestätigt die Kavitationsmodellierung, **Bild 104**.

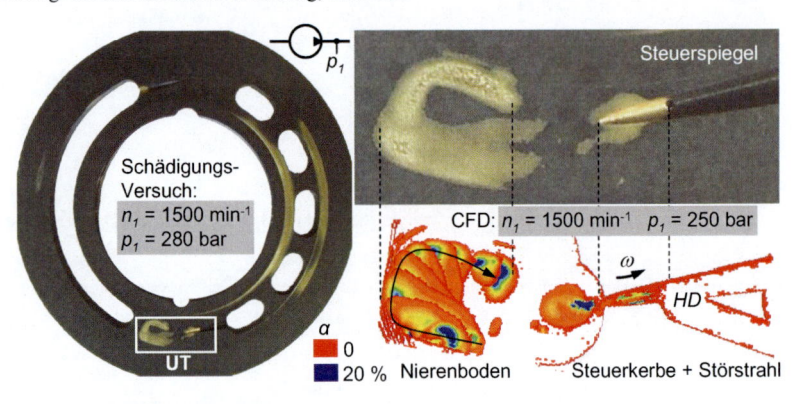

Bild 104: Gegenüberstellung von Schädigungsversuch und CFD (Kavitationsmodell) für UT

Die Schädigungsversuche wurden bei einem Hochdruckniveau von p_1 = 280 bar, einer Drehzahl von n_1 = 1500 min^{-1} und einem Saugdruck von p_S = 0,8 bar bei maximalem Schwenkwinkel von α = 18° durchgeführt. Der Prüfstandsaufbau entspricht den Ausführungen im Kapitel 6.1. In der CFD liegt das Hochdruckniveau 12 % niedriger. Der Unterschied ist ausreichend gering. Die berechneten Zweiphasenkonzentrationen am Steuerspiegel stimmen mit den hufeisenförmigen Schadensbildern auf mehreren Steuerspiegeln sehr gut überein (reproduzierbarer Verschleiß). Dabei gilt, dass die erhöhte Zweiphasenkonzentration nicht gleichbedeutend mit der Schädigung auf dem Steuerspiegel ist. Vielmehr tritt die Schädigung erst dann ein, wenn sich die Zone niedrigen statischen Druckes verschiebt und nachfolgend der statische Druck steigt, so dass die gebildeten Bläschen implodieren. Nach Bild 104 bewegt sich die Zone erhöhter Zweiphasenkonzentration im Uhrzeigersinn. Während der Verschiebung der Kavitationszone mit der Strahlfront steigt der statische Druck im Mittel an. Nach Kleinbreuer /K4/ tritt der Kavitationsverschleiß zu Beginn des Kompressionsvorgangs im Zylinderraum auf. Den Gleichungen (A.28) bis (A.37) des Anhangs A.3.3 entsprechend steigt mit zunehmendem Umgebungsdruck die Zentripetalgeschwindigkeit sowie der Implosionsdruck der kollabierenden Blasen und der Maximaldruck außerhalb der Blase, während die Kollapszeit sinkt. Da bei steigendem Druckniveau die Blasenimplosion umso energiereicher erfolgt, bewirkt der Kollaps der zuletzt auftretenden Kavitationszonen eine größere Schädigung. Diese analytischen Betrachtungen stehen in Übereinstimmung zur Schädigungsfigur auf dem Steuerspiegel.

Die Untersuchungen zeigen, dass kavitationsbehaftete Strömungen in Kolbenpumpen mit dem Kavitationsmodell bei angenommenem laminarem Strömungscharakter sehr gut abgebildet werden können. Die Entwicklung des Kavitationsmodells im Kapitel 6 stellt sich als verallgemeinerungsfähig heraus, da mit der dort gefundenen Parametrierung auch in Pumpen die Saug- und Hochdruckpulsation, der Druckauf- und -abbau sowie Dampfkavitationsverteilungen während der Druckumsteuerung und die Schädigung kavitationsbeaufschlagter Bauteile korrekt vorhergesagt werden können. Die Kavitationsmodellierung wird als notwendig erachtet, um Umsteuergeometrien fundiert beurteilen zu können, wobei Einkolbenmodelle geeignet sind. Um zusätzlich die Saug- und Hochdruckpulsation, das tatsächliche Saugdruckniveau in den Verdrängerräumen sowie die Lage und Ausbreitung von Kavitationsgebieten auf der Saugseite zu ermitteln, muss das gesamte Kolbentriebwerk modelliert werden. Im Folgenden werden Einkolbenmodelle zur Betriebspunkterweiterung, zur weiteren Modellreduktion sowie zur Konstruktionsanalyse herangezogen.

7.5 Vergleich verschiedener Betriebspunkte

Mit den Untersuchungen wird zunächst das Ziel verfolgt, den Einfluss variabler Saugdruckbedingungen auf den Druckaufbau im Verdrängerraum und das Kavitationsverhalten zu bestimmen, um anschließend den Drehzahleinfluss zu studieren.

Für vier Saugdruckniveaus wurde der Druckaufbau mit dem Kavitationsmodell am Beispiel des Einkolbenmodells ermittelt. Im **Bild 105** sind die Ergebnisse zusammengestellt. Als Vergleichskriterium ist das mittlere Druckniveau im Verdrängerraum unmittelbar vor der Verbindung mit der Hochdrucksteuerkerbe angegeben. Mit sinkendem Saugdruckniveau steigt die Kavitationsintensität in der Zylinderniere, wobei der Drehwinkel, bei dem die maximale Kavitationsintensität auftritt, nahezu konstant bleibt, während das Kavitationsende zu immer größeren Drehwinkeln verschoben wird. Die Kavitationsintensität im Verdrängerraum besitzt großen Einfluss auf den Druckaufbau. Bei einem Saugdruckniveau von 9 bar tritt nahezu keine Kavitation im Verdrängerraum auf, so dass der statische Druck stetig ansteigt und das Hochdruckniveau schnell erreicht wird. Der Kompressionsvolumenstrom - gemessen in der Ebene zwischen Steuerkerbe und Zylinderniere - weist einen nahezu glatten Verlauf auf. Dagegen beeinflusst Kavitation bei einem Druckniveau von 0,35 bar bzw. 0,7 bar im

Verdrängerraum den Druckaufbau signifikant. Die Kavitationswolke dehnt sich über große Bereiche der Zylinderniere aus. Der Druckanstieg findet erst deutlich nach dem Unteren Totpunkt statt, während zu diesem Zeitpunkt bei einem Ausgangsdruck von 9 bar bereits annähernd das Hochdruckniveau erreicht ist. Erst nachdem die in der Zylinderniere gebildete Zweitphase durch Phasentransfer zurückgebildet ist, kann der Druckaufbau „schlagartig" einsetzen. Der unstetige Charakter der Kavitationsaus- und -rückbildung spiegelt sich im Verlauf des statischen Druckes sowie des Volumenstroms wider. Der Kompressionsstrom nimmt beim Ausgangsdruck von 0,35 bar deutlich gegenüber 9 bar zu. Einerseits steigt die Kompressibilität mit sinkendem Druckniveau und andererseits hat eine aufgrund von Kavitation lokal absinkende Dichte größere Volumenströme zur Folge. Die kompressionsbedingte Volumenänderung fällt von $\Delta V_K = 0{,}23$ ml auf $\Delta V_K = 0{,}14$ ml ab. Die Volumenstromverläufe der mittleren Saugdruckniveaus liegen zwischen $Q_{K(1)}$ und $Q_{K(4)}$ im Bild 105. Die hier gezeigten Ergebnisse stehen in Übereinstimmung mit Angaben anderer Autoren. Himmler /H8/ und Eich /E3/ betonen den Einfluss eines hohen Gehaltes an ungelöster Luft auf die Verstärkung der Druckvibrationen. Diese resultieren aus der Reduktion des effektiv wirksamen Druckaufbauwinkels.

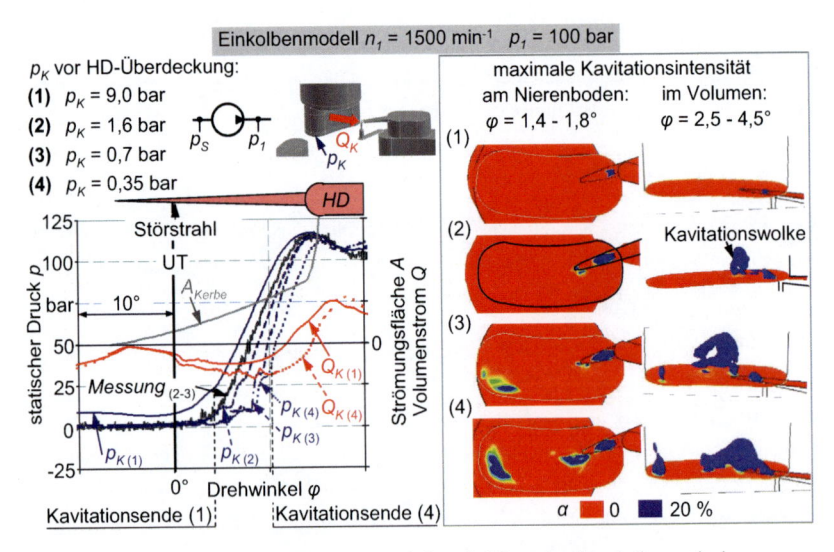

Bild 105: Druckaufbau in der unteren Totpunktlage bei Saugdruckvariation zwischen $p_S = 0{,}6$ bar und $p_S = 10$ bar für $n_1 = 1500$ min^{-1} und $p_1 = 100$ bar

Wie im Kapitel 7.3 angegeben, nimmt die Kavitationsintensität mit steigendem Hochdruckniveau bei konstantem Sagdruckniveau zu. **Bild 106** zeigt den Einfluss des Ansaugdruckes für das Hochdruckniveau von $p_1 = 250$ bar. Obwohl die Druckdifferenz gegenüber $p_1 = 100$ bar

7 Strömungsanalyse an einer Kolbenpumpe

um den Faktor 2,5 steigt, ist die Kavitationsintensität für das Ausgangsdruckniveau von 9 bar nur geringfügig höher. Mit abnehmendem Saugdruckniveau steigt hingegen die Kavitationsintensität gegenüber $p_1 = 100$ bar. Der Kompressionsstrom Q_K und der sich als Summe von Störstrahl- sowie Steuerkerbenstrom ergebende Volumenstrom Q_3 sind zum Vergleich angegeben. Während bei einem Ausgangsdruckniveau von 9 bar keine Differenz zwischen Q_3 und Q_K vorliegt, unterscheiden sich beide Volumenströme am Nierenboden als Folge erhöhter Kavitationsintensität beim Ausgangsdruck von 0,8 bar deutlich. Mit sinkendem Saugdruckniveau steigt der Drehwinkel, bei dem das Kavitationsende erreicht wird. Auch bei einem Ausgangsdruckniveau von 9 bar ist der Druckaufbau am Kerbenende nicht abgeschlossen.

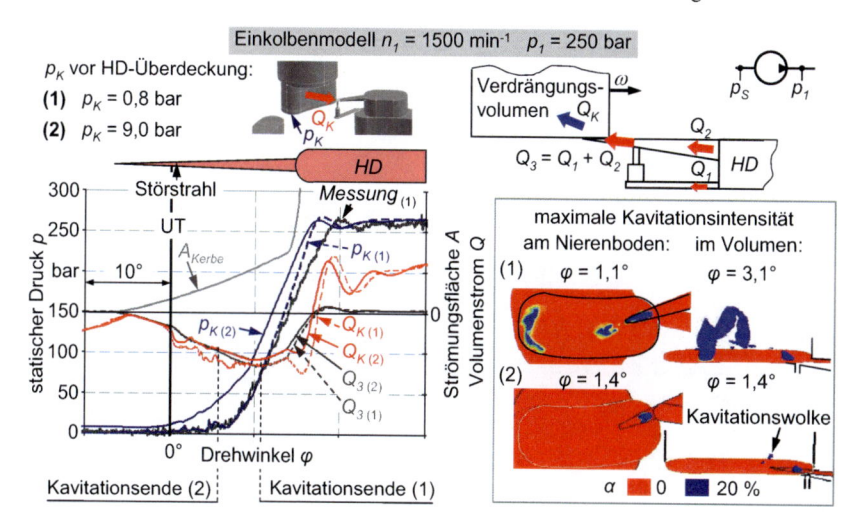

Bild 106: Druckaufbau in der unteren Totpunktlage bei Saugdruckvariation
($p_S = 1$ bar und $p_S = 10$ bar) für $n_1 = 1500$ min^{-1} und $p_1 = 250$ bar

Für die zwei untersuchten Druckniveaus steigt die kompressionsbedingte Volumenänderung mit abnehmendem Saugdruck von $\Delta V_K = 0,41$ ml auf $\Delta V_K = 0,46$ ml. Eine analytische Nachrechnung nach Gleichung (7.5) bestätigt die Ergebnisse. So ergeben sich unter der Annahme eines konstanten Kompressionsmoduls von $K' = 8.000$ bar Volumenänderungen in Höhe von $\Delta V_K = 0,55$ ml für die Druckdifferenz von $\Delta p_K = 250$ bar und $\Delta V_K = 0,22$ ml für $\Delta p_K = 100$ bar, wobei die hubbedingte Volumenänderung unberücksichtigt bleibt. Der lineare Zusammenhang von $\Delta p \sim Q$ bzw. nach Gleichung (7.5) $\Delta p \sim \Delta V_K$ mit einem konstanten Proportionalitätsfaktor ist charakteristisch für laminar durchströmte Widerstände.

$$\Delta V_K = \int Q_{Komp} dt = \frac{\Delta p_K \cdot V_K}{K'} \qquad (7.5)$$

Die bisherigen Untersuchungen zeigen den sehr großen Einfluss des Hochdruck- und Saugdruckniveaus auf die Kavitationsausprägung und die damit verbundene Druckaufbaucharakteristik. **Bild 107** stellt den Einfluss der Drehzahl auf den Druckumsteuervorgang über dem Drehwinkel dar. Die CFD-Randbedingungen wurden so gewählt, dass unmittelbar vor der Verbindung mit der Hochdruckseite das Druckniveau im Verdrängerraum nahezu konstant bleibt. Dieses Vorgehen ist notwendig, um den Einfluss der Drehzahl weitgehend unabhängig vom Saugdruckniveau analysieren zu können. Während bei experimentellen Untersuchungen mit steigender Drehzahl der Druckverlust prinzipiell während des Ansaug- und Füllungsvorgangs der Verdrängerräume steigt und somit der Druck im Verdrängungsvolumen p_K sinkt, kann in der CFD ausschließlich der Drehzahleinfluss analysiert werden.

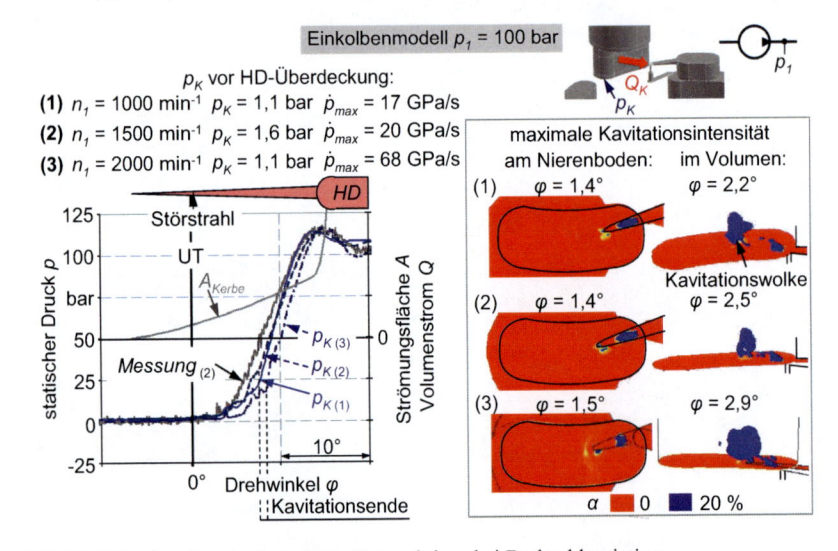

Bild 107: Druckaufbau in der unteren Totpunktlage bei Drehzahlvariation
$n_1 = 1000 - 2000$ min^{-1} für $p_1 = 100$ bar

Nach Kunze wird ein Drehzahleinfluss erst oberhalb einer bestimmten Mindestdrehzahl erkennbar (in /K7/: $n_1 = 1200$ min^{-1}). Die Verdopplung der Drehzahl von $n_1 = 1000$ min^{-1} auf $n_1 = 2000$ min^{-1} bedeutet eine Halbierung der Zeitdauer zum Füllen des Verdrängungsvolumens über die hydraulische Verbindung der Steuerkerbe. Daher sollte der Druckaufbau bei der geringsten untersuchten Drehzahl von $n_1 = 1000$ min^{-1} mit der kleinsten Drehwinkelspanne erreicht werden. Diese Erwartung konnte bestätigt werden, wobei die Unterschiede minimal sind. Die Zeitdauer für den Druckaufbau sinkt mit zunehmender Drehzahl, weshalb die Druckänderungsgeschwindigkeiten deutlich steigen. Die Aussagen stimmen mit Innendruckmessungen an der Zahnradpumpe nach Bild 20 überein (Druckabbau bei Drehzahl-

7 Strömungsanalyse an einer Kolbenpumpe

variation $p = f(\varphi)$ und $p = f(t)$). Da die Strömungsgeschwindigkeit des Kompressionsstrahls wesentlich größer als die Umfangsgeschwindigkeit des Verdrängerraums ist, bleibt der Drehwinkel, bei dem zuletzt Kavitation auftritt, nahezu drehzahlunabhängig. Der Drehwinkel maximaler Kavitationsintensität ändert sich ebenfalls kaum.

Mit steigender Drehzahl gewinnt Gaskavitation zunehmende Bedeutung. Die Grenzdrehzahl von Axialkolbenpumpen ist nach Kunze vorrangig auf die Ausbildung der Strömungskavitation während des Saugvorganges zurückzuführen. Die dabei eingesaugten Blasen und Keime verstärken die Kavitationsintensität im Unteren Totpunkt aufgrund der Überlagerung mit den Blasen der Strahlkavitation. Wie oben angegeben, lässt sich durch Diffusionsvorgänge hervorgerufene Strömungskavitation mit dem Singhal-Kavitationsmodell nicht angemessen berücksichtigen. Zwar erhöht sich der Druckverlust beim Füllen der Verdrängerräume mit zunehmender Drehzahl, so dass der statische Druck im Verdrängerraum abfällt und in der Folge der Anteil an Zweitphase steigt, die Ausbildung von Einzelblasen im Verdrängungsvolumen beim Überfahren der Saugniere ist jedoch nicht modellierbar. Da diese Vorgänge jedoch Einfluss auf die Druckumsteuervorgänge haben, geben die hier gezeigten CFD-Ergebnisse die Realität nicht ausreichend genau wieder. Mit der erarbeiteten Berechnungsmethode ist daher die Grenzdrehzahl der Pumpen nicht unmittelbar ableitbar. Das gewählte Kavitationsmodell sollte daher vorzugsweise nur auf Betriebspunkte angewendet werden, in denen Gaskavitationsphänomene eine untergeordnete Rolle spielen. Wie die Ausführungen im Kapitel 6.1 zeigen, unterscheiden sich die Fluidparameter in Abhängigkeit der jeweils dominanten Kavitationsmechanismen.

7.6 Konstruktionsanalysen an reduzierten Modellen

Für den Entwicklungsprozess sind vereinfachte CFD-Modelle zur Analyse konstruktiver Varianten mit dem Ziel der Optimierung von Strömungsgeometrien prinzipiell vorteilhaft, da eine reduzierte Gittergröße den numerischen Berechnungsaufwand verkleinert. Da Gaskavitationsphänomene mit dem gewählten Kavitationsmodell nicht berechenbar sind, wird die These aufgestellt, dass die Modellgeometrie vereinfacht werden kann. Im Folgenden soll daher zunächst analysiert werden, welchen Einfluss die Vernachlässigung von Saugleitung, Saugkanal sowie Hochdruckkanal und Hochdruckleitung auf das Berechnungsergebnis des Druckumsteuervorgangs besitzt.

Das Einkolbenpumpenmodell wurde hierzu auf den Verdrängerraum und einen Ausschnitt des Steuerspiegels der Pumpe verkleinert. Die Modellgeometrie des Steuerspiegels umfasst keine Umsteuergeometrie für die Obere Totpunktlage und besitzt hochdruckseitig nur die mit der Druckaufbaugeometrie verbundene Niere. Mit 1,0 Mio. Zellen ist das Gitter um 40 % gegenüber dem Einkolbenmodell reduziert. An Ein- und Auslass sind Konstantdruckränder vorgegeben. Die Initialisierung der Berechnung erfolgte 90° vor dem Unteren Totpunkt, so dass die Überdeckung mit der Saugniere für den Einschwingvorgang genutzt werden konnte. **Bild 108** zeigt das Ergebnis der Berechnung, wobei ein Vergleich zum Einkolbenmodell mit gleichem Saugdruckniveau gezogen wird. Druckaufbau und Kavitationsausprägung in der Zylinderniere sind ähnlich. Der Einfluss der Hochdruckpulsation auf den Druckaufbauvorgang ist vernachlässigbar. Da die dominanten Strömungsprozesse während des Umsteuervorgangs übereinstimmen, kann das reduzierte Modell als Grundlage für Konstruktionsanalysen herangezogen werden.

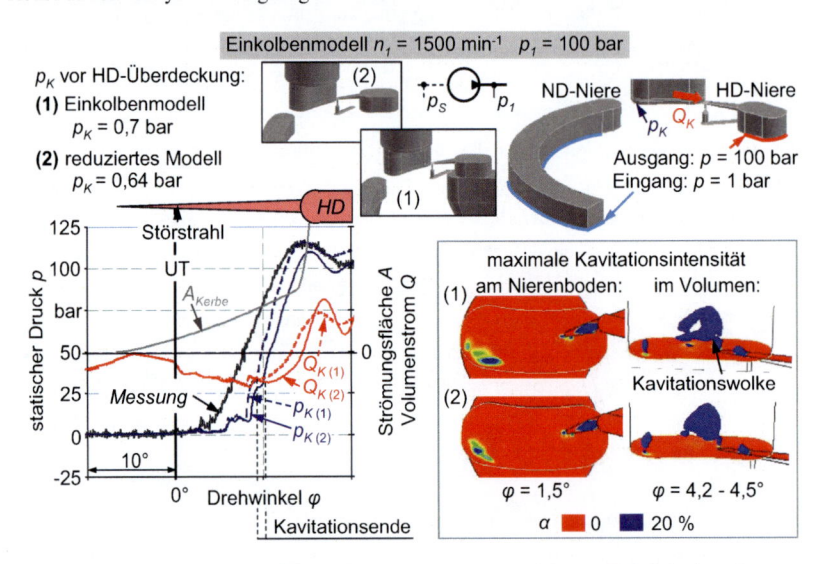

Bild 108: Vergleich des Druckaufbaus in der unteren Totpunktlage mit Original- und reduziertem Einkolbenmodell für $p_1 = 100$ bar, $n_1 = 1500$ min^{-1} und $p_S = 0{,}8 - 1$ bar

Eine reduzierte Kavitationseinwirkzeit wies Kunze /K7/ beim Einsatz von Vollkolben anstelle marktüblicher Hohlkolben für verschiedene Hochdruckniveaus und Schwenkwinkel nach. Das verringerte Totvolumen führt beim Druckausgleich zu einem kleineren Überströmvolumen an der Steuerkerbe, so dass die Hochdruck- und Saugdruckpulsation bauartabhängig sinken. Inwieweit sich dieser Einfluss auf die Reduzierung der Strahlkavitation auswirkt, konnte nicht bestimmt werden. **Bild 109** zeigt den berechneten Einfluss des Kompressionsvolumens: Der Druckaufbau endet früher, da bei annähernder Halbierung des Volumens der Kompressionsstrom sinkt. Der Drehwinkel der maximalen Kavitationsintensität ist kleiner und das Kavitationsende tritt früher auf. Die maximale Kavitationsintensität bleibt annähernd konstant. Der gleiche Effekt tritt auf, wenn die Pumpe mit kleinerem Schwenkwinkel betrieben wird. Beim Einsatz von Vollkolben kann die Strömungsfläche der Umsteuergeometrie verkleinert werden, um die maximale Druckänderungsgeschwindigkeit zu minimieren.

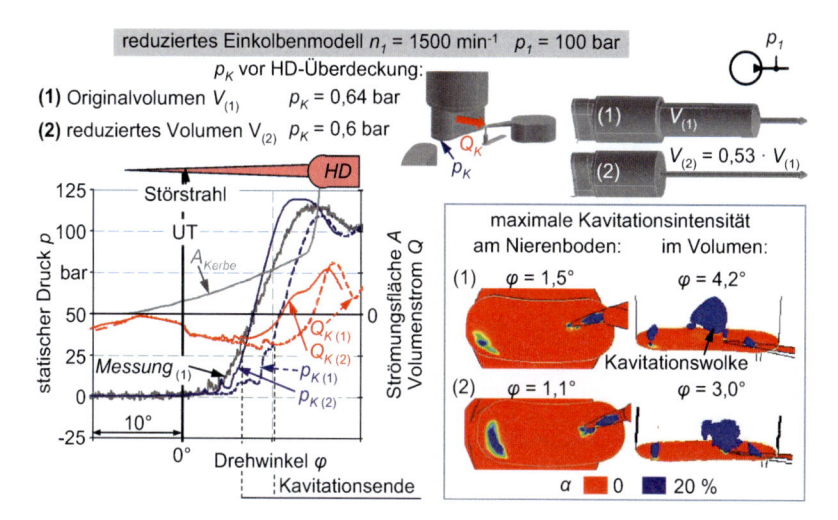

Bild 109: Reduziertes Einkolbenmodell - Vergleich des Druckaufbaus bei Variation des Kompressionsvolumens für n_1 = 1500 min^{-1} und p_1 = 100 bar

In einer weiteren Variante wurde der Einfluss der Störstrahlbohrung auf den Druckaufbau und die Kavitationsgefährdung untersucht. **Bild 110** stellt die Druckaufbaucharakteristik im Verdrängerraum für die gleiche Steuerkerbe ohne Störstrahlbohrung dar. Trotz geringerer Strömungsfläche erfolgt der Druckaufbau nahezu drehwinkelsynchron zur Geometrie mit Störstrahl. Der Druckaufbau setzt etwas später ein, erreicht jedoch dann wieder das gleiche Druckniveau. Ursache hierfür ist der sinkende Durchfluss über die Störstrahlbohrung bei steigender Überdeckung. Die Zone ausgeprägter Kavitation verschiebt sich durch den Verzicht auf die Störstrahlbohrung aus der Mitte der Zylinderniere unmittelbar in Wandnähe, wo der Kompressionsstrahl auf die Nierenwand prallt. Als Folge wandnaher Blasenimplosionen muss mit Materialschädigung gerechnet werden. Die Kavitationsintensität beider Varianten ist ähnlich groß. Die vergleichende Betrachtung zeigt die schädigungsreduzierende Wirkung der Störstrahlbohrung infolge der Verschiebung der Zone maximaler Kavitationsintensität in die Mitte der Zylinderniere. Hierzu passen Aussagen von Kleinbreuer /K4/, wonach der Masseverlust an seinen Schlitzproben durch Kavitationserosion umso größer wurde, je kleiner der Strömungseintrittswinkel war. Er schloss auf besonders energiereiche Implosionen bei ausgeprägten Staudruckgebieten und resümierte, dass steile kurze Kerben in Bezug auf das Schädigungsverhalten zu favorisieren sind, um die Implosionsorte von den Wänden in die

Mitte des Strömungsvolumens zu verschieben. Der Verzicht auf die Störstrahlbohrung stellt somit keine konstruktive Verbesserung gegenüber der Ausgangssituation dar.

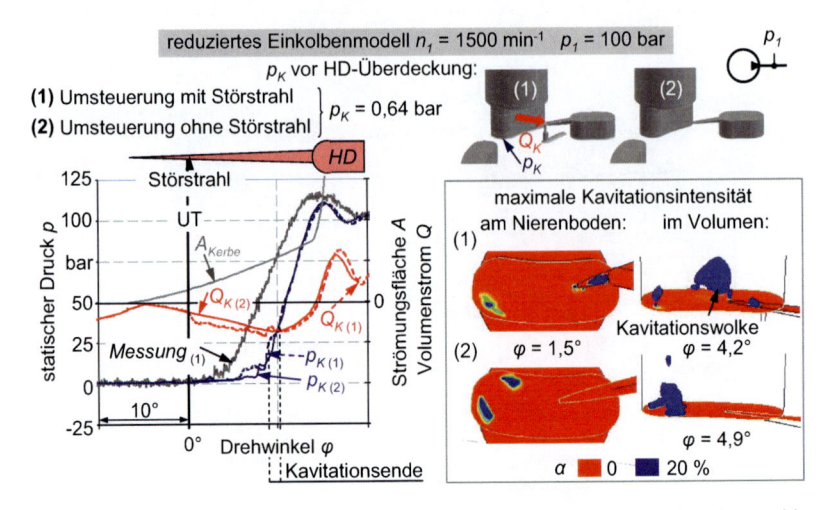

Bild 110: Reduziertes Einkolbenmodell - Vergleich des Druckaufbaus mit / ohne Störstrahlbohrung in der Steuerkerbe für $n_1 = 1500$ min^{-1} und $p_1 = 100$ bar

Der Übergang zwischen Hochdruckniere und Steuerkerbe sollte prinzipiell durch abgeschrägte - besser noch durch abgerundete - Einlaufkanten an der Steuerkerbe erfolgen, um Ablösung zu vermeiden. **Bild 111** zeigt den Bereich der Strömungsablösung für eine repräsentative Überdeckungsstellung während der Druckumsteuerphase. Die Einlaufgeometrie besitzt signifikanten Einfluss auf die Kavitationsausprägung. So zeigt Kleinbreuer, dass durch abgerundete Einlaufkanten von Strömungswiderständen die Kavitationserosion bei sonst gleichen Bedingungen wirksam verringert werden kann, obwohl durch die abgerundete Einlaufgeometrie die Volumenstrombegrenzung steigt. Mit abgerundeter Einlaufkante beobachtete er eine schwächere Blasenentwicklung im Freistrahl und im Staudruckgebiet. Er stellte ein kleineres Gesamtblasenvolumen und signifikant reduzierten Materialabtrag fest und schloss auf eine verminderte Implosionsenergie als Folge eines reduzierten Blaseninhaltes. Mit der entwickelten CFD-Methode ist dieser sekundäre Kavitationseffekt jedoch nicht berechenbar. Kavitation ist mit dem CFD-Ansatz nur bei Unterschreitung eines kritischen Druckniveaus vorhersagbar, das an der Einlaufgeometrie aber nicht erreicht wird.

7 Strömungsanalyse an einer Kolbenpumpe   141

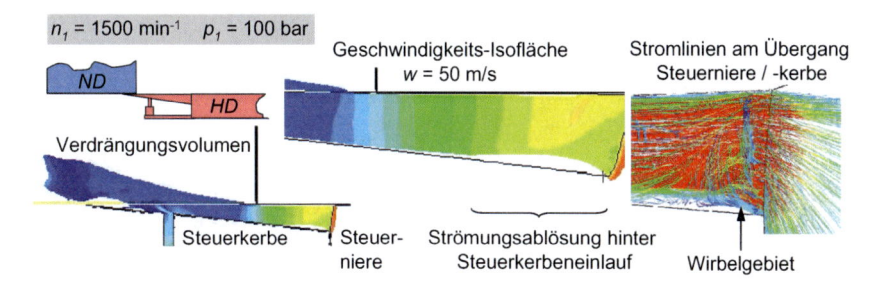

Bild 111: Strömungsablösung am Steuerkerbeneinlauf

Hohe Scherraten $\dot{\gamma}$ ($\dot{\gamma} = \tau/\eta$) beispielsweise in den Scherschichten des Kompressionsstrahls bedeuten bei geringem Druckniveau eine hohe Kavitationsanregung. Ein Ziel konstruktiver Maßnahmen muss daher die Minderung der Fluidscherung sein. Hohe Scherraten treten u. a. bei hoher Geschwindigkeit und starker Strömungsumlenkung auf. Beispiele sind der Übergangsbereich Störstrahl / Steuerkerbe, aber auch der Aufprall eines Strahls auf eine Wand.

Da sich Kavitation bei strömungsmechanisch realisierten Umsteuerprozessen in hydrostatischen Pumpen nicht vermeiden lässt, muss das Ziel konstruktiver Maßnahmen zudem sein, durch Strahlführung die Zone der Blasenimplosion in wandferne Regionen zu verlagern. Tritt der Blasenkollaps fernab von festen Wänden auf, so führt dies aufgrund der ausgeprägten Nahfeldwirkung der Blasenimplosion zu keiner Beeinträchtigung des Werkstoffes. Neben einer reduzierten Schädigungswirkung sinkt zudem die Vibrationsanregung von Festkörperstrukturen, da die Druckstoßausbreitung in Flüssigkeiten stärker gedämpft wird. Alle Maßnahmen der Strahlführung sind dann erfolgreich, wenn der kavitierende Strahl in einem gewissen Abstand hinter dem „Kavitationserzeuger" die Festkörperoberfläche nicht mehr erreichen kann. Ein Hintereinanderschalten mehrerer Widerstände, mit dem Ziel, dass an keinem Widerstand die kritische Druckdifferenz erreicht wird, erscheint für Umsteuergeometrien praktisch nicht realisierbar.

Nachfolgend wird eine Druckumsteuerung analysiert, die auf Steuerbohrungen anstelle einer Steuerkerbe basiert. Die Idee lautet, durch achsparalleles Einströmen in den Verdrängerraum die Zone maximaler Kavitationsintensität aus wandnahen Regionen zu verlagern, um Kavitationserosion zu reduzieren. Derartige Umsteuerkonzepte sind bereits bei Fiebig /F7/ angegeben. Durch den Strömungsquerschnitt kann die Ausbreitung des kavitierenden Strahls nahezu beliebig beeinflusst werden. Die Umsteuergeometrie wird hier so ausgelegt, dass der hydraulische Durchmesser der bisher analysierten Druckaufbaugeometrie mit dem resultierenden hydraulischen Durchmesser der Steuerbohrungen übereinstimmt, **Bild 112**. Hierzu sind vier Steuerbohrungen mit einem Winkelversatz von jeweils 5° hinsichtlich ihres

Durchmessers so abgestuft, dass sie die Entwicklung des hydraulischen Durchmessers der Steuerkerbe inklusive Störstrahlbohrung vergleichbar wiedergeben. Durch Aufteilung des Eintrittsimpulses in Einzelimpulse können die Einzelströme mit ungestörter Ausbreitung in Tiefenrichtung stärker dissipieren, da die Strahlenergie auf ein größeres Volumen verteilt ist. Dadurch sinkt die Strahlgeschwindigkeit bis zum Aufprall auf eine Wand auf moderate Werte ab. Die Tiefe der Steuerbohrungen entspricht der des Steuerspiegels, reduziert um die Tiefe einer Verbindungsnut mit dem Hochdrucktrakt. Diese Verbindungsnut ist so dimensioniert, dass auch bei Aktivierung aller Steuerbohrungen keine Versperrungswirkung als Folge erhöhten Druckverlustes auftritt. Im Vergleich zur Ausgangsumsteuergeometrie ist die Strömungsfläche deutlich kleiner.

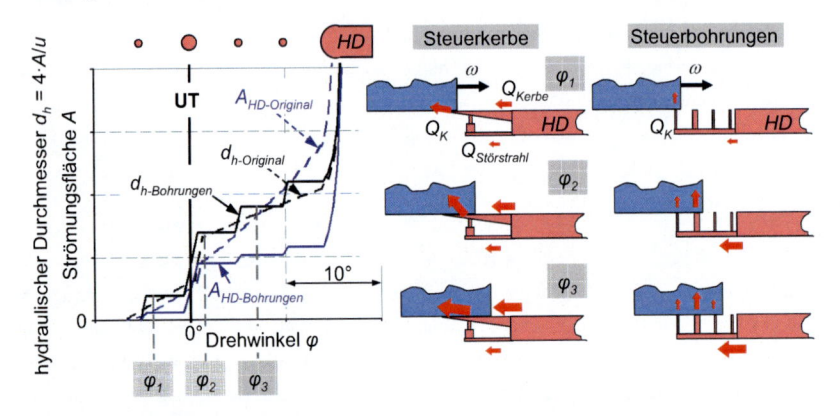

Bild 112: Vergleich der Druckaufbaugeometrie von Steuerkerbe und Steuerbohrungen

Um eine ausreichende Gitterauflösung im Überdeckungsbereich zu gewährleisten, musste der hochaufgelöste Bereich am Zylinderinnenboden verlängert werden, **Bild 113**. Der Übergang von der Verbindungsnut in die Steuerbohrung wird durch Eintrittsdüsen realisiert. Nach einem Abschnitt konstanten Durchmessers erweitert sich die Bohrung diffusorartig. Diese Maßnahme soll gewährleisten, dass die kinetische Energie im Strahl stetig abgebaut wird, noch bevor der Kompressionsstrahl in den Verdrängerraum eintritt und zielt auf eine reduzierte Kavitationsanregung. Diffusoren werden in Abhängigkeit der Reynolds-Zahl mit halben Erweiterungswinkeln von maximal $\varphi = 6°$ ausgelegt. Die Steuerbohrungen weisen einen halben Erweiterungswinkel von $\varphi = 3°$ auf, so dass weitgehend Reynolds-Zahl-unabhängig ein Druckrückgewinn ohne Ablösung erwartet wird.

Bild 114 zeigt die Ergebnisse der Berechnung im Vergleich zur Originalumsteuerung. Der Druckaufbau setzt bei der Variante mit Steuerbohrungen etwas früher ein und ist eher abge-

7 Strömungsanalyse an einer Kolbenpumpe 143

schlossen, da im Gegensatz zur Störstrahlgeometrie hier alle vier Bohrungen drehwinkelunabhängig gleich wirksam sind.

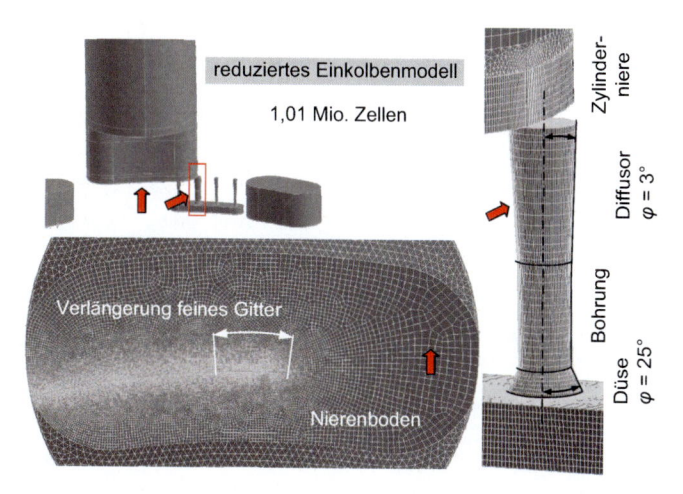

Bild 113: Strömungsgitter der Druckaufbaugeometrie basierend auf Steuerbohrungen (UT)

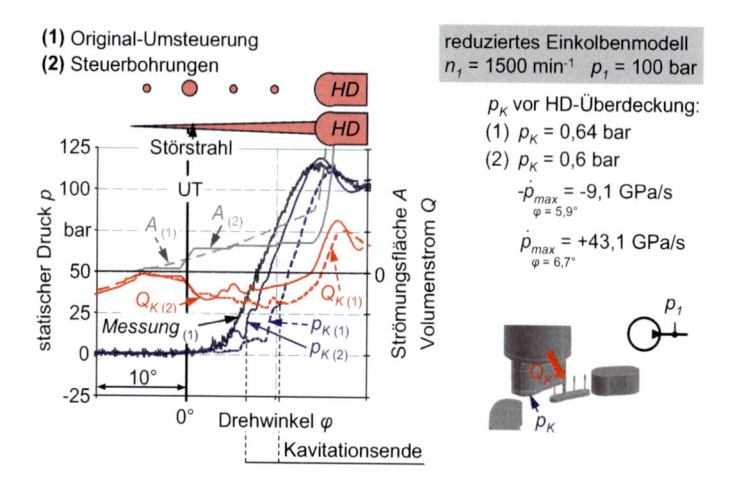

Bild 114: Reduziertes Einkolbenmodell - Druckaufbau mit Steuerkerbe bzw. -bohrungen bei ähnlichem hydraulischem Durchmesser für n_1 = 1500 min^{-1} und p_1 = 100 bar

Bei der Geometrie mit Steuerbohrungen tritt weniger Kavitation, insbesondere auch am Nierenboden auf, weshalb der dort gemessene Kompressionsvolumenstrom kleiner ist, **Bild 115**. Zudem sinkt die Zeitdauer mit beteiligter Kavitation am Druckaufbauvorgang. Im

Bereich hoher Scherraten, insbesondere an der Strahlfront, wo Scherschichtkavitation ausgeprägt ist, kann das Druckmedium nahezu allseitig nachströmen. Der achsparallel einströmende Kompressionsstrahl wird durch die Umfangsgeschwindigkeit des Mediums im rotierenden Verdränger entsprechend Impulserhaltung abgelenkt und gelangt somit auf die vorlaufende Wand von Zylinderniere und -wand. Hier besteht die Gefahr von Kavitationserosion, was insbesondere im Bereich der Kolbenführung ungünstige tribologische Auswirkungen haben kann. Durch Kippung der Bohrungen unter einem Winkel von 10 - 20° zur Achse kann diese Problematik umgangen werden. Die diffusorartige Erweiterung des Bohrungsquerschnitts bedeutet eine Verlagerung des Kavitationseintritts in den Diffusor, da sich durch die Querschnittserweiterung die Zone niedrigen statischen Druckes in den Diffusorhals verschiebt. Um Quetschöldrücke im Anschluss an den Druckaufbau im Verdrängungsvolumen zu vermeiden, empfiehlt sich die Ergänzung der analysierten Geometrie um kurze, aber großflächige Stummelkerben, die ein druckverlustarmes Abströmen ermöglichen. Zudem kann die Saugniere verlängert werden, da sich der Bereich der negativen hydraulischen Überdeckung reduziert. In der Folge steigt der statische Druck im Verdrängungsvolumen zu Beginn des Druckaufbaus. Die analysierte Umsteuergeometrie verspricht eine Reduktion der Kavitationsanregung und erscheint somit für höhere Drehzahlen geeignet. Eine abschließende Bewertung ist durch experimentelle Analysen vorzunehmen.

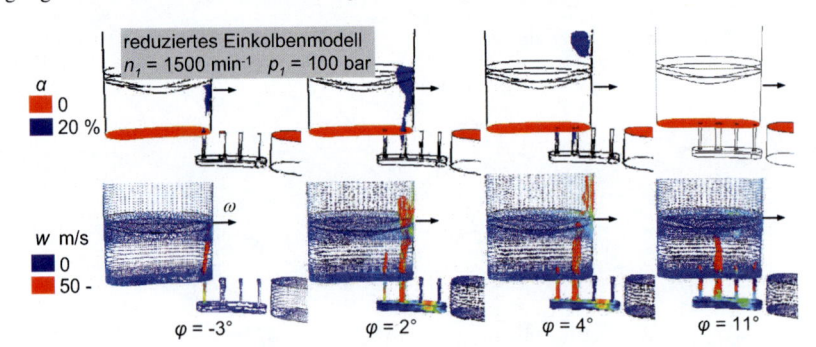

Bild 115: Untere Totpunktlage: Vol. Zweitphasenanteil α und Strahloberfläche w = 50 m/s mit Kavitationsmodell bei n_1 = 1500 min^{-1} und p_1 = 100 bar

Anhand dieser Umsteuergeometrie konnte gezeigt werden, dass hydraulisch ähnliche Strömungsbedingungen dann erzielt werden, wenn der hydraulische Durchmesser verschiedener Umsteuergeometrien über dem Drehwinkel vergleichbar ist. Da die Wandschubspannungen im Strömungswiderstand näherungsweise übereinstimmen und der hydraulische Durchmesser aus der Bedingung gleichen Druckabfalls über verschiedenen Strömungsgeometrien bei gleicher Länge entsteht, ergibt sich trotz grundsätzlich unterschiedlicher konstruktiver Gestaltung ein ähnliches Druckaufbauverhalten.

8 Zusammenfassung und Ausblick

In dieser Arbeit wurde das Potenzial der CFD-Simulation für die Analyse der Strömungsmechanik hydrostatischer Pumpen am Beispiel von Außenzahnrad- und Axialkolbenpumpe systematisch untersucht. Durch experimentelle Validierungen, insbesondere Innendruck-, Pulsations- und Volumenstrommessungen sowie Visualisierungen, aber auch durch Dauerversuche, konnte nachgewiesen werden, dass die numerische Strömungsberechnung trotz Einschränkungen einen hohen Anwendungsnutzen bei der Weiterentwicklung von Pumpen bietet, da die dominanten Strömungsmechanismen auch bei reduziertem Modellumfang abbildbar sind. Die CFD-Simulation hydrostatischer Verdrängereinheiten führt unter Berücksichtigung von Kompressibilität und Kavitation zu realistischen Ergebnissen. Die Methode eignet sich zudem zur Vorhersage von Schädigungen auf Pumpenbauteilen als Folge energiereicher Blasenimplosionen. So treten erhöhte Zweiphasenkonzentrationen während der Druckumsteuerung dort auf, wo Schädigungen nachweisbar sind. Der durch die CFD ermöglichte Blick in die Pumpen zur Detektierung kavitationskritischer Zonen hat die Kavitation als weitere Ursache für die Geräuschanregung hydrostatischer Pumpen - neben Pulsation und Druckänderungsgeschwindigkeit - aufgezeigt. Insbesondere deren Einfluss auf den Druckumsteuervorgang durch Verkürzung des effektiven Druckaufbauwinkels demonstriert die hohe Relevanz von Kavitation für den Pumpenbau.

Die entwickelte CFD-Berechnungsmethode wurde zur Bewertung und Verbesserung von Strömungsgeometrien herangezogen. Durch Kerben in den Lagerbrillen der Zahnradpumpen konnte die Druckaufbaugeschwindigkeit signifikant reduziert werden, wobei dies ohne Auswirkungen auf die Geräuschemission der Pumpe blieb. Das Verhalten lässt sich damit erklärt, dass beim Druckaufbau eine gesamte Zahnkammer druckbeaufschlagt wird, während bei der Druckentlastung nur Flankenabschnitte entlastet werden. Diese Druckwechselvorgänge übertragen sich durch die Kraftübertragung an den Ritzelflanken auf die gesamte Pumpenstruktur. Kavitation besitzt während des Druckaufbaus nahezu keine Bedeutung, da das Druckniveau leckagebedingt bereits vor der Druckumsteuerung ansteigt. Erhöhte Saugdruckpulsationen während des Übergangs von Doppel- und Einzeleingriffsphasen konnten durch Vergrößerung der Zahnkopfrücknahme nicht behoben werden. Als Ursache stellte sich Kavitation durch hydraulische Unterversorgung über die Umsteuergeometrie heraus. Mit Hilfe einer asymmetrischen saugseitigen Druckumsteuergeometrie konnte die Niederdruckpulsation signifikant reduziert werden. Schließlich wurde mit Hilfe der Berechnungsmethode eine Druckumsteuergeometrie für eine Zweiflankenzahnradpumpe erfolgreich entwickelt. Trotz vergrößerter Druckänderungsgeschwindigkeit während des Druckabbaus konnte mit dieser Pumpe das Geräuschniveau von Innenzahnradpumpen vergleichbarer Größe erreicht werden.

An Kolbenpumpen wurde die Berechnungsmethode ebenfalls zur Optimierung der Druckumsteuergeometrie im Unteren Totpunkt angewendet. Neben vergleichenden Untersuchungen zu Druckumsteuergeometrien mit / ohne Störstrahl und dem Einfluss des Kompressionsvolumens konnte eine Druckumsteuergeometrie auf Basis von Steuerbohrungen entwickelt werden, die eine reduzierte Kavitationsanregung im Verdrängungsvolumen bewirkte. Vergleichskriterien sind die Größe des Kavitationsvolumens sowie die Scherraten im Kompressionsstrahl. Eine hydraulisch ähnliche Druckaufbaucharakteristik lässt sich durch Anlehnung des hydraulischen Durchmessers an die Originalgeometrie erzielen.

Im Kapitel 4 wurden vier zentrale Fragen formuliert, die hier zusammenfassend betrachtet werden sollen:

1) Wie groß muss der Modellierungsgrad, z. B. die Detailtreue für die Untersuchung von Pumpenströmungen sein?

Die Analyse von Außenzahnrad- und Axialkolbenpumpen erfolgte mit unterschiedlicher Modelltiefe. Bei größtmöglicher geometrischer Detailtreue unterscheiden sich die Modelle insbesondere bei der Behandlung von Kavitation. Während das Druckmedium in Außenzahnradpumpen als einphasig kompressibel behandelt wurde, konzentrierten sich die Arbeiten an einer Axialkolbenpumpe auf eine zweiphasige Modellierung unter Berücksichtigung von Kavitation. Verwendung fand das Singhal-Kavitationsmodell. CFD-Berechnungen mit Kavitationsmodell setzen im Unterschied zu einphasiger Fluidmodellierung eine sehr hohe Gitterauflösung im Bereich von Kavitationszonen voraus, um numerische Stabilität und Konvergenz zu gewährleisten. In Regionen, in denen die Strömung ablöst und kavitiert, sind Hexaeder-Zellen essentiell erforderlich. Für Kavitationsrechnungen musste das Gitter der Axialkolbenpumpe gegenüber dem Einphasenmodell im Umsteuerbereich um den Faktor 3 feiner aufgelöst werden.

Die Modellierung der Fluidkompressibilität mit Hilfe des Ersatzkompressionsmoduls ($K' = f(p)$) gestattet eine vereinfachte Beschreibung des realen Fluids bei weitgehend kavitationsfreien Betriebszuständen. Mit 3D-instationären Rechnungen konnten mit diesem einphasigen Fluidmodell die Strömungsprozesse innerhalb der Zahnradpumpe sowie auf deren Hochdruckseite adäquat wiedergegeben werden. Auf der Saugseite vorliegende Abweichungen zwischen CFD-Simulation und Messung sind auf Kavitation infolge hydraulischer Unterversorgung zurückzuführen. Derzeit ist die Berechnung von Kavitation in Zahnradpumpen mit dem dynamischen Gitteransatz auf Basis von Prismen mit dreieckiger Grundfläche nicht praktikabel. Für den Anwender wäre daher die Erweiterung des 2,5D-Dynamic Mesh-Ansatzes auf viereckige Grundzellen wünschenswert. Mit Hilfe des Einphasenmodells können die Umsteuervorgänge gegenüber dem Kavitationsmodell jedoch

8 Zusammenfassung und Ausblick

mit deutlich geringerem numerischem Aufwand berechnet werden. Allerdings sinkt die Aussagefähigkeit einphasiger CFD-Analysen mit steigendem Hochdruckniveau infolge zunehmender Kavitation in den Pumpen. Kavitationsgebiete können mit diesem Modell nur abgeschätzt werden.

Der überwiegenden Anzahl an Rechnungen liegt laminares Verhalten zu Grunde. Bei den betrachteten Modellgeometrien treten prinzipiell zeitlich und räumlich unterschiedliche Strömungszustände auf. Impulsaustausch und -verlust können sich in den einzelnen Strömungsgebieten daher nennenswert unterscheiden. Während laminares Verhalten aufgrund der begrenzten räumlichen Abmessungen in den Pumpen sowie angeschlossenen Leitungen und der vergleichsweise hohen Viskosität von Mineralöl überwiegt, treten auch Regionen mit laminar-turbulentem sowie turbulentem Verhalten auf. Der diskontinuierliche Prozess der Druckumsteuerung bedingt zeitlich und räumlich periodisch variierende Strömungsbedingungen. Es kann nicht davon ausgegangen werden, dass ein Strömungsmodell das gesamte Strömungsspektrum realitätsnah erfasst. Ein Kompromiss bezüglich des Strömungscharakters ist notwendig. Für Reynolds-Zahlen im Bereich des laminar-turbulenten Übergangs ergibt sich mit laminarem Modell eine wesentlich bessere Annäherung an die Realität, als dies mit statistischer Turbulenzmodellierung möglich ist. Aufgrund der komplexen Strömungszustände in den meisten hydraulischen Komponenten empfiehlt sich bei turbulenzgeprägten Strömungszuständen mit ausgeprägten Scherschichten, Stromlinienkrümmung sowie Wandeinfluss das SST-Modell (k-ω basierend) unter Berücksichtigung von Transition. Allerdings kann auch dieses Modell nur die dominanten Turbulenzstrukturen wiedergeben. Die statistischen Turbulenzmodelle repräsentieren das gesamte Turbulenzspektrum durch einige wenige Größen. Der hohe Modellierungsgrad führt zu einer starken Verdichtung der Information. Die Komplexität der Turbulenz ist daher mit RANS-basierten Modellen nicht ausreichend genau zu beschreiben. Letztlich entscheidet die zu lösende Ingenieuraufgabe über die Modellauswahl.

2) In welchen Fällen ist die Modellierung von Kavitation in Verdrängerpumpen erforderlich, und wann ist die Simulation auf Basis einer einphasigen kompressiblen Flüssigkeit ausreichend?

Die Modellierung von Kavitation richtet sich nach der Fragestellung. Mit zunehmender Druckdifferenz gewinnt der Phasentransfer im Umsteuerbereich der Pumpen an Bedeutung und beeinflusst das Druckumsteuerverhalten. Wie die Arbeit zeigt, sind für eine umfassende Bewertung einer Druckumsteuergeometrie bei hohen Druckdifferenzen Kavitationsmodelle anzuwenden. Vergleiche unter den Strömungsgeometrien, insbesondere zu Größen wie der Hochdruckpulsation, können mit einphasigem, kompressiblem Fluid gut gezogen werden.

3) Aufbauend auf Fragestellung 1) stellt sich die Aufgabe, wie sind die Eigenschaften von Mineralöl vor dem Hintergrund fehlender gesicherter Stoffwertuntersuchungen bei statischen Drücken unterhalb des Atmosphärendruckes zu parametrieren?

Die Parametrierung des Kavitationsmodells erfolgte für zwei pumpentypische Strömungen: einer Ansaugströmung zur Pumpe und einer Ventilströmung. Im Falle der Pumpensaugströmung überwiegen in der Realität Gaskavitationsmechanismen, während bei der Ventilströmung über die Umsteuergeometrie des Unteren Totpunktes Dampfkavitation dominiert. Da sich die Strömungsphysik beider Modellfälle unterscheidet, ergeben sich unterschiedliche Parametrierungen. Als Kriterien wurden die Ausbreitungsgeschwindigkeit der Druckwellen, deren Dämpfung sowie die Fluidkompressibilität herangezogen. Bei der Analyse von Strömungsvorgängen in Pumpen ist die Kompressibilität der ausschlaggebende Parameter. Für das Singhal-Kavitationsmodell, das einen konstanten Masseanteil nichtkondensierbarer Luft berücksichtigt, konnte bei konstanter Kompressibilität der flüssigen Phase ein druckabhängiger Kompressionsmodul des Gemischs analog dem einphasigen Fluidmodell auf Basis der isentropen Zustandsänderung eines Flüssigkeits-Luft-Gemisches gefunden werden.

4) Wie modelliert man die Kavitation für hydraulisch-typische Strömungen?

Im Ergebnis der Arbeit liegt ein validiertes und allgemeingültiges Kavitationsmodell für strömungsmechanische Kavitation für das in der Ölhydraulik gebräuchliche Druckmedium HLP 46 (ISO VG 46) vor. Eine direkte Übertragung der Methodik auf andere Pumpentypen bzw. Ventile ist möglich. Das Modell gestattet die Berechnung dominanter Kavitationsmechanismen, wobei Einzelblasenimplosionen mit Implosionsstoßdrücken und nachfolgender Druckstoßausbreitung nicht erfasst werden können, da keine kollabierenden Einzelblasen aufgelöst werden. Das Modell beinhaltet ausschließlich den Phasentransfer zwischen Flüssigkeit und Dampf (Idealgas mit Stoffdaten von Luft). Diffusionsprozesse und folglich die Wechselwirkung zwischen Gas- und Dampfkavitation bleiben unberücksichtigt. Ein konstanter Anteil nichtkondensierbaren (gelösten) Gases gibt die Fluidqualität wieder. Das Zweiphasenmischungsmodell wurde zur Beschreibung des Saugverhaltens verwendet, wobei Gaskavitation in Form von Einzelblasen nicht abgebildet werden kann. Für disperse Blasenströmungen in Saugleitungen von Pumpen sind alternative Ansätze zu verwenden, die Blasenkoaleszenz und Blasenaufbruch sowie Auftrieb infolge großer Dichteunterschiede berücksichtigen. Derartige Ansätze, z. B. Euler-Lagrange (Diskretes Phasen-Modell) bedeuten eine weitere Vergrößerung der Rechneranforderungen. Diese Thematik wird jedoch als zentrale Fragestellung für weitere Arbeiten angesehen, da die Wechselwirkung von Gas- und Dampfkavitation mit dem gewählten Modellansatz nicht möglich ist. Durch ausgelöste Luftblasen werden die Druckwechselvorgänge in den Umsteuerbereichen wesentlich beeinflusst, da einerseits die Kompressibilität der Flüssigkeit durch die Anwesenheit von Blasen steigt

8 Zusammenfassung und Ausblick

und andererseits Einzelbläschen als Keime für Dampfkavitation wirken. Dieser Mechanismus besitzt in Pumpen eine große Bedeutung, insbesondere bei hohen Sauggeschwindigkeiten. So bleiben trotz Rücklösung mikroskopische Keime erhalten, die z. B. zu einer Zunahme der Geräuschemission der Pumpen führen. Die Strömungskavitation auf der Saugseite der Pumpe als Folge von Gaskavitation kann mit dem gewählten Modellansatz nicht angemessen behandelt werden und ist letztlich Ursache, weshalb die Drehzahlgrenze der Pumpen nicht vorhersagbar ist.

Für die weiteren Arbeiten empfiehlt sich die Analyse von Zweiphasen-Dreikomponenten-Modellen in Anlehnung an die Realität von Druckmedien auf Mineralölbasis, wobei Diffusions- und Dampfkavitationsmechanismen voneinander losgelöst zu behandeln sind. Mit hybriden Turbulenzmodellen (Grobstruktursimulation) wie Scale Adaptive Simulation (SAS) oder (Delayed) Detached Eddy Simulation (D)DES, die auf niedrige Reynolds-Zahlen anwendbar sind, lassen sich weitere Kavitationsmechanismen, wie Wirbelkavitation infolge kleinskaliger Wirbel bestimmen. Wirbel in der Größenordnung der Gitterauflösung werden ohne statistischen Turbulenzansatz berechnet. Kleiner skalierte Wirbel erfordern die Modellierung entsprechend k-ε oder k-ω unter Berücksichtigung von Transition. Diese Modelle erscheinen für die Analyse des Druckumsteuervorgangs hoch interessant, erfordern jedoch ein nochmals verfeinertes Gitter, um den hohen räumlichen Anforderungen der Modelle in den Scher- und Grenzschichten zu entsprechen. Daneben sind auch sehr geringe Zeitschrittweiten zu wählen ($1 \cdot 10^{-8}$ s $\leq \Delta t \leq 1 \cdot 10^{-7}$ s). Trotz vereinzelter Versuche erscheinen diese Modelle für die Simulation kompletter Pumpeneinheiten noch als unpraktikabel. Im Gegensatz dazu können mit laminarem Modell innerhalb angemessener Berechnungszeiten plausible Ergebnisse für die kavitierende Strömung erzielt werden.

Die fluidmechanischen Prozesse führen in Pumpen zu strukturmechanischen Anregungen bzw. strukturmechanische Anregungen resultieren aus Wechselwirkungen mit der hydraulischen Anlage. Diese beeinflussen die strömungsmechanischen Vorgänge. Insbesondere in den vergleichsweise kleinen Zahnradpumpen können komplexe Rückkopplungen zwischen Fluid- und Strukturmechanik vorliegen. Weitere Arbeiten müssen diesem Aspekt durch Fluid-Struktur-Interaktion stärker Rechnung tragen, der hier nur indirekt am Beispiel der Gehäusedeformation infolge Drucklast berücksichtigt wurde.

Mit der vorliegenden Arbeit konnte ein Beitrag zur Analyse der hochgradig instationären Vorgänge in hydrostatischen Verdrängereinheiten durch numerische Strömungsberechnung und begleitende Experimente geleistet werden. Die erzielten Ergebnisse sollten Ansporn für die Durchführung weiterer Forschungsarbeiten zum Thema an anderer Stelle sein.

9 Literatur

/B1/ Becher, D.: Untersuchungen an einer Axialkolbenpumpe mit Ringsystem zur Minderung von Pulsationen, Dissertation, TU Dresden, 2003

/B2/ Becher, D.; Rausch, F.: Zweiflankendichtung mindert Volumenstrompulsation an Außenzahnradpumpen, Ölhydraulik und Pneumatik, 1997, Nr. 2, S. 96-100

/B3/ Berger, J.: Kavitationserosion und Maßnahmen zu ihrer Vermeidung, Dissertation, RWTH Aachen, 1983

/B4/ Bredenfeld, G.; Schwuchow, D.; Egger, N.: Spielfreie Außenzahnradpumpen - Wirkungsweise und Langzeitverhalten, Ölhydraulik und Pneumatik, 1999, Nr. 7, S. 522-525

/B5/ Brunn, B.: Kavitation und die Zugfestigkeit von Flüssigkeiten, Dissertation, TU Darmstadt, 2006

/C1/ Casoli, P.; Vacca, A.; Berta, G. L.: A numerical model for the simulation of flow in hydraulic external gear machines, Power Transmission and Motion Control, Bath, 2006

/C2/ Casoli, P.; Vacca, A.; Berta, G. L.: Potentials of a numerical tool for the simulation of flow in external gear machines, 10th Scandinavian Internat. Conference on Fluid Power, SICFP'07, Tampere, 2007

/C3/ Casoli, P.; Vacca, A.; Franzoni, G.; Guidetti, M.: Effects of some relevant design parameters on external gear pumps operating: Numerical predictions and experimental investigations, 6. Internat. Fluidtechnisches Kolloquium, 2008, Band 2, S. 469-483

/C4/ Chahine, G.L.; Duraiswami, R.B.: Dynamical interactions in a multi-bubble-cloud, J. of Fluids Engineering, Vol. 114, S. 268-280, 1992

/E1/ Eaton, M.; Keogh, P.S.; Edge, K.A.: The modelling, prediction and experimental evaluation of gear pump meshing pressures with particular reference to aero-engine fuel pumps, Proc. IMechE, 2006, Vol. 220, Part I, S. 365-379

/E2/ Edge, K.A.; Lipscombe, B.R.: The reduction of gear pump pressure ripple, Proc. IMechE, 1987, Vol. 201, No B2

/E3/ Eich, Entwicklung geräuscharmer Ventile der Ölhydraulik, Dissertation, RWTH Aachen, 1979

/E4/ Ericson, L.: Flow Pulsations in Fluid Power Systems, Dissertation, Linköping University, 2008

9 Literatur

/F1/ Ferziger, J.H.; Peric, M.: Numerische Strömungsmechanik, Springer, 2008

/F2/ Fiebig, W.; Lang, C. M.: Berechnung der Druckpulsation von Außenzahnradpumpen, Ölhydraulik und Pneumatik, 1990, Nr. 4, S. 262-267

/F3/ Fiebig, W.; Heisel, U.: Schwingungen und dynamische Belastungen in Außenzahnradpumpen, Ölhydraulik und Pneumatik, 1990, Nr. 11, S. 775-784

/F4/ Fiebig, W.; Heisel, U.: Geräuschoptimierung von hydrostatischen Pumpen, Ölhydraulik und Pneumatik, 1995, Nr. 1, S. 35-39

/F5/ Fiebig, W.; Heisel, U.: Ein neuer Weg zur Geräuschminderung von hydraulischen Systemen, Ölhydraulik und Pneumatik, 1996, Nr. 3, S. 178-183

/F6/ Fiebig, W.: Hydraulisch bedingte Wechselkräfte in Außen- und Innenzahnradpumpen und deren Vergleich, Ölhydraulik und Pneumatik, 1997, Nr. 11-12, S. 809-813

/F7/ Fiebig, W.: Schwingungs- und Geräuschverhalten der Verdrängerpumpen und hydraulischen Systeme, Habilitation, U Stuttgart, 2000

/F8/ *FLUENT* 6.3 Documentation

/F9/ Fricke, H.-J.: Neue Wege der Geräuschsenkung bei Außenzahnradpumpen, Ölhydraulik und Pneumatik, 1977, Nr.10, S. 709-711

/F10/ Fröhlich, J.: Numerische Berechnung turbulenter Strömungen in Forschung und Praxis, Lehrgang U Karlsruhe, 20.-22.09. 2006

/G1/ Gold, S.; Helduser, S.: Experimentelle und numerische Untersuchungen zum Saugverhalten von Pumpen, ANSYS Conference & 26. CADFEM User's Meeting, Darmstadt, 2008, Conference Proceedings

/G2/ Grahl, T.: Beitrag zum Drehschwingungsverhalten von Axialkolbenpumpen in Schrägachsenbauart, Dissertation, U Hannover, 1989

/G3/ Groth, K.; Grahl, T.; Meyer, F.: Beeinflussung der Prozessführung weggesteuerter Maschinen zur Geräuschminderung, Konstruktion 39, 1987, Nr. 6; S.217-226

/G4/ Gutbrod, W.: Die Druckpulsation von Außen- und Innenzahnradpumpen und deren Auswirkungen auf das Pumpengeräusch, Dissertation, U Stuttgart, 1974

/G5/ Gutbrod, W.: Förderstrom von Außen- und Innenzahnradpumpen und seine Ungleichförmigkeit, Ölhydraulik und Pneumatik, 1975, Nr. 2, S. 97-104

/G6/ Gutbrod, W.: Druckpulsation von Außen- und Innenzahnradpumpen und deren Auswirkungen auf das Pumpengeräusch, Ölhydraulik und Pneumatik, 1975, Nr. 4, S. 250-257

/G7/ Güth, W.: Zur Entstehung der Stoßwellen bei der Kavitation,
Acustica, Vol. 6, 1956, S. 526-531

/H1/ Habr, K.: Gekoppelte Simulation hydraulischer Gesamtsysteme unter Einbeziehung von CFD, Dissertation, TU Darmstadt, 2001

/H2/ Hain-Würtenberger, S.: 3D Simulation of a Cavitating Vane Pump, ANSYS Conference & 26. CADFEM User's Meeting, Darmstadt, 2008, Conference Proceedings

/H3/ Hammit, F.G.: Cavitation and Multiphase Flow Phenomena, McGraw-Hill Book Company, New York, 1980

/H4/ Harrison, A.M.; Edge, K.A.: Reduction of Axial Piston Pump Pressure Ripple, Proceedings of the Institution of Mechanical Engineers, Vol. 214. Part1, pp.53-63, London, 2000

/H5/ Heisel, U.; Rothmund, J.; Fiebig, W.: Formfrage-Einfluss der Zahnkopfrücknahme auf die Geräuschemissionen beim Betrieb von Außenzahnradpumpen, Maschinenmarkt, 1990, Nr. 33, S. 262-268

/H6/ Heisel, U.; Fiebig, W.; Mittwollen, N.; Oehler, M.: Luftblaseneinfluss auf die Schallgeschwindigkeit und Druckschwingungen in einem hydraulischen System, Ölhydraulik und Pneumatik, 1994, Nr. 7, S. 420-423

/H7/ Helduser, S.: Fluidtechnische Antriebe und Steuerungen, Vorlesungsumdruck, TU Dresden, 2008

/H8/ Himmler, C.: Zur Frage der Geräuschminderung von Hydraulikpumpen, Ölhydraulik und Pneumatik, 1970, Nr.4, S. 137-141

/H9/ Hoffmann, D.: Entstehung von Druckschwingungen in Flüssigkeitssäulen von Hydraulikanlagen, Ölhydraulik und Pneumatik, 1975, r10, S. 733-736

/H10/ Hofmann, M.: Ein Beitrag zur Verminderung des erosiven Potentials kavitierender Strömungen, Dissertation, TU Darmstadt, 2001

/I1/ Iudicello, F.; Mitchell, D.: CFD modelling of the flow in a geroter pump, PTMC, Bath, 2002

/I2/ Ivantysyn, J. Und M.: Hydrostatische Pumpen und Motoren, Vogel Fachbuch, 1993

/J1/ Jarchow, M.: Maßnahmen zur Minderung hochdruckseitiger Pulsationen hydrostatischer Schrägscheibeneinheiten, Dissertation, RWTH Aachen, 1997

9 Literatur

/J2/ Joukowski, N.: Über den hydraulischen Stoß in Wasserleitungsröhren, Veröffentlichung der kaiserlichen Akademie der Wissenschaften, St. Petersburg, 1898

/K1/ Keller, A.: Maßstabseffekte bei der Anfangskavitation unter Berücksichtigung der Zugspannungsfestigkeit der Flüssigkeit, Pumpentagung Karlsruhe `84, 1984

/K2/ Keller, A.: Cavitation scale effects - a presentation of its visual appearance and empirically found relations, Proc. of NCT50 Internat. Conference on Propeller Cavitation, Newcastle, 2000

/K3/ Kipping, M.: Experimentelle und numerische Berechnungen zur Innenströmung in Schieberventilen der Ölhydraulik, Dissertation, TU Darmstadt, 1997

/K4/ Kleinbreuer, W.: Untersuchung der Werkstoffzerstörung durch Kavitation in ölhydraulischen Systemen, Dissertation, RWTH Aachen, 1979

/K5/ Knapp, R.T.; Daily, J.W.; Hammit, F.G.: Cavitation, McGraw-Hill Book Company, New York, 1970

/K6/ Kollek, W.; Stryczek, J.: Optimierung der Parameter von Zahnradpumpen mit Evolventenaußenverzahnung, Ölhydraulik und Pneumatik, 1978, Nr. 4, S. 208-212

/K7/ Kunze, T.: Experimentelle und analytische Untersuchungen zur Kavitation bei selbstsaugenden Axialkolbenpumpen, Dissertation, TU Dresden, 1995

/K8/ Kunze, T.: Simulation in der Produktentwicklung, Mobile 2006

/L1/ Lauterborn, W.: Kavitation durch Laserlicht, Acustica, Vol. 31, 1974, S. 51-78

/L2/ Lessa, L.: Numerical Analysis of Oil Flow and Noise in a Power Steering Pump, 3rd European Automotive CFD conference, Frankfurt, 2007

/L3/ Li, H.; Egelja-Maruszewski A.; Kelecy F. J.; Vasquez, S. A.: Advanced Computational Modeling of Steady and Unsteady Cavitating Flows, ASME IMECE 2008, Boston, USA

/L4/ Link, B.: Maßnahmen zur Geräuschminderung von Außenzahnradpumpen, Landtechnik, 1982, Nr. 3, S.100-104

/L5/ Link, B.; Wang, Y.: Förderstrom- und Druckpulsation von Zahnrad- und Kolbenpumpen, Konstruktion, 1983, Nr.12, S. 465-471

/L6/ Link, B.: Förderstrompulsation von Außenzahnradpumpen, Ölhydraulik und Pneumatik, 1986, Nr.11, S. 836-838

/L7/ Lotfey, M.; Vedder, A.: Das Auge im System-Strömungssimulation optimiert Messgeräte, Verfahrenstechnik, 2008, Nr.6, S. 2-3

/M1/ Meincke, O.; Rahmfeld, R.: Measurements, Analysis and Simulation of Cavitation in an Axial Piston Pump, 6. Internat. Fluidtechnisches Kolloquium, 2008, Band 2, S. 485-499

/M2/ Meincke, O.; Rahmfeld, R.: Kavitation in Axialkolbenpumpen - Messungen, Analyse und Simulation, Ölhydraulik und Pneumatik, 2008, Nr. 7, S. 347-351

/M3/ Molly, H.: Die Zahnradpumpe mit evolventischen Zähnen, Ölhydraulik und Pneumatik, 1958, Nr. 1, S. 24-26

/M4/ Molly, H.: Manuskript: Vortrag über hydrostatische Maschinen

/M5/ Morlok, J.: Geräuschminderung bei Hochdruck-Konstantpumpen, Dissertation, U. Stuttgart, 1980

/N1/ Nafz, T.; Murrenhoff, H.; Rudik, R.: Active Systems for Noise Reduction and Efficiency Improvement of Axial Piston Pumps, FPMC 2008

/N2/ Neubert, T.: Untersuchungen von drehzahlveränderbaren Pumpen, Dissertation, TU Dresden, 2002

/N3/ Nikolaus, H.: Geräuschbildung an Axialkolbenpumpen - Stand der Technik und neue Wege zur Lärmminderung, Ölhydraulik und Pneumatik, 1975, Nr.7, S. 535-540

/NN1/ Flüssigkeitswechselgetriebe, Deutsche Patentschrift Nr. 222204, 1907

/NN2/ Gear pump with spline function generated gear profile, Europäische Patentschrift EP1371 848 A1, 2003

/O1/ Oertel, H.: Prandtl-Führer durch die Strömungslehre, Vieweg+Teubner, 2008

/P1/ Pettersson, M.; Weddfelt, K.; Palmberg, J.O.: Reduction of Flow Ripple from Fluid Power Piston Machines by Means of a Precompression Filter Volume, 10. Aachener Fluidtechnisches Kolloquium, Aachen, 1992

/P2/ Pettersson, M.; Weddfelt, K.; Palmberg, J.O.: Modelling and Measurement of Cavitation and Air Release in a Fluid Power Piston Pump, 3rd Scandinavian Internat. Conference on Fluid Power, Linköping, Schweden, 1993, S.113-128

/P3/ Plesset, M.S.; Chapman, R.B.: Collapse of an Initially Spherical Vapour Cavity in the Neighbourhood of a Solid Boundary, Journal Fluid Mechanics, 1971, Vol. 47, Part 2, S. 283-290

/P4/ Pope, S.B.: Turbulent flows, University Press, Cambridge, 2003

9 Literatur

/R1/ Reboud, J.-L.: Numerical and experimental investigations on self-oscillating behaviour of cloud cavitation, 3rd ASME/JSME Joint Fluids Engineering Conference, San Francisco, 1999

/R2/ Reiser, T.: Einsatz der Großwirbel-Simulation bei der Bewertung der Kavitationserosion an Diesel Einspritzkomponenten, ANSYS Conference & 25. CADFEM Users' Meeting, Conference Proceedings, 2007, Dresden

/R3/ Riedel, H.-P.: Untersuchungen von Kavitationserscheinungen an hydraulischen Widerständen, Dissertation RWTH Aachen, 1979

/R4/ Ristic, M.: Dreidimensionale Strömungsberechnungen zur Optimierung von Hydraulikventilen bezüglich der stationären Strömungskräfte, Dissertation, RWTH Aachen, 2000

/R5/ Roth Kliem, M.: Experimentelle und numerische Untersuchung zum Einfluss von Einbaubedingungen auf das Betriebs- und Kavitationsverhalten von Kreiselpumpen, Dissertation, TU Darmstadt, 2006

/R6/ Rüdiger, F.; Helduser, S.: Geräuschreduzierung an ölhydraulischen Ventilen, 4. Internationales Fluidtechnisches Kolloquium, Dresden, 2004

/R7/ Rüdiger, F.; Helduser, S.: Untersuchungen zur Schallabstrahlung ölhydraulischer Ventile, Ölhydraulik und Pneumatik 2004, Nr. 4, S. 248-252 und Nr. 5, S. 327-331

/R8/ Rüdiger, F.; Blejchar, T.; Helduser, S.: CFD-Analyse - Schallentstehung in hydraulischen Ventilen, Ölhydraulik und Pneumatik, 2006, Nr.4; S. 187-191

/S1/ SAMSON AG: Kavitation in Stellventilen, Technische Information, 2003

/S2/ Sanchen, G.: Auslegung von Axialkolbenpumpen in Schrägscheibenbauweise mit Hilfe der numerischen Simulation, Dissertation, RWTH Aachen, 2003

/S3/ Sauer, J.: Instationär kavitierende Strömungen - Ein neues Modell, basierend auf Front Capturing (VoF) und Blasendynamik, Dissertation, U Karlsruhe, 2000

/S4/ Schaad, C.; Ludwig, G.; Stoffel, B.: A new Device for Determination of Gas Formation Rates under Pressure-Gradients Appearing in Turbomachinery, 6th Internat. Symposium on Cavitation, CAV 2006, The Netherlands

/S5/ Schiestel, R.: Modeling and simulation of turbulent flows, ISTE Ltd, 2008

/S6/ Schmidt, S.J.; Sezal, I.H.; Schnerr, G. H.; Talhamer, M.: Riemann Techniques for the Simulation of Compressible Liquid Flows with Phase-transition at all Mach-numbers, 46th AIAA, Reno, Nevada, 2008

/S7/ Schuster, G.: CFD-gestützte Maßnahmen zur Reduktion von Strömungskraft und Kavitation am Beispiel eines hydraulischen Schaltventils, Dissertation, RWTH Aachen, 2005

/S8/ Schwuchow, D.: Sonderverzahnungen für Zahnradpumpen mit minimaler Volumenstrompulsation, Dissertation U Stuttgart, 1996

/S9/ Schwuchow, D.: Pulsationssenkung bei Zahnradpumpen, 1. Internationales Fluidtechnisches Kolloquium, Aachen, 1998, S. 79-91

/S10/ Singhal, A. K.; Li, H. Y.; Athavale, M. M.; Jiang, Y.: Mathematical Basis and Validation of the Full Cavitation Model, ASME FEDSM'01, New Orleans, Louisiana, 2001

/S11/ Steinmann, A.: *CFX*-5-Berechnung einer kavitierenden Strömung in bewegten Gittern am Beispiel einer Zahnradpumpe, 22. CADFEM User's Meeting, Dresden, 2004, Conference Proceedings

/S12/ Steinmann, A.: Numerical Simulation of Positive-Displacement Machines with ANSYS *CFX* using Moving Mesh Technologies, 25. CADFEM User's Meeting, Dresden, 2007, Conference Proceedings

/S13/ Stoffel, B. Striedinger, R.: Kavitation, Vorlesungsumdruck, TU Darmstadt Fachgebiet Turbomaschinen und Fluidantriebstechnik, 2000

/S14/ Stryczek, S.: Einfluss der Konstruktion von Außenzahnradpumpen auf das Betriebsgeräusch, Ölhydraulik und Pneumatik, 1976, Nr. 12, S. 813-815

/T1/ Theissen, H.: Volumenstrompulsation von Kolbenpumpen, Ölhydraulik und Pneumatik, 1980, Nr. 8, S. 588-591

/T2/ Theissen, H.; Risken, W.: Messung der Volumenstrompulsation von Hydraulikpumpen, Ölhydraulik und Pneumatik, 1983, Nr. 5, S. 387-392

/T3/ Theissen, H.: Die Berücksichtigung instationärer Rohrströmung bei der Simulation hydraulischer Anlagen, Dissertation, RWTH Aachen, 1983

/T4/ Theissen, H.: Simulation von hydraulischen Systemen mit langen Rohrleitungen, Ölhydraulik und Pneumatik, 1986, Nr. 3, S. 209-216

/T5/ Treutz, G.: Scale-Adaptive Simulation of a Centrifugal Plastic Pump, ANSYS Conference & 26. CADFEM User's Meeting, Darmstadt, 2008, Conference Proceedings

/V1/ Vacca, A.; Casoli, P.; Greco, M.: Experimental analysis of flow through external spur gear pumps, ICFP 2009, Hanghzou, 2009, S. 59-64

9 Literatur

/W1/ Weingart, J.; Helduser, S.: Piezoaktor zur aktiven Pulsationsminderung bei hydraulischen Verdrängereinheiten,
4. Internationales Fluidtechnisches Kolloquium, Dresden, 2004

/W2/ Weingart, J.: Geräuschminderung von Hydraulikpumpen durch aktive Verminderung der Volumenstrom- und Druckpulsation, METAV München, 2004

/W3/ Weingart, J.: Geräuschminderung von Hydraulikpumpen durch aktive Verminderung der Volumenstrom- und Druckpulsation,
Abschlussbericht SIF S567, TU Dresden, 2004

/W4/ Weingarten, F.: Viel Neues bei Axialkolbenpumpen, Ölhydraulik und Pneumatik, 2000, Nr. 11-12, S. 4716-719

/W5/ Wienken, W.: Large-Eddy-Simulation mittels der Finite-Elemente-Methode zur Bestimmung des Kavitationsbeginns, TU Dresden, 2003

/W6/ Wustmann, W.; Helduser, S.; Wimmer, W.: CFD-Simulation of the Reversing Process in External Gear Pumps,
6. Internationales Fluidtechnisches Kolloquium, Dresden, 2008, Band 2, S. 455-468

/W7/ Wustmann, W.; Helduser, S.: CFD-Simulation of the Reversing Process in Hydrostatic Pumps, ANSYS Conference & 26. CADFEM User's Meeting, Darmstadt, 2008, Conference Proceedings

/W8/ Wustmann, W.; Helduser, S.: Analyse des Kavitationsverhaltens beim Umsteuervorgang von Axialkolbenpumpen,
Ölhydraulik und Pneumatik, 2009, Nr. 6, S. 250-257

A Anhang

A.1 Modell eines kompressiblen Flüssigkeits-Luft-Gemisches

Reale Flüssigkeiten sind schwach kompressible Medien. Die Elastizität der umgebenden Wände wird nachfolgend vernachlässigt. Das Modell berücksichtigt, dass gelöste Luft die physikalischen Eigenschaften der Druckflüssigkeit nicht beeinflusst /H7/, während ein kleiner Anteil freier Luft im Öl zu einer signifikanten Änderung der Kompressibilität führt.

Mit dem Kompressionsmodul K_{Fl} der Flüssigkeit:

$$K_{Fl} = -V_{Fl} \cdot \frac{\partial p}{\partial V_{Fl}} \tag{A.1}$$

und dem Kompressionsmodul der freien Luft K_L:

$$K_L = -V_L \cdot \frac{\partial p}{\partial V_L} \tag{A.2}$$

Der Ersatzkompressionsmodul K' des Gesamtsystems ist mit $V_{ges} = V_{Fl} + V_L$ definiert als:

$$K' = V_{ges} \cdot \frac{\partial p}{\partial V_{ges}} \tag{A.3}$$

Für den Spezialfall einer isentropen Zustandsänderung ($ds = 0$, $dq = 0$) der Luft ergibt sich mit $p \cdot V_L^\kappa = $ konst.:

$$\frac{\partial V_L}{\partial p} = -\frac{V_{L_0}}{\kappa \cdot p} \cdot \left(\frac{p_0}{p}\right)^{\frac{1}{\kappa}}. \tag{A.4}$$

Mit (A.1) - (A.3) und (A.4) ergibt sich der isentrope Ersatzkompressionsmodul zu:

$$\frac{1}{K'} = -\frac{1}{V_{ges}} \cdot \frac{\partial V_{Fl}}{\partial p} - \frac{1}{V_{ges}} \cdot \frac{\partial V_L}{\partial p} = \frac{V_{Fl}}{V_{ges}} \cdot \frac{1}{K_{Fl}} + \frac{V_{L_0}}{V_{ges}} \cdot \left(\frac{1}{\kappa \cdot p}\left(\frac{p_0}{p}\right)^{\frac{1}{\kappa}}\right). \tag{A.5}$$

Die isentrope Zustandsänderung ist für die Berechnung von Umsteuervorgängen bei Pumpen aufgrund der großen Druckänderungsgeschwindigkeiten gerechtfertigt. Der isentrope Ersatzkompressionsmodul K' ergibt sich unter den vereinfachenden Annahmen, dass die Menge ungelöster Luft während des Druckänderungsvorgangs konstant bleibt und der Kompressionsmodul der Flüssigkeit druckunabhängig ist:

$$K' = K_{Fl} \cdot \frac{(1-\alpha_u)\left(1-\dfrac{p}{K_{Fl}}\right) + \alpha_u \cdot \left(\dfrac{p_0}{p}\right)^{\frac{1}{\kappa}}}{(1-\alpha_u)\left(1-\dfrac{p}{K_{Fl}}\right) + \dfrac{\alpha_u \cdot K_{Fl}}{\kappa \cdot p} \cdot \left(\dfrac{p_0}{p}\right)^{\frac{1}{\kappa}}} + K'_{min} \, . \tag{A.6}$$

Tatsächlich geht bei zunehmendem Druck entsprechend dem Henry-Daltonschen Gesetz Luft im Öl in Lösung, da das Gaslösevermögen steigt. Die Annahme einer konstanten Menge ungelöster Luft führt zu kleineren Kompressionsmodulen als sie tatsächlich - im Gleichgewichtszustand - auftreten sollten. Mit dem volumetrischen Anteil an freier Luft α_u bei Atmosphärendruck p_0 gilt:

$$\alpha_u = \frac{V_{L_0}}{V_{ges}} \, . \tag{A.7}$$

Der Kompressionsmodul wird für die reine Flüssigkeit mit K_{Fl} = 14.000 bar angegeben /H7/. Darin ist die Elastizität der umgebenden Festkörperstrukturen berücksichtigt. Es muss darauf hingewiesen werden, dass die hier getroffenen Annahmen in hinreichender Näherung nur bei ruhendem Fluid zutreffen. Die Anwesenheit von Kavitation führt zu einer signifikanten Änderung des Übertragungsverhaltens. Zwischen dem druckabhängigen Ersatzkompressionsmodul und der Dichte eines kompressiblen Flüssigkeits-Luft-Gemischs besteht folgender Zusammenhang:

$$\rho = \frac{\rho_0}{\left(1 - \dfrac{p - p_0}{K'}\right)} \, . \tag{A.8}$$

Ein alternativer Ansatz einer druckabhängigen Dichte ist in /H2/ angegeben. Gleichung (A.9) entsteht aus einer Van-der-Waals Zustandsgleichung für reale Gase, bei der gegenüber der idealen Gasgleichung das Eigenvolumen des nicht in der Gasphase vorliegenden Anteils berücksichtigt wird. Das Gesamtvolumen setzt sich aus einem flüssigen und gasförmigen Anteil zusammen, wobei der Gasanteil die ideale Gasgleichung erfüllt. Diese Gleichung lautet für die Anwendung auf eine schwach kompressible Flüssigkeit:

$$p \cdot \left(\frac{1}{\rho} - \frac{1}{\rho_0}\right) = f_G \cdot R \cdot T \, . \tag{A.9}$$

Darin bedeuten ρ_0 die inkompressible Flüssigkeitsdichte, R die spezifische Gaskonstante und f_G beschreibt den nichtkondensierbaren Gasmasseanteil.

A.2 Reflexionsarmer Leitungsabschluss (RALA)

Die ungleichförmige Umsetzung der Drehbewegung beim Verdrängungsvorgang erzeugt eine Volumenstrompulsation ΔQ, die über den konstanten Wellenwiderstand Z der reflexionsfreien Leitung in Druckpulsation Δp umgesetzt wird /H9/. Die Verwendung eines reflexionsarmen Leitungsabschlusses ermöglicht daher die Messung von Druckpulsationen, die direkt in Volumenstrompulsation umgerechnet werden können.

$$\Delta p = Z \cdot \Delta w = Z \cdot \frac{\Delta Q}{A_{Rohr}} \qquad (A.10)$$

Der Wellenwiderstand (Impedanz) beschreibt das Verhältnis zwischen dynamischem Druck- und Volumenstromanteil einer sich im Rohr ausbreitenden Welle. Für eine unendlich lange, gerade Rohrleitung ist der Wellenwiderstand nur von der Geometrie des Rohres und den Parametern des Fluids abhängig /T1, T2, B1, J1, S2/:

$$Z_{Rohr} = \frac{\sqrt{K' \cdot \rho}}{A_{Rohr}} = \frac{\rho \cdot a}{A_{Rohr}}, \qquad (A.11)$$

mit der Schallgeschwindigkeit a einer Flüssigkeit unter Vernachlässigung der Elastizität der Rohrwandungen:

$$a = \sqrt{\frac{K'}{\rho}}. \qquad (A.12)$$

Eine Abhängigkeit von der Frequenz besteht nicht. Die Funktionsweise des reflexionsarmen Leitungsabschlusses (RALA) basiert auf der Überlegung, eine gerade Rohrleitung endlicher Ausdehnung mit einem definierten Widerstand so abzuschließen, dass die Gesamtimpedanz dieser Anordnung dem frequenzunabhängigen Wellenwiderstand der unendlich langen, geraden Rohrleitung nach (A.11) entspricht und Reflexionen weitgehend vermieden werden:

$$Z_{RALA} = Z_{Rohr}. \qquad (A.13)$$

Der RALA setzt sich aus einer Blende und einer Dissipationskammer geringen Wellenwiderstandes zusammen. Aufgrund der kapazitiven Wirkung dieses Volumens stellt sich hinter der Blende ein nahezu konstanter Druck ein. Der Abschlusswiderstand wird im einfachsten Fall von einer Drossel gebildet. Der Wellenwiderstand der Drossel ergibt sich aus der Drosselgleichung:

$$Q = \alpha_D \cdot A_{RALA} \cdot \sqrt{\frac{2 \cdot \Delta p_{RALA}}{\rho}} \qquad (A.14)$$

zu:

$$Z_{RALA} = \frac{d(\Delta p)}{dQ} = \frac{Q \cdot \rho}{(\alpha_D \cdot A_{RALA})^2} = \frac{1}{\alpha_D \cdot A_{RALA}} \cdot \sqrt{2\rho \cdot \Delta p_{RALA}} \ . \qquad (A.15)$$

Aus den Gleichungen (A.11) und (A.15) wird der Querschnitt für die Abschlussdrossel berechnet:

$$A_{RALA} = \sqrt{\frac{Q \cdot A_{Rohr}}{\alpha_D^2 \cdot a}} \ , \qquad (A.16)$$

wobei für den Durchflusskoeffizienten α_D folgende Beziehung gilt:

$$\alpha_D = 0{,}598 + 0{,}4 \cdot \left(\frac{A_{RALA}}{A_{Rohr}}\right)^2 . \qquad (A.17)$$

Der Durchflusskoeffizient α_D nähert sich mit sinkendem Querschnittsverhältnis dem Grenzwert von 0,6. Für den so eingestellten Widerstand ergibt sich ein Druckabfall:

$$\Delta p = \frac{Q}{2 \cdot A_{Rohr}} \cdot \sqrt{K \cdot \rho} \ . \qquad (A.18)$$

In der Praxis haben sich Rohre mit einer Länge von $L = 1$ m etabliert. Zur Vermeidung von Reflexionen an den Übergangsstellen Pumpe / Rohr bzw. Rohr / RALA sind die Querschnitte mit jeweils gleichem Durchmesser ausgeführt. Der Abschlusswiderstand in Form einer verstellbaren Drossel gestattet den Abgleich des RALA an veränderte Betriebsparameter. Die Abstimmung erfolgt durch Aufnahme des zeitlichen Verlaufs der Drucksignale von zwei Drucksensoren in der Nähe des Pumpenausgangs bzw. des Abschlusswiderstands. Die Öffnung des Widerstands wird so verstellt, bis die Form der beiden Drucksignale identisch ist und die Pulsationsverläufe nur um die Laufzeit der Druckwellen differieren. Für diesen Zustand liegt Reflexionsfreiheit vor. Das Druckniveau am Hochdruckausgang der Pumpe wird durch ein dem RALA stromab folgendes Druckventil eingestellt.

Da der Wellenwiderstand bei der Verwendung eines RALA frequenzunabhängig ist, kann nach (A.10) eine Umrechnung der gemessenen Druckpulsation in Volumenstrompulsation erfolgen:

$$\Delta Q = \frac{A_{Rohr}}{\sqrt{K \cdot \rho}} \Delta p = \frac{A_{Rohr}}{\rho \cdot a} \Delta p \ . \qquad (A.19)$$

Der RALA ist somit eine technische Realisierung eines ideal unendlich langen Druckrohres.

A.3 Kavitation

A.3.1 Kavitationskerne, Blaseninhalt und Kavitationsbeginn

Die bei Dampf- und Gaskavitation entstehenden Blasen müssen die Oberflächenspannung der Flüssigkeit überwinden, um zu wachsen. Die Blasenbildung setzt das Zerreisen der „homogenen" Flüssigkeit voraus. Hierzu ist die Überwindung der Kohäsionskräfte der Moleküle erforderlich. Theoretisch können ideale reine Flüssigkeiten hohen Zugspannungen ausgesetzt werden, ohne zu zerreißen. Inhomogenitäten (Störstellen) in der molekularen Struktur einer Flüssigkeit begrenzen jedoch die möglichen Zugspannungen. Störstellen können submikroskopische Anhäufungen von Dampf- oder Gasmolekülen sein, die sich im labilen Gleichgewicht mit der Flüssigkeit befinden. Bei äußeren Zugspannungen oder innerem Überdruck können diese Kerne einen kritischen Durchmesser erreichen und sich damit stabilisieren oder diesen kritischen Durchmesser überschreiten und dann unter Gas- / Dampfbildung zu sichtbarer Größe anwachsen.

Aus der Rayleigh-Plesset-Gleichung ergibt sich für eine stabile Dampfblase in einer ruhenden Flüssigkeit der Blaseninnendruck als Summe aus Umgebungsdruck p_∞ und Oberflächenspannung S bzw. Kapillardruck.

$$p_B = p_D = p_\infty + \frac{2 \cdot S}{R_B} \qquad (A.20)$$

Daraus folgt, dass der in der Flüssigkeit wirkende statische Druck unterhalb des Dampfdruckes liegen muss, damit eine Dampfblasenbildung innerhalb der Flüssigkeit einsetzt. Diese Aussage gilt unter der Voraussetzung, dass die Blasen ausschließlich mit Dampf gefüllt sind. Flüssigkeiten enthalten jedoch zudem einen bestimmten Anteil gelösten Gases. Nach dem Henry-Daltonschen-Gesetz ist die Gasmenge, die zur Sättigung einer Lösung notwendig ist, dem auf die Flüssigkeit wirkenden Druck proportional.

$$V_G = V_{Fl} \cdot \frac{p}{p_0} \cdot \alpha_V \qquad (A.21)$$

Der Bunsenkoeffizient α_V gibt das bei Atmosphärendruck $p_0 = 1{,}013$ bar in einer Volumeneinheit lösbare Gasvolumen an. Die Sättigungskonzentration C_S beschreibt das Verhältnis aus Gas- zu Flüssigkeitsvolumen:

$$C_S = \frac{V_G}{V_{Fl}} \cdot \qquad (A.22)$$

Mit dem Sättigungsdampfdruck p_S und dem Sättigungsgrad der Flüssigkeit bei Atmosphärendruck ε_a sind:

$$p_S = \frac{p_0 \cdot c_S}{\alpha_V} = p_0 \cdot \varepsilon_a, \qquad (A.23)$$

$$\varepsilon_a = \frac{c_S}{\alpha_V}. \qquad (A.24)$$

Dieses Gesetz gilt unter der Voraussetzung idealer Gase.

Für Gaskavitation in einer reinen Flüssigkeit gelten nun die gleichen Voraussetzungen wie für Dampfkavitation. Die Blasen sind dabei mit Dampf und Gas (Luft) gefüllt:

$$p_B = p_D + p_G = p_\infty + \frac{2 \cdot S}{R}. \qquad (A.25)$$

Da der Partialdruck des nichtkondensierbaren Gases p_G im Verhältnis zum Dampfdruck p_D groß ist, kann der Dampfdruck vernachlässigt werden. Gaskavitation, d. h. die Diffusion des Gases in einen Hohlraum einer übersättigten Flüssigkeit setzt dann ein, wenn der Innendruck p_B der Blase kleiner als der Sättigungsdruck p_S des Fluids ist ($p_B \leq p_S$), so dass infolge des Konzentrationsgradienten an der Blasenwand ein Gasmassestrom von der Flüssigkeit in die Blase einsetzt und die Gasblase wachsen kann. Steigt der Blaseninnendruck, so erfolgt die Rücklösung der Gasmoleküle in der Flüssigkeit. Dieser Diffusionstheorie folgend ergibt sich der kritische Druck für den Diffusionsbeginn:

$$p_{Diff} \leq p_0 \cdot \varepsilon_a - \frac{2 \cdot S}{R}. \qquad (A.26)$$

Der Kavitationsbeginn tritt bei Drücken im Bereich des Dampfdruckes oder sogar darüber auf. Dies bedeutet, dass in technischen Flüssigkeiten bereits Bläschen vorhanden sein müssen. Freie Bläschen sind bei $p_B > p_S$ nach der Diffusionstheorie jedoch nicht stabil, denn wegen des Druckgefälles zwischen Blase und Flüssigkeit findet eine Diffusion des Gases in die Flüssigkeit statt. Dies führt zu einer Verkleinerung des Blasenradius und zu einer Vergrößerung des Druckgefälles, so dass die Blase nach einem gewissen Zeitraum verschwunden ist. Wie Untersuchungen von /K5, P3, L1/ gezeigt haben, ist eine Blasenbildung aus Anomalien der molekularen Struktur der flüssigen Phase heraus bei der Kavitationsentstehung jedoch nicht ausschlaggebend. Die homogene Keimbildung, d. h. die Bildung der neuen Phase im Inneren der Ausgangsphase durch molekulare Vorgänge kann die Abweichungen von theoretisch ertragbaren Zugspannungen nicht erklären. Vielmehr wird das Zerreißen der Flüssigkeit bei Kavitationsbeginn durch vorhandene Grenzflächen aus organischen Stoffen oder durch bereits in der Flüssigkeit vorhandene, stabilisierte Gas- oder Dampfbläschen (Mikrobläschen = Kavitationskeime) eingeleitet. Dieser Vorgang wird als heterogene Keimbildung bezeichnet. In diesen Kontext passen Beobachtungen, wonach Druckmedien, die über mehrere Minuten unter sehr hohen statischen Druck gebracht werden, unmittelbar danach nicht zum Kavitieren neigen. Als Erklärung wurde die teilweise Auflösung bzw. Verkleinerung der gas- oder dampfförmigen Mikrobläschen durch den hohen Druck angegeben. Technische Flüssigkeiten enthalten somit stabile gas- oder dampfförmige Mikrobläschen die als Kavitationskerne den Kavitationsbeginn erleichtern. Die Stabilität der Kavitationskerne in Flüssigkeiten trotz Oberflächenspannung der Flüssigkeiten wird mit mikroskopischen Einschlüssen (Keime) an den die Flüssigkeit begrenzenden Wänden (Porenkeime an Wandrauhigkeiten und -graten) aufgrund der unvollständigen Benetzung durch die Flüssigkeit bzw. mit Einschlüssen im mikroskopischen sowie submikroskopischen Bereich innerhalb der Flüssigkeit (Gaskeime = gelöste Luft, Verunreinigungen, Additive, Porenkeime an festen hydrophoben Schwebepartikeln) begründet. Technische Flüssigkeiten sind keine ideal homogenen Fluide. So neigen insbesondere Flüssigkeiten mit hohem Gaslösevermögen bereits oberhalb des Dampfdruckes zum Kavitieren. Sie enthalten neben gelöstem auch ungelöstes Gas, in Ölen meist in Form mikroskopischer Bläschen. Diese Inhomogenitäten in der Flüssigkeit begünstigen ein Aufbrechen der zwischenmolekularen Kräfte (Van-der-Waals), so dass keine Zugspannungen vom Medium aufgenommen werden können. Aufgrund geringer Lösungsgeschwindigkeiten ist freies Gas auch in ungesättigten Lösungen enthalten. In jedem Fall ist an die Blasenbildung eine Gasdiffusion gekoppelt. So sind bei Dampfkavitation immer Diffusionsprozesse überlagert. Da die Rücklösung des Gases längere Zeit in Anspruch nimmt als die Ausscheidung, ist besonders bei stark gashaltigen Flüssigkeiten auch noch weit hinter dem Kavitationsentstehungsgebiet eine Zweiphasenströmung zu beobachten. Die wechselseitige Beeinflussung von Dampfkavitation und Luftausscheidung ist bis heute weitgehend unverstanden.

Der strömungsmechanische Kavitationsbeginn, d. h. die Grenze der Zugbeanspruchung einer Flüssigkeit ohne Dampfbildung, wird neben der lokalen Geschwindigkeitszunahme auch durch die Erhöhung der auf die Flüssigkeit ausgeübten Scherung ausgelöst. Querschnittsverengungen führen in einer strömenden Flüssigkeit zu einer Erhöhung der Strömungsgeschwindigkeit. Die Zunahme der kinetischen Energie führt zu einer Druckabsenkung. Bei höheren Strömungsgeschwindigkeiten verbleibt den Mikrobläschen bei der Durchströmung der Zone niedrigen statischen Druckes nur eine sehr kurze Wachstumszeit zur sichtbaren Blase. Nach /K5/ liegt der Zeitbedarf der molekularen Vorgänge Verdampfung und Kondensation bei $t \approx 10^{-6}$ s. Die Zeitskalen der Diffusionsvorgänge liegen bei $t \approx 10^{-3}$ s. Die ausreichende Verweildauer der Mikrobläschen in Zonen niedrigen statischen Druckes ist somit gegeben. Kavitationsbeginn und -charakter an einem Strömungswiderstand sind von einer Vielzahl physikalischer Größen abhängig:

- der Anzahl und Größe der Kavitationskerne
- der Verweilzeit der Kavitationskerne in der Unterdruckzone
- den Druck-, Geschwindigkeits- und Temperaturverhältnissen im Widerstand
- dem kritischen Druck für die Entstehung und Erhaltung der Kavitation
- den Eigenschaften der Flüssigkeit:
  - Dampfdruck
  - Dichte
  - Kompressibilität
  - Luftlösevermögen
  - Oberflächenspannung (definiert kritischen Keimradius, ab dem Blasen wachstumsfähig sind und instabiles Blasenwachstum einsetzt)
  - Viskosität
- Verunreinigungen in der Flüssigkeit:
  - fest oder gasförmig
  - gelöst oder ungelöst
- thermodynamische Prozesse.

Zudem beeinflussen technische Größen den Kavitationsbeginn und -charakter:

- Berandungsgeometrie /K4/
- Zustand der Berandungsflächen: Haftung von ungelöstem Gas
  - Sauberkeit
  - Grate
  - Hohlräume
- Fluidqualität: Vorgeschichte der Flüssigkeit
  - Filterung
  - Entgasung
  - Alterung
  - Charge.

Die technischen und physikalischen Größen beschreiben teilweise die gleichen Mechanismen. Zudem sind einige Einflussgrößen miteinander verknüpft. So ist die Größe der Kavitationskerne von der Oberflächenspannung der Flüssigkeit abhängig. Nach /H3/ wird die Anzahl und Größe der Kavitationskerne durch den gelösten Gasgehalt der Flüssigkeit mitbestimmt. Ein größerer Gasgehalt begünstigt den Kavitationsbeginn. Die Viskosität hat einen dämpfenden Einfluss auf das Blasenwachstum und den Kollaps.

Die in Kavitationsblasen enthaltene Gasmenge wird beeinflusst durch:

- den flüssigkeitsspezifischen und temperaturabhängigen Diffusionskoeffizienten
- die Strömungsgeschwindigkeit
- den Turbulenzgrad der Strömung
- die Temperatur und Viskosität der Flüssigkeit
- das Druckgefälle zwischen Sättigungsdruck der Lösung und dem Blaseninnendruck
- den Bunsenkoeffizienten.

A.3.2 Kavitationszahl

Die Kavitationsgefahr wird mit Hilfe der Kavitationszahl bewertet:

$$\sigma = \frac{p - p_D}{\frac{\rho}{2} w^2} \qquad (A.27)$$

Darin sind p und w die lokalen Strömungsgrößen. Weitere Beziehungen für die Kavitationszahl sind in der Literatur zu finden. Bei Kavitationszahlen $\sigma < 1$ ist mit Kavitationsbeginn zu rechnen. Blasenbildung ist für Kavitationszahlen $\sigma < 0,5$ sehr wahrscheinlich. Alternativ wird die Thoma-Zahl angegeben, bei der für p und w die Daten der ungestörten Zuströmung verwendet werden. Die Kavitationszahl σ ist kein absolutes Bewertungsmaß, sondern ein integraler Index für die dynamische Ähnlichkeit von Strömungsbedingungen, bei denen Kavitation auftritt. Sie basiert auf dem Druckkoeffizienten c_p und ist von den Fluideigenschaften und der Geometrie abhängig. Im Allgemeinen kann ihr Wert analytisch nicht exakt bestimmt, sondern muss messtechnisch für eine gegebene Geometrie erfasst werden.

A.3.3 Kugelsymmetrische Implosion einer Einzelblase

Beim Blasenkollaps werden Dampf und Gas im Inneren der Blasen sowie die in unmittelbarer Umgebung anliegende Flüssigkeit extremen Zuständen ausgesetzt. Ein analytisches Modell für den symmetrischen Kugelkollaps einer Einzelblase wurde erstmals von Rayleigh aufgestellt. Sein Modell gilt unter den Annahmen, dass die Oberflächenspannung der Flüssigkeit sowie Zähigkeitskräfte zu vernachlässigen sind. Die Blase wird vollständig mit Dampf gefüllt angenommen, wobei der Dampfdruck $p_D = 0$ bar ist. Ausgehend von einer energetischen Bilanzierung unter Zuhilfenahme von Kontinuitätsbedingung, Newtonscher Bewegungsgleichung für reibungsfreies Fluid sowie unter Berücksichtigung der Kompressibilität der

Flüssigkeit folgt die Zentripetalgeschwindigkeit der Blase (radiale Wandgeschwindigkeit w_R) zu:

$$w_{R_E} = \sqrt{\frac{2}{3} \cdot \frac{p_\infty}{\rho} \cdot \left(\frac{R_0^3}{R_E^3} - 1\right)}.$$
(A.28)

Demnach wird die Wandgeschwindigkeit durch den minimalen Blasenradius R_E begrenzt. Weiterhin folgt die Gesamtzeit für den Blaseneinsturz zu:

$$t_0 = 0{,}915 \cdot R_0 \cdot \sqrt{\frac{\rho}{p_\infty}}.$$
(A.29)

Der Implosionsdruck einer Einzelblase beträgt (a = Schallgeschwindigkeit der Flüssigkeit):

$$p_i = a \cdot \sqrt{\frac{2}{3} \cdot \rho \cdot p_\infty \cdot \left(\frac{R_0^3}{R_E^3} - 1\right)},$$
(A.30)

wobei der Maximaldruck außerhalb dieser kollabierten Blase

$$p_{r\,max} = 0{,}157 \cdot p_\infty \cdot \frac{R_0^3}{R_E^3}$$
(A.31)

erreicht. Daraus folgt, dass für ein konstantes Verhältnis R_0/R_E bei zunehmendem Umgebungsdruck die Zentripetalgeschwindigkeit steigt, so dass die Blasenkollapszeit sinkt und der Implosionsdruck sowie der Maximaldruck außerhalb der Blase steigen. Der Blaseneinsturz erfolgt demnach im Zeitbereich weniger Mikrosekunden. Implosionsdruck und Maximaldruck außerhalb der Blase liegen in ähnlicher Größenordnung und können in Abhängigkeit von Umgebungsdruck sowie R_0/R_E-Verhältnis in der Größenordnung von $1 \cdot 10^5$ bar liegen. Güth /G7/ bestätigte später die Ergebnisse von Rayleigh. Allerdings werden aufgrund des fehlenden Gasinhaltes in der Blase die Implosionszeit unterschätzt sowie die Zentripetalgeschwindigkeit und die Drücke überschätzt.

Die bei der Blasenimplosion auftretende Druckspitze würde im Moment der Blasenauflösung für eine inkompressible Flüssigkeit unendlich hoch werden. Die Aufnahme eines Teils der Implosionsenergie als Kompressionsarbeit der kompressiblen Flüssigkeit verhindert dies. Die Druckspitze breitet sich außerhalb der Blase als Druckstoßwelle in der umgebenden Flüssigkeit aus, wobei der Spitzendruck außerhalb der Blase - wie experimentell bestätigt - mindestens proportional $1/r$ zur Entfernung vom Implosionszentrum abnimmt. Ein Charakteristikum von Blasenflüssigkeiten ist der Abfall der Ausbreitungsgeschwindigkeit von

Druckwellen in einem Gemisch von Blasen und Flüssigkeit weit unterhalb der Werte der reinen Komponenten.

Die von Rayleigh für eine reine Dampfblase aufgestellten Beziehungen wurden von Güth /G7/ auf das Modell einer mit Dampf und Luft gefüllten Einzelblase erweitert. Kavitationsblasen enthalten stets eine gewisse Menge Luft, die bei der Implosion komprimiert wird. Der bei der Implosion stattfindende Phasenübergang an der Phasengrenzfläche der Blase bewirkt, dass der Luftgehalt in den Kavitationsblasen bei der Implosionsphase stetig steigt. Die Kompression der Luft verhindert, dass die Blase vollständig verschwindet. Außerdem deformieren sich die Blasen während des Implosionsvorgangs. Unter der Annahme einer adiabatischen Kompression ($p \cdot V^\kappa$ = konst.) des Luftinhalts unter idealen Bedingungen (Kugelgestalt + inkompressible Flüssigkeit), ermittelte Güth den Minimalradius R_{min}:

$$R_{min} = R_0 \left(\frac{1}{\kappa-1} \cdot \frac{p_G}{p_0} \right)^{\frac{1}{3 \cdot (\kappa-1)}}, \qquad (A.32)$$

wobei p_G der Partialdruck der Luft im Innern der Blase zu Beginn des Implosionsvorgangs ($R = R_0$ Ruheradius) ist. Dem Minimalradius R_{min} der Blase entspricht ein Maximaldruck p_{imax} in der Blase:

$$p_{imax} = p_0 \cdot (\kappa-1)^{\frac{\kappa}{\kappa-1}} \cdot \left(\frac{p_G}{p_0} \right)^{-\frac{1}{\kappa-1}} \qquad (A.33)$$

und eine maximale Temperatur T_{imax}, die sich durch die Kompression des Gasinhalts ergibt:

$$T_{imax} = T_0 \cdot (\kappa-1) \cdot \left(\frac{p_G}{p_0} \right)^{-\frac{1}{\kappa}}. \qquad (A.34)$$

Der Implosionsvorgang kann als adiabat angesehen werden, da die Wärmeabfuhr durch Wärmeableitung in die umgebende Flüssigkeit aufgrund der minimalen Zeitdauer nicht relevant ist. Im Implosionszentrum können theoretisch Temperaturen von $T_{max} \approx 5.000$ K und Implosionsdrücke von $p_{max} \approx 20.000$ bar auftreten. Diese Werte gelten für Dampfblasen. Je größer der Anteil an Luft innerhalb der Blasen wird, desto stärker sinken die Werte ab. In einer Dampfblase eingeschlossene nichtkondensierbare Gase (Luft) wirken bei der Implosion dämpfend und können zum „Blasen-Rebound" führen: Da der Gaslösevorgang im Vergleich zum Implosionsvorgang zeitintensiver ist, kann die Blase nicht vollständig implodieren, sondern kontrahiert bis auf einen endlichen Radius. Durch die Kompression des Gases steigt der Druck in der Blase an, so dass die Kollapsgeschwindigkeit bis auf Null abgebremst wird und die Blase sich wieder aufweiten kann. Das Rayleighsche Kollapsmodell wurde durch weitere Forscher, u. a. Lauterborn /L1/ erweitert. Demnach kann der Blasenkollaps als abklingende, nichtlineare Blaseneigenschwingung (gewöhnliche, nichtlineare DGL 2. Ordnung) beschrieben werden. Dieses Modell kann das Anwachsen der Blasen nach einer ersten Blasenschrumpfung beschreiben und erklärt die Auflösung makroskopischer Kavitationsblasen in einem Nebel winziger Bläschen.

A.3.4 Nicht kugelige Implosion einer Einzelblase an Wänden

Plesset und Chapman /P3/ belegten analytisch, dass an und in der Nähe einer Festkörperoberfläche eine kugelige Blase nicht kugelsymmetrisch implodiert: Da in Wandnähe größere Reibkräfte herrschen, kann von dort nicht ausreichend Fluid zum Blasenzentrum nachströmen. Durch die Unsymmetrie der Umgebung und minimal unterschiedliche Druckverteilungen aufgrund der räumlichen Ausdehnung der Kavitationsblase stürzt die der Festkörperoberfläche gegenüberliegende Seite der Blasenwand schneller als die übrigen Wandbereiche auf das Zentrum zu. Die Blase nimmt eine torusähnliche Gestalt an, bevor sich ein Flüssigkeitsstrahl ausbildet, der auf die Festkörperoberfläche gerichtet ist. Dieser Mikrojet schießt mit hoher Geschwindigkeit durch die Blase, reißt Dampf- und Gasanteile mit sich, trifft auf die gegenüberliegende Blasenwand, beult diese aus und durchstößt sie. Die Geschwindigkeit des Mikrojets ist dabei nur abhängig vom Verhältnis $\sqrt{\Delta p/r}$ und b/R_0. Dabei bedeutet $\Delta p = p_\infty - p_D$ und b steht für den Abstand des Blasenmittelpunkts von der Festkörperoberfläche. Die absoluten Abmessungen der Blasen haben keinen Einfluss auf die Geschwindigkeit. Die Ergebnisse gelten für die Annahmen einer dampfgefüllten, gasfreien kugelsymmetrischen Einzelblase, eine inkompressible und reibungsfreie Flüssigkeit sowie unter Vernachlässigung der Oberflächenspannung. Die Strahlgeschwindigkeit wird auf 100 - 200 m/s berechnet. Lauterborns /L1/ experimentelle Untersuchungen bestätigen die Mikrojetgeschwindigkeiten, die von Plesset und Chapman analytisch vorhergesagt wurden. Der asymmetrische Blasenkollaps tritt auch im Falle eines äußeren, entgegengesetzt zur Bewegungsrichtung der Blase orientierten Druckanstieges auf.

Unter Annahme des Flüssigkeitsstrahls als elastisch verformbarer Festkörper kann der Druck beim Aufprall auf die Wand abgeschätzt werden. Der Mikrojet wirkt dabei als Stoß und Staudruck auf die Festkörperoberfläche. Der durch den Stoß erzeugte Druck $p_{Stoß}$ erreicht mit der Jet-Geschwindigkeit w_{jet}:

$$p_{Stoß} = \rho_{Fl} \cdot a_{Fl} \cdot w_{jet} \cdot \left(1 + \frac{\rho_{Fl} \cdot a_{Fl}}{\rho_W \cdot a_W}\right). \qquad (A.35)$$

Da $\rho_W \cdot a_W \gg \rho_{Fl} \cdot a_{Fl}$ erhält man:

$$p_{Stoß} = \rho_{Fl} \cdot a_{Fl} \cdot w_{jet}. \qquad (A.36)$$

A Anhang

In der Literatur werden Stoßdrücke von 2.000 bar (200 MPa) bei einer Einwirkungszeit von 0,1 - 1 µs genannt. Demgegenüber wirkt der Staudruck p_{Stau} wesentlich länger auf die Wand. Die Quellen nennen Staudrücke von 800 bar (80 MPa).

$$p_{Stau} = \frac{\rho_{Fl}}{2} \cdot w^2 \tag{A.37}$$

Die Stoßdauer ist neben der Blasengröße besonders stark vom Verhältnis von Luft zu Dampf in der Blase abhängig. Je größer der Luftanteil, desto stärker ist der Bremseffekt bei der Implosion der Blasen. Der Mikrojet bewirkt einen stark konzentrierten Impuls mit einer Wirkfläche von wenigen Mikrometern auf der Festkörperoberfläche. Die fortwährenden nadelartigen Druckstoßbelastungen können das Verformungsvermögen des Werkstoffs überschreiten. Aufgrund der ausgeprägten Nahfeldwirkung des Implosionsvorgangs können nur Blasen, die an oder ganz in der Nähe der Festkörperoberfläche energiereich implodieren, Kavitationserosion erzeugen. Die Schädigungswirkung resultiert maßgeblich durch den Stoß des Flüssigkeitsstrahls, die Stoßwelle der implodierenden Blasen sowie durch hohe Temperaturen in der kollabierenden Blase und wird durch Art und Anzahl der Blasen beeinflusst.

Den Vorgang der Implosion von Einzelblasen unter verschiedenen Randbedingungen zeigt **Bild 116** frei nach /K5/. Für tiefere Einblicke bieten sich /S1/ und /S13/ an.

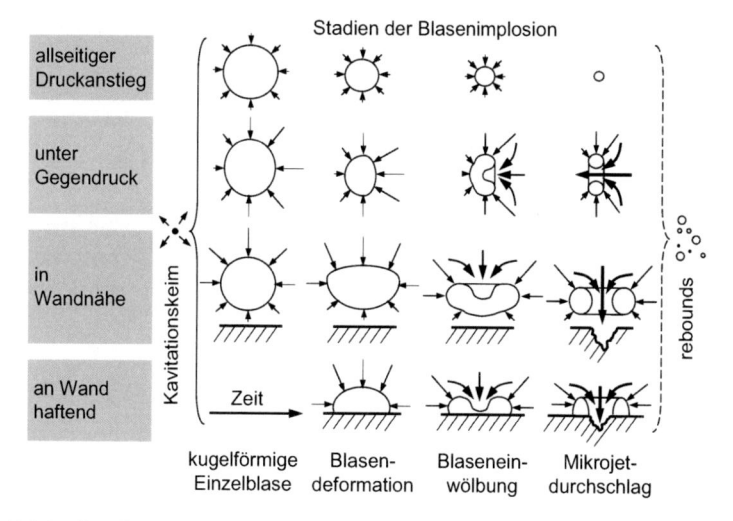

Bild 116: Stadien der Blasenimplosion bei verschiedenen Randbedingungen

A.4 Numerische Strömungsberechnung CFD

A.4.1 Numerisches Rechenverfahren

Ein numerisches Rechenverfahren setzt sich aus zwei Elementen zusammen: dem mathematischen Modell, basierend auf den Erhaltungsgleichungen für ein Kontinuum und dem numerischen Lösungsverfahren, bestehend aus Diskretisierungsmethode, Lösungsalgorithmus und Fehlerkontrolle. CFD-Codes überführen die Erhaltungsgleichungen (Kontinuitäts-Impuls-, Drehimpuls- und Energie-) in lineare Gleichungssysteme (Diskretisierung), um sie dann iterativ zu lösen.

Mathematisches Modell - Erhaltungsgleichungen

Ausgangspunkt jeder numerischen Methode bildet das mathematische Modell. Im allgemeinen Fall basieren die mathematischen Modelle auf den kontinuumsmechanischen Erhaltungsgleichungen für Masse, Impuls, Drehimpuls (Drall) und Energie, deren differentielle Form für ein kartesisches Koordinatensystem nachfolgend aufgezeichnet ist.

Der Masseerhaltungssatz besagt, dass sich die zeitliche Änderung der Masse aus der Summe der zeitlichen Änderung der Dichte im Kontrollvolumen und der pro Zeiteinheit durch die Oberfläche des Kontrollvolumens ein- und ausfließenden Masse ergibt:

$$\frac{\partial \rho}{\partial t} + \frac{\partial}{\partial x_i}(\rho w_i) = 0 \;. \tag{A.38}$$

Dabei sind ρ die Dichte und w_i die Geschwindigkeitskomponenten. Ist im Kontrollvolumen keine Massenquelle oder -senke vorhanden, so ergibt diese Gleichung Null.

Der Impulserhaltungssatz beschreibt die zeitliche Änderung des Impulses, welcher mit den auf den Körper wirkenden Oberflächen- und Volumenkräften im Gleichgewicht steht:

$$\frac{\partial}{\partial t}(\rho w_i) + \frac{\partial}{\partial x_j}(\rho w_i w_j) = \frac{\partial T_{ij}}{\partial x_j} + \rho f_i \;. \tag{A.39}$$

Dabei sind T_{ij} die Komponenten des Cauchyschen Spannungstensors und f_i die Volumenkraftkomponenten pro Masseneinheit. Die Volumenkräfte können bei hydraulischen Strömungen vernachlässigt werden. Die Oberflächenkräfte werden vorrangig vom Druck des Fluids verursacht.

Der Energieerhaltungssatz besagt, dass sich die zeitliche Änderung der inneren und der kinetischen Energie eines Systems aus der Summe der Leistungen der Volumen- und

A Anhang

Oberflächenkräfte und der hinzu- oder abgeführten Wärmemenge infolge einer Temperaturdifferenz ergibt:

$$\frac{\partial}{\partial t}(\rho e) + \frac{\partial}{\partial x_i}(\rho w_i e) = T_{ij}\frac{\partial w_j}{\partial x_i} - \frac{\partial h_i}{\partial x_i} + \rho q \,. \tag{A.40}$$

Darin sind e die spezifische innere Energie, h der Wärmestrom pro Flächeneinheit und q die Wärmequellen. Bei der Berechnung inkompressibler Medien ist die Energiegleichung von der Kontinuitäts- und der Impulsgleichung entkoppelt.

Der Drehimpuls eines geschlossenen physikalischen Systems bleibt unverändert bezüglich beliebiger Achsen. Die Symmetrie des Spannungstensors bezeichnet die Erhaltung des Drehimpulses:

$$T_{ij} = T_{ji} \,. \tag{A.41}$$

Der Spannungstensor T wird für ein linear-viskoses isotropisches Fluid (Newtonsches Fluid) mit dem Materialgesetz nach:

$$T_{ij} = \mu\left(\frac{\partial w_i}{\partial x_j} + \frac{\partial w_j}{\partial x_i} - \frac{2}{3}\frac{\partial w_k}{\partial x_k}\delta_{ij}\right) - p\delta_{ij} \tag{A.42}$$

beschrieben, wobei μ die dynamische Viskosität, p der Druck und δ das Kronecker-Delta Symbol ist.

Für den Spezialfall einer inkompressiblen Strömung vereinfacht sich das Gleichungssystem. So verschwinden der Divergenzterm im Materialgesetz, die zeitliche Änderung der Dichte im Masseerhaltungssatz, woraus sich für ein nicht rotierendes Problem die numerisch zu lösenden Gleichungen ergeben:

$$\frac{\partial w_i}{\partial x_i} = 0 \tag{A.43}$$

$$\frac{\partial}{\partial t}(\rho w_i) + \frac{\partial}{\partial x_j}(\rho w_i w_j) = \frac{\partial}{\partial x_j}\left[\mu\left(\frac{\partial w_i}{\partial x_j} + \frac{\partial w_j}{\partial x_i}\right)\right] - \frac{\partial p}{\partial x_i} + \rho f_i \,. \tag{A.44}$$

Bei der Berechnung von Strömungen in rotierenden Verdrängerpumpen müssen die Differentialgleichungen vom Inertialsystem in das mitrotierende Bezugssystem transformiert werden. Wenn das Relativsystem zum Inertialsystem eine Rotation mit einer konstanten Winkelgeschwindigkeit ω ausführt, dann kann die Absolutgeschwindigkeit eines Fluidteilchens aus seinem Ortsvektor $\vec{r}$ und seiner Relativgeschwindigkeit w_{rel} beschrieben werden:

$$w = w_{rel} + \omega \times \vec{r} \,. \tag{A.45}$$

Numerisches Lösungsverfahren

1) Diskretisierungsmethode

Für den dreidimensionalen Fall stehen somit vier Gleichungen mit vier Unbekannten zur Verfügung - drei Geschwindigkeitskomponenten und der Druck. Das System gekoppelter, nichtlinearer, partieller Differentialgleichungen kann bis auf wenige Spezialfälle nur numerisch gelöst werden. Um eine Näherungslösung für das Anfangs-Randwertproblem numerisch zu erhalten, erfolgt die Diskretisierung des Lösungsgebietes durch die Unterteilung in Kontrollvolumina, die mathematisch-physikalische Diskretisierung der Modellgleichungen sowie die Diskretisierung der Randbedingungen.

Zur Approximation der Differentialgleichungen durch ein System algebraischer Gleichungen für die Variablen wird eine Diskretisierungsmethode benötigt. Die Approximationen werden auf kleine Gebiete in Raum und Zeit angewendet, so dass die numerische Lösung Ergebnisse an diskreten Stellen in Raum und Zeit liefert. Von den verschiedenen Diskretisierungsmethoden ist die wichtigste das Finite-Volumen-Verfahren (FVM). Hierzu wird das Lösungsgebiet in eine finite Anzahl nicht überlappender Kontrollvolumina unterteilt. Die Erhaltungsgleichungen werden in ihrer integralen Form auf jedes Kontrollvolumen angewendet. Gewöhnlich wird zur Approximation der einzelnen Größen der Rechenknoten im Schwerpunkt des Volumens herangezogen (Zell-zentrierte FVM). Weitere Ansätze sind die Zell-Knoten und knotenbasierte FVM. Interpolation wird verwendet, um die Variablenwerte auf der Kontrollvolumen-Oberfläche mittels der Knotenwerte auszudrücken. Das Gitter bestimmt die Oberflächen der Kontrollvolumina. In einer Finite-Volumen-Methode müssen Approximationen für Flächen- und Volumenintegrale, Gradienten und Interpolation zwischen den Stützstellen ausgewählt werden, deren Wahl die Genauigkeit der Approximation beeinflusst. Im Rahmen der Arbeit werden zur Approximation der Strömungsgrößen Upwind-, Quick-Verfahren sowie Ansätze höherer Ordnung eingesetzt.

Diskretisierung des Lösungsgebietes: Numerische Gitter und Gitterelemente

Die diskreten Punkte, in denen die Variablen berechnet werden sollen, sind durch ein numerisches Gitter definiert. Es unterteilt das Lösungsgebiet in eine finite Anzahl kleiner Teilgebiete (Kontrollvolumina). Der Aufbau des numerischen Gitters erfolgt in Abhängigkeit von der räumlichen Komplexität der zu diskretisierenden Geometrie.

Neben 2D und 3D-Gittern erfolgt eine Unterscheidung in strukturierte und unstrukturierte Gitter. Während die Knoten in einem strukturierten Gitter zueinander ausgerichtet sind, besitzen die Knoten in unstrukturierten Gittern eine beliebige Anordnung zueinander.

Strukturierte Gitter sind vorteilhaft für die Lösungsmethode aufgrund der regulären Struktur der Matrix des algebraischen Gleichungssystems. Nachteilig ist die begrenzte Anwendbarkeit auf relativ einfache Geometrien. Unstrukturierte Gitter zeichnen sich durch eine hohe Flexibilität, d. h. deren Anpassungsfähigkeit an komplizierte Berandungen inklusive der Möglichkeit lokaler Gitterverfeinerungen mit Hilfe von Zellwachstumsfunktionen aus. Die Kontrollvolumina können beliebige Form aufweisen. Nachteilig ist die Irregularität der Datenstruktur. So besitzt die Matrix des algebraischen Gleichungssystems keine regelmäßige diagonale Struktur. Der Berechnungsaufwand steigt. In blockstrukturierten Gittern wird das Berechnungsgebiet in mehrere Einzelblöcke gegliedert. Hybride Gitter sind durch die Verknüpfung strukturiert und unstrukturiert vernetzter Bereiche charakterisiert und werden genutzt, um die jeweils vorteilhaften Eigenschaften zu vereinen. Das Lösungsgebiet kann mit verschiedenen Gitterelementen diskretisiert werden. Grundelemente eines Gitters sind Hexaeder, Tetraeder, Prismen und Pyramiden im Raum, die sich wiederum aus Dreiecken und Vierecken zusammensetzen. Die Elementseitenkanten werden von Knoten begrenzt, die die jeweiligen Gitterelemente aufspannen. Vorteilhaft sind in Strömungsrichtung ausgerichtete strukturierte Gitter mit Hexaeder-Zellen, da sie das Konvergenzverhalten eines FVM-basierten CFD-Solvers verbessern. Bei komplexen Geometrien ist die Verwendung dieser Zellenart jedoch schwierig. Es verbleibt dann häufig nur eine unstrukturierte Vernetzung auf Basis von Tetraeder-Zellen. In der Arbeit kommen bevorzugt hybride Gitter zum Einsatz, die im Programm *GAMBIT* generiert wurden.

Bewegte Gitter

Für die Berechnung von Strömungen in hydrostatischen Pumpen muss die Veränderung des Lösungsgebietes, hervorgerufen durch die im Voraus bekannte Bewegung der Ränder in der Zeit modelliert werden. So überwiegt z. B. bei Axialkolbenpumpen die kolbengetriebene Strömung im Zylinder mit Ausnahme der Umsteuerphasen, bei denen gradientengetriebene Strömungen dominieren. Für bewegte Gitter gelten die Erhaltungsgleichungen und Diskretisierungsmethoden wie für ortsfeste Gitter, solange dasselbe Bezugssystem für das ganze Lösungsgebiet verwendet wird. Der Unterschied betrifft nur die Gittergeschwindigkeit.

Die grundsätzliche Idee ist, das gesamte Volumen in unterschiedliche Fluidzonen zu unterteilen, wobei die Trennung zwischen bewegten und unbewegten Komponenten erfolgt. Der verwendete CFD-Code bietet zur Behandlung von bewegten Gittern verschiedene Ansätze, bei denen das Gitter automatisch zu jedem Zeitschritt in Abhängigkeit der neuen Position der Ränder aktualisiert wird. Dabei wird unterschieden in Volumenverschiebung (Bewegung jedes Knotens im Volumen) und Randverschiebung (Bewegung der Randknotenpunkte). Hierzu wird neben der Vorgabe der Bewegungsfolge nur ein Ausgangsgitter benötigt. Für die Simulation von Pumpenströmungen sind nachfolgende instationäre Ansätze anzuwenden. Der

Prozess der Gittergenerierung ist von entscheidendem Einfluss auf das Simulationsergebnis. Entartete Zellen (spitze Winkel, großes Streckungsverhältnis ...) haben numerische Fehler zur Folge.

Glättungsmethode (smoothing): Federbasiert nach **Bild 117** (1): Hier werden die Seitenkanten zwischen sämtlichen Knoten als ein Netzwerk verbundener Federn idealisiert. Das Ausgangsgitter stellt den Gleichgewichtszustand dar. Die Verschiebung von Randknoten generiert eine Kraft an sämtlichen Federn und führt zur Verschiebung der betroffenen Knoten. Gewöhnlich wird diese Methode nur bei dreieckigen bzw. Tetraeder-Zellen angewendet. Ausnahmen bilden Bewegungen der Ränder in vorrangig eine Richtung, bei denen die Bewegung idealerweise senkrecht zum Rand erfolgt.

Laplacebasiert: Bei dieser Glättungsmethode wird die Position jedes Knotens in Bezug auf den geometrischen Mittelpunkt der Nachbarknoten ausgerichtet. Es besteht die Gefahr, dass qualitativ „schlechte" Gitterzellen erzeugt werden. Daher wird diese Methode in *FLUENT* nur angewendet, wenn die Verschiebung zu einer Verbesserung der Gitterqualität führt. Diese Technik wird u. a. für die dynamische Gittergenerierung der Zahnradpumpe genutzt.

Dynamisches Schichten (layering) nach Bild 117 (2): Diese Methode wird ausschließlich bei prismatischen Gittern verwendet, um Gitterschichten an einem bewegten Rand dynamisch hinzuzufügen oder zu entfernen. Der Schichtabstand kann frei gewählt werden. Dynamisches Schichten wird für das bewegte Gitter der Verdrängervolumina der Kolbenpumpe angewendet.

Lokale Neuvernetzung (remeshing) nach Bild 117 (3): In Zonen mit Tetraeder-Zellen wird zunächst - wie oben beschrieben - die federbasierte Glättungsmethode genutzt. Wenn jedoch die Randverschiebung groß im Verhältnis zur lokalen Zellgröße ist, besteht die Gefahr, dass die Zellen entarten und Konvergenzprobleme auftreten. Um dieses Problem zu verhindern, besteht in *FLUENT* die Möglichkeit der lokalen Neuvernetzung von zusammenhängenden Zellballen, nachdem bei einzelnen Zellen ein Gütekriterium des Gitters (z. B. Winkel, Streckungsverhältnis) verletzt wurde. Die Lösung wird dabei von den alten auf die neuen Zellen interpoliert. Zahlreiche Unterarten dieser dynamischen Vernetzungstechnik existieren, die auf dreieckige bzw. tetraederförmige Grundelemente angewendet werden. Einen Spezialfall stellt die 2,5D-Oberflächen-Neuvernetzung dar. Diese Methode wird auf Flächen mit dreieckigen Grundelementen angewendet, die in die dritte Raumrichtung zu einem Prismengitter „gezogen" werden. Dabei werden nur die Elemente der Grundfläche neu berechnet, deren Neuvernetzung auf das Volumengitter angewendet wird. Diese Technik ist auch in Verbindung mit Wachstumsfunktionen (sizing function), d. h. der gesteuerten lokalen Änderung der Zellgröße, anwendbar. Die lokale Gitterverfeinerung bzw. -vergröberung ist einer Geometrie (z. B. Körperkante) zugewiesen, deren Bewegung eine fortlaufende Anpassung der Gitterelemente entsprechend der Vorgaben der Wachstumsfunktion auf der bewegten Geometrie bewirkt. Die 2,5D-Technik in Verbindung mit Wachstumsfunktionen wird bei der dynamischen Gittergenerierung der Zahnradpumpe genutzt.

Bei **verformbaren Gittern (deforming mesh)** nach Bild 117 (3) erfolgt neben der Bewegung auch eine Änderung der Gittertopologie zwischen den Zeitschritten. Anzahl und Form der Kontrollvolumina ändern sich, wenn ein Gütekriterium verletzt wird. Dabei ist die Zeitschrittweite limitiert, da die Rechenknoten im Schwerpunkt der neuen Kontrollvolumina nicht außerhalb des alten Lösungsgebietes liegen dürfen. Diese Bedingung muss eingehalten werden, damit die neue Lösung durch Interpolation berechnet werden kann. Insbesondere bei dünnen Zellen in Wandnähe wird die Zeitschrittweite sehr stark eingeschränkt. Diese Limitierung liegt für das Gitter der Zahnradpumpe vor.

Einen Ansatz für die Kopplung von bewegten mit ortsfesten Gittern stellt die **gleitende Gitterbewegung (sliding-mesh)** nach Bild 117 (4) dar. Dabei gleitet das bewegte Gitter entlang der Trennfläche (Interface) zum festen Gitter, ohne dabei deformiert zu werden. Daher passen die Gitter in der Trennfläche im Allgemeinen nicht zusammen (nonconformal mesh). Nach jedem Zeitschritt werden die Nachbarschaftsbeziehungen unter den Kontrollvolumina entlang der Trennfläche überprüft, die sich in Abhängigkeit der Gitterbewegung mit der Zeit ändern. Ein Vorteil dieser Methode besteht darin, dass die benachbarten Gitter verschiedenartig sein können. In Grenzen können sie zudem unterschiedliche Auflösungen besitzen, wobei die Trennfläche eine beliebige Gestalt aufweisen kann. Bei der Strömungsberechnung von Pumpen ist der sliding-mesh-Ansatz für die Übergabe der Strömungsgrößen zwischen bewegten und ortsfesten Strömungsräumen in der Trennfläche essentiell.

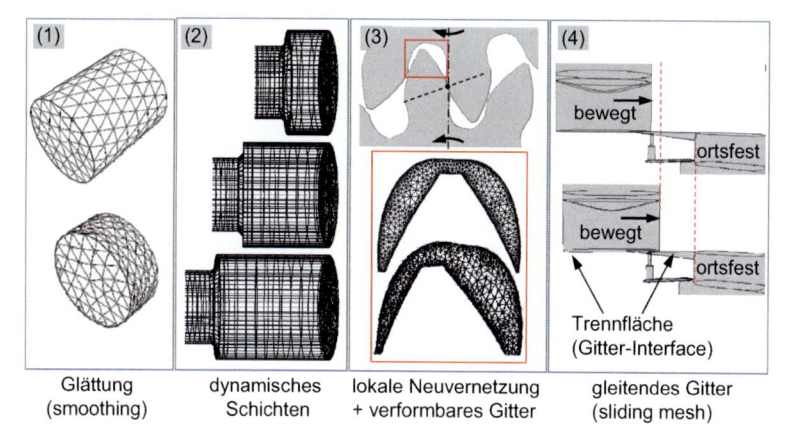

Bild 117: Techniken für bewegte Gitter

2) Lösungsalgorithmus für Navier-Stokes-Gleichungen

Die aus Diskretisierung und Linearisierung resultierenden Gleichungssysteme werden mit einem Lösungsalgorithmus behandelt. Den CFD-Berechnungen in dieser Arbeit liegt doppelt genaue Arithmetik zu Grunde (double precision solver). Die Lösung der Impulsgleichungen erfolgt normalerweise sequentiell. Dabei werden die algebraischen Gleichungen für jede Impulskomponente nach der dominanten Geschwindigkeitskomponente gelöst, wobei die anderen Geschwindigkeitskomponenten und der Druck als bekannt angesetzt sind. Hierzu finden die Werte aus dem vorherigen Zeitschritt oder der vorherigen äußeren Iteration Verwendung. Um das Gesetz der Masseerhaltung zu erfüllen, müssen die so erhaltenen Geschwindigkeiten korrigiert werden.

Bei der Simulation inkompressibler Fluide besteht zwischen dem Druck und der Dichte keine physikalische Kopplung in Form eines Zustandsgesetzes. Für die Kopplung des Druck- und Geschwindigkeitsfeldes bei sequentieller Lösung stehen mehrere Algorithmen nach dem Vorhersage-Korrektur-Ansatz zur Verfügung. Hierzu zählen SIMPLE, SIMPLEC und PISO. Die Verfahren zielen auf die Ermittlung des Geschwindigkeitsfeldes, das die Bilanzgleichungen für Impuls und Kontinuität gleichzeitig erfüllt. Für die Simulation von Zweiphasenströmungen liegen Modifizierungen vor. Im Rahmen dieser Arbeit wurde der SIMPLE-Algorithmus (segregated bzw. pressure-based) verwendet, bei dem die Erhaltungs- und Transportgleichungen getrennt voneinander gelöst werden. Dieser Algorithmus verwendet eine Druckkorrekturgleichung, um das Geschwindigkeitsfeld und den Druck zu korrigieren. Durch mehrfache iterative Anwendung des Verfahrens wird eine konvergierte Lösung erreicht.

3) Fehlerkontrolle

Numerische Ergebnisse sind stets Näherungen. Fehler, die bei einer numerischen Berechnung auftreten, sind qualitativ gut beschreibbar, im Allgemeinen jedoch nicht quantifizierbar. Der Fehler definiert sich als Unterschied zwischen der numerisch berechneten und der realen Strömungsgröße. Numerische Lösungen beinhalten zwei Arten von systematischen Fehlern: Modellierungs- und Numerikfehler. Numerikfehler werden nochmals in Diskretisierungs- und Iterationsfehler unterschieden. Die kritische Bewertung numerischer Ergebnisse sowie die Analyse und Abschätzung numerischer Fehler kann nicht überbetont werden.

Modellierungsfehler

Dieser Fehler beschreibt die Differenz zwischen der tatsächlichen Strömung und der genauen Lösung des mathematischen Modells, der durch Vereinfachungen des modellierten Systems entsteht. Dazu gehören vereinfachte Randbedingungen, die Turbulenzmodellierung, geometrische Vereinfachungen sowie die Annahme von zeitunabhängigen Vorgängen und mittleren Stoffdaten. Diese Fehler sind nicht quantifizierbar. Beispiele für Modellierungsfehler aus dieser Arbeit sind: Geometrische Vereinfachungen des Strömungsgebietes für verbesserte Vernetzungsbedingungen. Hierzu zählen die Vernachlässigung von Leckagespalten oder der stumpfe Auslauf von Steuerkerben, um das Strömungsgebiet strukturiert mit Hexaedern zu vernetzen. Stoffwerte werden vereinfachend als konstant angenommen, obwohl diese z. B. von der Temperatur bzw. dem statischen Druck abhängig sind (z. B. dynamische Viskosität). Stationäre Randbedingungen (z. B. stationärer Druckrand) haben Einfluss auf die in der Realität pulsierenden Drücke. Rückwirkungen der Randbedingungen auf das Strömungsgebiet sind zu beachten. Bei laminaren Strömungen können die Navier-Stokes-Gleichungen direkt, ohne Zuhilfenahme eines Turbulenzmodells gelöst werden. Bei turbulenten oder Zweiphasenströmungen können signifikante Modellierungsfehler auftreten.

Diskretisierungsfehler

Dieser Fehler, als Folge der Diskretisierung der Differentialgleichungen, beschreibt die Differenz zwischen der exakten Lösung des diskreten linearen Gleichungssystems und der exakten Lösung der Differentialgleichungen. Diskretisierungsfehler können durch den Einsatz genauerer Approximationen oder durch ihre Anwendung auf kleinere Gebiete (feinere Gitter) reduziert werden. Da dabei der Rechenaufwand steigt, ist oft ein Kompromiss erforderlich. Dieser Fehler ist proportional zu einer bestimmten Potenz des Gitterabstandes: Bei einer Methode 2. Ordnung im Raum $(\Delta x_i)^2$. Im Idealfall sollten alle Terme mit Approximationen gleicher Ordnung diskretisiert werden. Mittels einer Gitterunabhängigkeitsstudie ist der Fehler quantifizierbar. Trotz vereinzelter Hinweise bezüglich Konvergenzproblemen /R5/, sind für kompressible Strömungen Methoden 2. Ordnung empfehlenswert. PRESTO! (Pressure Staggering Option) ist bei Strömungen mit hohen rotationsbehafteten Geschwindigkeiten in gekrümmten Konturen anzuwenden. Insofern nicht anders angegeben, wurden für die Diskretisierungen im Raum (Approximation der konvektiven Flüsse der Erhaltungsgleichungen) Methoden zweiter bzw. höherer Ordnung und in der Zeit erster Ordnung verwendet. Das Gitter der untersuchten Modelle wurde optimiert, indem die Zellen möglichst in Strömungsrichtung ausgerichtete Hexaeder und Wandgebiete fein aufgelöst sind. In kavitationskritischen Zonen liegt eine besonders hohe Gitterauflösung vor.

Iterationsfehler

Dieser Fehler entsteht aufgrund der iterativen numerischen Berechnung. Die exakte Lösung der diskreten Gleichungen kann nie dem tatsächlichen Ergebnis einer iterativen numerischen Berechnung aufgrund endlicher Genauigkeit entsprechen. Die Größe dieses Fehlers wird durch die Wahl des Konvergenzkriteriums bestimmt, dessen Unterschreitung den Iterationsprozess bei der Lösung der diskretisierten Gleichungen beendet. Das Konvergenzkriterium wird mittels Residuenanalyse kontrolliert. Damit die Lösung der diskretisierten Gleichung konvergiert, verlangen viele Lösungsmethoden, dass der Zeitschritt instationärer Berechnungen kleiner als ein bestimmtes Limit ist oder dass Unterrelaxation verwendet wird. Als Konvergenzkriterien liegen dieser Arbeit Residuen von 10^{-3} für Masse und Impuls (sowie gegebenenfalls Dampftransport, turbulente kinetische Energie k und deren Dissipationsrate ε bzw. spezifische turbulente Dissipationsrate ω) sowie 10^{-6} für die Energie zu Grunde.

A.4.2 Numerische Ansätze für Zweiphasenströmungen

Mehrphasenströmungen repräsentieren ein Forschungsgebiet, auf dem derzeit weltweit sehr intensiv gearbeitet wird /L3, O1, S6/. Disperse Mehrphasenströmungen bestehen aus einer kontinuierlichen (tragenden) Phase und einer oder mehreren dispergierten Phasen. Die disperse Phase besteht aus vielen diskreten Blasen, Tropfen oder Partikeln, die in der kontinuierlichen Phase verteilt sind. Gewöhnlich ist die Größe der dispergierten Phase klein im Verhältnis zum Strömungsgebiet und häufig sind die Partikel kleiner als die Zellgröße.

Da die genauen Gleichungen für die Beschreibung sämtlicher Phänomene nicht zur Verfügung oder ihre numerische Lösung unter dem Gesichtspunkt handhabbarer Rechenzeiten praktisch unmöglich ist (Auflösung kleiner Turbulenzen bzw. Phasengrenzen), besteht die Notwendigkeit der Einführung von Modellen. Um die Modelle zu validieren, muss man sich auf experimentelle Daten stützen. Derzeit existieren zwei Methoden für Zweiphasenströmungen mit denen Phasenübergänge behandelt werden können: Die Euler-Euler Methode und die Euler-Lagrange Methode.

Bei der Euler-Euler-Methode wird das Zweiphasenfluid als eine Mischung kontinuierlicher Phasen aufgefasst. Blasen, Partikel bzw. Tropfen werden nicht einzeln aufgelöst und Phasengrenzflächen nicht explizit berechnet. Da das Volumen einer Phase nicht durch die andere Phase vereinnahmt werden kann, wird das Konzept des Phasenvolumenanteils eingeführt. Die Volumenanteile sind kontinuierliche Funktionen in Ort und Zeit und ihre Summe ergibt stets eins. Die Erhaltungsgleichungen für Masse, Impuls und Energie werden für jede Phase individuell gelöst. Diese Methode kommt besonders bei großen Partikelladungen zum Einsatz. Zahlreiche Variationen des Euler-Euler-Mehrphasenmodells existieren, von denen in *FLUENT* drei implementiert sind: Das Volume of Fluid-Modell (VoF), das Mischungsmodell und das Euler-Modell.

Bei der Euler-Lagrange-Methode werden die Trajektorien der einzelnen Partikel, Tropfen bzw. Blasen in der kontinuierlichen Phase berechnet. Dieses Modell wird auch als Diskretes Phasen-Modell bezeichnet, da die disperse Phase durch eine endliche Zahl von Teilchen repräsentiert wird. Die Bewegung der einzelnen Teilchen wird durch die Lösung der Impulsgleichung für jedes Teilchen bestimmt. Die disperse Phase kann ihren Impuls, Masse und

Energie mit der flüssigen Phase austauschen. Die Euler-Lagrange-Methode wird vorzugsweise dann eingesetzt, wenn die Massenladung der dispersen Phase und die Teilchen nicht sehr groß sind.

Mischungsmodell

Um das Kavitationsphänomen zu behandeln, wird in dieser Arbeit das Mischungsmodell der Euler-Euler-Methode verwendet. Die Mehrphasenströmung wird mathematisch-physikalisch als ein bewegtes Kontinuum von einander durchdringenden Phasen aufgefasst, wobei jede Phase an einem bestimmten Ort mit einem bestimmten Anteil vorhanden ist. Diese Modellvorstellung wird vorzugsweise für das großskalige Verhalten eines Mehrphasenfluids herangezogen. Im Folgenden wird die Einschränkung auf ein Zweiphasenfluid vorgenommen: Durch die Addition von je zwei Erhaltungsgleichungen für die Einzelphasen erhält man drei Erhaltungsgleichungen für die Gesamtmasse, den Gesamtimpuls und die Gesamtenergie des Zweiphasengemisches. Mischungsmodelle sind für disperse Strömungsformen, wie Blasenströmungen geeignet. Zwischen den Phasen auftretende Geschwindigkeitsunterschiede können behandelt werden. Die Gleichungen lassen sich weiter vereinfachen, wenn mechanisches Gleichgewicht zwischen den Phasen vorliegt, d. h. wenn die disperse Phase die gleiche Geschwindigkeit wie die homogene Phase besitzt (homogenes Strömungsmodell). Dies gilt insbesondere für Strömungen mit sehr kleinen Volumenanteilen der dispersen Phase. Für kavitierende Strömungen ist die Annahme einer homogenen Zweiphasenströmung meist ausreichend. Je größer der Anteil der dispersen Phase wird, desto geringer ist die Wahrscheinlichkeit für mechanisches Gleichgewicht. Das homogene Modell ist das einfachste aller Zweiphasenmodelle. Es kann auf thermisch nicht im Gleichgewicht befindliche disperse Strömungen mit Verdampfungs- und Kondensationsvorgängen erweitert werden. Bei Phasenaustausch beeinflussen sich die beiden Phasen gegenseitig durch Austauschterme. Eine Funktion definiert, wie viel von einem Kontrollvolumen von welcher Phase eingenommen wird (Volumenanteil). Die Modellierung von Mehrphasenströmungen unter Berücksichtigung von Kavitation führt gegenüber einphasigen Strömungen zu einer deutlichen Vergrößerung des numerischen Rechenaufwandes.

Kavitationsmodelle

Die größten Herausforderungen bei der Modellierung von Kavitation sind die großen Dichteunterschiede zwischen der flüssigen und dampf- / gasförmigen Phase, die Abbildung des Flüssigkeits-Dampf-Massetransfers sowie gegebenenfalls des Wärmetransports und die Auslegung einer Druckkorrekturbeziehung, um den durch Kavitation bedingten Massetransfer an das Druckfeld zu koppeln. In einer kavitierenden Strömung entsteht Dampfvolumen infolge von Blasenwachstum bzw. wird durch Blasenkollaps rückgebildet. Das Strömungsfeld ist daher nicht divergenzfrei.

Im Folgenden werden die Grundlagen der in *FLUENT* implementierten Kavitationsmodelle für die Anwendung im Rahmen des Zweiphasen-Mischungsmodells vorgestellt. Ausgehend von den Erhaltungsgleichungen für Gemischmasse, -impuls, -energie und Phasenanteil sowie gegebenenfalls -turbulenz, kann der Phasenmassetransfer (Verdampfung und Kondensation) in *FLUENT* anhand dreier verschiedener Kavitationsmodelle berechnet werden. Dies sind das Singhal- /S10/, das Schnerr-Sauer- /L3/ und das Zwart-Gerber-Belamri-Modell /L3/. Allen drei Modellen liegen nachfolgende mathematische Beziehungen zu Grunde:

Basis für die Modellierung des Phasenmassetransfers zwischen der flüssigen und dampfförmigen Phase ist die Rayleigh-Plesset-Gleichung unter Zuhilfenahme phänomenologisch-empirischer Erweiterungen. Der Flüssigkeits-Dampfmassetransfer wird mit Hilfe der Dampftransportgleichung bestimmt:

$$\frac{\partial}{\partial t}(\alpha \rho_D) + \nabla \cdot (\alpha \rho_D \vec{W}_D) = R_{Verdampf} - R_{Kondensat}. \tag{A.46}$$

Darin ist α der volumetrische Dampfanteil. Es ist zu beachten, dass α nicht dem Bunsenkoeffizienten α_V entspricht.

$$\alpha = \frac{V_D}{V} \tag{A.47}$$

$R_{Verdampf}$ und $R_{Kondensat}$ sind die Quellterme für den Massetransfer zwischen der dampfförmigen und flüssigen Phase, verbunden mit dem Wachstum (Verdampf) und dem Kollaps (Kondensat) der Dampfblasen.

Im Folgenden wird von einer homogenen Zweiphasenströmung ausgegangen. Die Strukturen der Kavitationsblasen werden ohne Geschwindigkeitsverlust mit der Hauptströmung transportiert. Ausgehend von der Rayleigh-Plesset-Gleichung für die Blasendynamik:

$$R_B \frac{D^2 R_B}{Dt^2} + \frac{3}{2}\left(\frac{DR_B}{Dt}\right)^2 = \left(\frac{p_B - p_\infty}{\rho_{Fl}}\right) - \frac{4\nu_{Fl}}{R_B}\frac{DR_B}{Dt} - \frac{2S}{\rho_{Fl} R_B}, \tag{A.48}$$

ergibt sich unter Vernachlässigung der Ableitung 2. Ordnung (Beschleunigung), der viskosen Dämpfung und der Oberflächenspannung ein vereinfachter Ausdruck für die radiale Wandgeschwindigkeit w_R einer unbeschleunigten Einzelblase:

$$\frac{DR_B}{Dt} = w_R = \sqrt{\frac{2}{3} \cdot \frac{p_B - p_\infty}{\rho_{Fl}}}. \tag{A.49}$$

Diese Gleichung ist die Basis der physikalischen Modellierung der Dynamik kavitierender Strömungen. Der Phasentransfer wird in der Masseerhaltung des zweiphasigen Mediums berücksichtigt. Die Kontinuitätsbeziehung für die Mischung lautet:

$$\frac{\partial}{\partial t}\rho + \nabla \cdot (\rho \vec{W}) = 0. \tag{A.50}$$

Die Kontinuitätsgleichung für die flüssige Phase lautet:

$$\frac{\partial}{\partial t}\left[(1-\alpha)\rho_{Fl}\right] + \nabla \cdot \left[(1-\alpha)\rho_{Fl}\vec{W}\right] = -R \tag{A.51}$$

und für die Dampfphase:

$$\frac{\partial}{\partial t}(\alpha\rho_D) + \nabla \cdot (\alpha\rho_D\vec{W}) = R. \tag{A.52}$$

Die Mischungsdichte ρ ist eine Funktion des volumetrischen Dampfanteils:

$$\rho = \alpha\rho_D + (1-\alpha)\rho_{Fl}. \tag{A.53}$$

Unter der Annahme, dass Dampf- und Flüssigkeitsdichte konstant sind, ergibt sich aus (A.52) und (A.53) eine Beziehung zwischen dem Geschwindigkeitsgradienten und dem volumetrischen Dampfanteil:

$$\nabla \cdot \vec{W} = -\frac{(\rho_{Fl} - \rho_D)}{\rho}\frac{D\alpha}{Dt}. \tag{A.54}$$

Die Verknüpfung von (A.50) und (A.54) liefert einen Ausdruck für den Quellmasseterm:

$$R = \frac{\rho_{Fl}\rho_D}{\rho}\frac{D\alpha}{Dt}. \tag{A.55}$$

Das Einsetzen von Gleichung (A.55) in (A.52) führt zu einem allgemeinen Ausdruck für den volumetrischen Dampfanteil:

$$\frac{\partial}{\partial t}(\alpha\rho_D) + \nabla \cdot (\alpha\rho_D\vec{W}) = \frac{\rho_D\rho_{Fl}}{\rho}\frac{D\alpha}{Dt}. \tag{A.56}$$

Die Gleichungen (A.49) und (A.56) bilden die Basis für sämtliche Zweiphasen-Kavitationsmodelle in *FLUENT*.

Singhal-Kavitationsmodell

Das Singhal-Kavitationsmodell ist in *FLUENT* nur im Rahmen des Mischungsmodells anzuwenden. Für die Bestimmung der Phasenaustauschrate gehen Singhal u. a. von den Kontinuitätsbeziehungen für die flüssige und gasförmige Phase sowie das Gemisch aus. Indem sie die Gleichungen (A.51) - (A.53) kombinieren, erhalten sie eine Beziehung zwischen der Mischungsdichte ρ und dem volumetrischen Dampfanteil α.

$$\frac{D\rho}{Dt} = -(\rho_{Fl} - \rho_D)\frac{D\alpha}{Dt} \tag{A.57}$$

Der volumetrische Dampfanteil wird als Summe aller kugelförmigen Einzelblasenvolumina pro Einheitsvolumen definiert:

$$\alpha = n\left(\frac{4}{3}\pi \cdot R_B^3\right), \tag{A.58}$$

wobei n die Blasendichte charakterisiert. Mit Gleichung (A.57) gilt:

$$\frac{D\rho}{Dt} = -(\rho_{Fl} - \rho_D)(4\pi n)^{\frac{1}{3}}(3\alpha)^{\frac{2}{3}}\frac{DR_B}{Dt}. \tag{A.59}$$

Mit der aus der Rayleigh-Plesset-Gleichung abgeleiteten Basisbeziehung der Blasendynamik (A.49) ergibt sich für die Phasenaustauschrate R schließlich folgender Ausdruck:

$$R = (4\pi n)^{\frac{1}{3}}(3\alpha)^{\frac{2}{3}}\frac{\rho_{Fl}\rho_D}{\rho}\sqrt{\frac{2}{3}\cdot\frac{p_B - p_\infty}{\rho_{Fl}}}. \tag{A.60}$$

Die Phasenaustauschrate R steht für die Verdampfungsrate, d. h. für den Quellterm $R_{Verdampf}$ in Gleichung (A.46). Mit Ausnahme des Parameters n sind sämtliche Größen im Voraus bekannt bzw. als abhängige Variablen bestimmbar. In Ermangelung eines allgemeingültigen Modells für die Bestimmung der Blasenanzahl pro Volumeneinheit wird die Phasenaustauschrate als Funktion des Blasenradius umgeschrieben:

$$R = \frac{3\alpha}{R_B}\frac{\rho_{Fl}\rho_D}{\rho}\sqrt{\frac{2}{3}\cdot\frac{p_D - p_\infty}{\rho_{Fl}}}. \tag{A.61}$$

Auf Basis von (A.61), die aus der Beziehung für den volumetrischen Dampfanteil hervorgeht, schlug Singhal ein Modell mit dem Dampfmasseanteil f_D als abhängige Variable in der Dampftransportgleichung vor. Die allgemeine Dampftransportgleichung (A.46) basiert auf dem volumetrischen Dampfanteil α. Nach Singhal schreibt sich die Dampftransportgleichung nun:

$$\frac{\partial}{\partial t}(f_D \rho) + \nabla \cdot (f_D \rho \vec{W}_D) = \nabla \cdot (\Gamma \cdot \nabla f_D) + R_{Verdampf} - R_{Kondensat} \,. \tag{A.62}$$

Der Diffusionskoeffizient ist mit Γ charakterisiert. Der Dampfmasseanteil f_D ist definiert als:

$$f_D = \frac{m_D}{m} \,. \tag{A.63}$$

Der Zusammenhang zwischen dem Dampfvolumen- und dem Dampfmasseanteil lautet:

$$\alpha = f_D \frac{\rho}{\rho_D} \,. \tag{A.64}$$

Die Masseaustauschraten ergeben sich dann für eine laminare Strömung zur Verdampfungsrate:

$$R_{Verdampf} = F_D \frac{1 - f_D - f_G}{S} \rho_{Fl} \rho_D \sqrt{\frac{2(p_D - p_\infty)}{3 \, \rho_{Fl}}} \quad \text{für } p_\infty \leq p_D \tag{A.65}$$

und zur Kondensationsrate:

$$R_{Kondensat} = F_K \frac{f_D}{S} \rho_{Fl} \rho_{Fl} \sqrt{\frac{2(p_\infty - p_D)}{3 \, \rho_{Fl}}} \quad \text{für } p_\infty > p_D \,. \tag{A.66}$$

Hierin sind F_D der Verdampfungskoeffizient ($F_D = 0,02$), F_K der Kondensationskoeffizient ($F_K = 0,01$) und f_G der nichtkondensierbare Gasmasseanteil (Anteil an gelöster Luft). Der Anteil nichtkondensierbaren Gases wird als konstant und im Voraus bekannt angenommen. Er charakterisiert die Fluidqualität (Reinheit). In der Herleitung wurde der volumetrische Anteil des nichtkondensierbaren Gases α_G vernachlässigt, da dieser minimal ist. In der Arbeit wird mit α der volumetrische Zweitphasenanteil als Summe aus Gas- und Dampfvolumenanteil bezeichnet. Eine Unterscheidung in die zwei Anteile ist nicht möglich, da beide mit den Stoffdaten von Luft parametriert sind.

Das bisher in *FLUENT* implementierte Singhal-Modell wurde in der jüngsten Vergangenheit durch das Schnerr-Sauer- sowie das Zwart-Gerber-Belamri-Modell verdrängt, da sich in der Praxis herausstellte, dass die Lösung der Dampftransportgleichung auf Basis des Dampfmasseanteils (Singhal) weniger robust im Vergleich zu Modellen auf Basis des volumetrischen Dampfanteils ist (Schnerr-Sauer, Zwart-Gerber-Belamri). Der Vorteil des Singhal-Modells ist die Möglichkeit der Modellierung der Blasen und des nichtkondensierbaren Gasmasseanteils als kompressibles Medium. Die beiden anderen Kavitationsmodelle berücksichtigen keinen nichtkondensierbaren Gasmasseanteil.

Wie oben angegeben, liegen eine Vielzahl an Einflussfaktoren auf die Kavitation vor, deren Physik teilweise noch nicht verstanden wurde. Trotz der Fortschritte bei der Berechnung von Kavitationsvorgängen können daher einige physikalische Einflüsse, wie mechanisches Nichtgleichgewicht zwischen den Phasen, Turbulenzeffekte in den homogenen Phasen und thermodynamische Nichtgleichgewichte während der Blasenbildung und -kondensation in Ermangelung adäquater physikalischer Modelle noch nicht ausreichend erfasst werden. Die Kavitationsmodelle basieren auf den Überlegungen an einer Einzelblase. Bei technischen Strömungen treten jedoch Wechselwirkungen unter den Blasen auf. Während die Wirkung einer kollabierenden Einzelblase sehr gut vorhersagbar ist, kann die Kavitationsintensität einer Kavitationszone bisher nur qualitativ beschrieben werden. In den Modellen sind empirisch gefundene Konstanten bezüglich der Kondensations- und Verdampfungsrate implementiert, die in aller Regel für das Medium Wasser parametriert wurden. Die Berechnung der Druckstoßbildung und Ausbreitung in kompressiblen Zweiphasenströmungen als Folge der kollapsartigen Kondensation des Dampfes stellt hohe numerische Anforderungen. Druckstöße als Folge von Einzelblasenimplosionen können nicht berücksichtigt werden. Mineralölspezifische Flüssigkeitseigenschaften, wie das besonders hohe Luftlösevermögen, die Additivierung mit Entschäumern bzw. Wasser in Öl sind derzeit numerisch nicht angemessen beschreibbar. Die physikalisch basierte Modellierung weiterer Kavitationsmechanismen liegt daher im Fokus aktueller Grundlagenforschung.

A.4.3 Theorie ausgewählter Turbulenzmodelle

Turbulente Strömungsvorgänge sind durch einen hohen Impulsaustausch quer zur Strömungsrichtung und durch unregelmäßige, hochfrequente zeitliche und räumliche Schwankungen der Strömungsgrößen gekennzeichnet. Turbulenzballen in der mittleren Strömung geben ihre Energie an die nächst kleineren Ordnungen von Turbulenzwirbeln ab. Umgekehrt proportional zur Größe des Wirbels steigt der Einfluss der Zähigkeit und somit die Dissipationsrate, d. h. die Umwandlung von mechanischer Energie in Wärme. Um die Schwankungsgrößen turbulenter Strömungen numerisch aufzulösen, ist eine sehr feine Diskretisierung von Raum und Zeit notwendig. Die zeitliche Diskretisierung muss kleiner als die Dauer der kürzesten turbulenten Schwankung sein, die räumliche Auflösung kleiner als der kleinste auftretende Wirbel. Diese direkte numerische Simulation (DNS) erfordert eine extrem hohe Rechenleistung und -zeit, die zudem mit steigender Reynolds-Zahl exponentiell steigt. Bei der Grobstruktursimulation (LES / DES) werden die großskaligen Turbulenzstrukturen direkt berechnet und die kleinskaligen modelliert. Da LES ebenfalls sehr rechenintensiv ist, hat sich in der Praxis die statistische Turbulenzmodellierung auf Basis der RANS-Gleichungen etabliert. Hier wird nicht der Ansatz der zeitlichen und räumlichen Auflösung der Turbulenz verfolgt, sondern Turbulenz durch Modelle vereinfacht beschrieben.

A Anhang

Zur Klassifizierung der Strömung in laminar oder turbulent wird die Reynolds-Zahl benutzt. Der Umschlag der laminaren in eine turbulente Strömung ist vom Strömungsvorgang abhängig. Die Reynolds-Zahl beschreibt das Verhältnis der an einem Strömungsteilchen angreifenden Trägheitskräfte zu Zähigkeitskräften und lautet:

$$Re = \frac{w \cdot l}{v}. \quad (A.67)$$

Unter statistischen Turbulenzmodellen wird die Modellierung mit Hilfe der RANS-Gleichungen (Reynolds-averaged Navier-Stokes) verstanden. Die statistische Turbulenzmodellierung basiert auf dem Ansatz, eine Strömungsgröße durch Ihren Mittelwert ($\bar{w}$) und ihre Fluktuation (Schwankung w') zu beschreiben. Dabei gilt, dass der Mittelwert der turbulenten Fluktuationen zu Null wird. Im Unterschied dazu sind bei einer laminaren Strömung die Momentanwerte einer Strömungsgröße zu jedem Zeitpunkt gleich der Mittelwerte.

$$w(x_i,t) = \bar{w}(x_i,t) + w'(x_i,t) \quad (A.68)$$

Werden nun die vier unbekannten Strömungsgrößen (Annahme: inkompressibel und rotationsfrei) w_i und p als Summe des Mittel- und Schwankungswertes eingesetzt, erhält man die zeitlich gemittelten Navier-Stokes-Gleichungen (RANS).

$$\frac{\partial \bar{w}_i}{\partial x_i} = 0 \quad (A.69)$$

$$\frac{\partial}{\partial t}(\rho \bar{w}_i) + \frac{\partial}{\partial x_j}\left[\rho \bar{w}_i \bar{w}_j + \rho \overline{w'_i w'_j} - \mu \left(\frac{\partial \bar{w}_i}{\partial x_j} + \frac{\partial \bar{w}_j}{\partial x_i}\right)\right] + \frac{\partial \bar{p}}{\partial x_i} = \rho f_i \quad (A.70)$$

Hierbei entsteht ein Term $\rho \overline{w'_i w'_j}$, der die von der Turbulenz verursachte scheinbare Spannung darstellt. Der so genannte Reynolds-Spannungstensor $\rho \overline{w'_i w'_j}$ entsteht aufgrund des Impulsflusses der Geschwindigkeitsschwankungen einer turbulenten Strömung. Durch die zusätzlichen Unbekannten des Spannungstensors sind die Erhaltungsgleichungen nicht geschlossen lösbar, da diese mehr Unbekannte enthalten, als Gleichungen vorhanden sind. Dies wird in der Literatur oft als Schließungsproblem bezeichnet. Die Schließung der RANS-Gleichungen erfordert den Einsatz von Approximationen auf Basis gemittelter Größen und empirischer Parameter. Die statistische Turbulenzmodellierung hat somit die Aufgabe, ein Modell für den Reynolds-Spannungstensor bereitzustellen, um die RANS-Gleichungen lösen zu können. Die statistischen Turbulenzmodelle lassen sich in drei Gruppen einteilen. Dies sind mit zunehmender Komplexität die Nullgleichungs-, die Wirbelviskositäts- und die Reynolds-Spannungsmodelle. Die Beschreibung des gesamten Turbulenzspektrums durch einige wenige Größen führt zu einer erheblichen Reduzierung der Information, so dass turbulente Strömungen nur stark vereinfacht wiedergegeben werden. Das Spektrum an räumlichen Turbulenzstrukturen muss durch das Turbulenzmodell repräsentiert werden, wobei kleinskalige Strukturen verschwinden.

In dieser Arbeit liegt der Fokus auf den Wirbelviskositätsmodellen, bei denen zusätzliche Differentialgleichungen für geeignete Turbulenzgrößen aufgestellt werden. Die Wirbelviskositätsmodelle beruhen auf dem Ansatz von Boussinesq, der eine Analogie der molekularen und der turbulenten Spannungen vornimmt und somit den Reynolds-Spannungstensor wie folgt beschreibt:

$$\rho \overline{w'_i w'_j} = -2\mu_t S_{ij} + \frac{2}{3}\rho k \delta_{ij}, \quad (A.71)$$

mit der turbulenten kinetischen Energie k:

$$k = \frac{\overline{w'_i w'_i}}{2} \quad (A.72)$$

und dem Deformationsgeschwindigkeitstensor S_{ij}:

$$S_{ij} = \frac{1}{2}\left(\frac{\partial \overline{w}_i}{\partial x_j} + \frac{\partial \overline{w}_j}{\partial x_i}\right). \quad (A.73)$$

Die hier eingeführte turbulente bzw. Wirbelviskosität μ_t ist eine von der Strömung abhängige Größe, die nun als einzige Unbekannte zu bestimmen ist. Ein Nachteil dieser Methode ist die angenommene Isotropie der turbulenten Schwankungen (Richtungsunabhängigkeit), wie sie in technischen Strömungen nicht vorhanden ist. Dennoch werden diese Modelle in der Praxis am häufigsten eingesetzt, da sie die physikalischen Eigenschaften vieler Strömungsprobleme hinreichend genau beschreiben und numerisch stabil sind. Nachfolgend werden kurz die in dieser Arbeit angewendeten Zweigleichungsmodelle beschrieben. Den Modellen liegen verschiedene Transportgleichungsmodelle für die Turbulenzeigenschaften zu Grunde /P4/.

Standard k-ε Modell (SKE)

Das Standard k-ε Modell gilt nur für voll turbulente Strömungen. Es ist durch seine Stabilität und sein großes Einsatzspektrum eines der meist angewendeten Turbulenzmodelle. Die Wirbelviskosität μ_t wird dabei mit Hilfe einer empirisch ermittelten Konstante C_μ, der turbulenten kinetischen Energie k und deren Dissipationsrate ε berechnet:

$$\mu_t = C_\mu \rho \frac{k^2}{\varepsilon} \quad \text{mit} \quad \varepsilon = \frac{\mu}{\rho} \overline{\frac{\partial w'_i}{\partial x_j}\frac{\partial w'_i}{\partial x_j}}. \quad (A.74)$$

A Anhang

Für k und ε werden Transportgleichungen aufgestellt, in denen neue Terme, wie z. B. die Produktionsrate der turbulenten kinetischen Energie, die Prandtl-Zahl usw. auftreten. Die Annahme der Isotropie der turbulenten Viskosität führt allgemein zu einer erhöhten Produktionsrate der kinetischen Energie und somit zu überhöhten Turbulenzenergien. Das bedeutet, dass Strömungen mit starken Stromlinienkrümmungen, großen Rotationseffekten, plötzlichen Querschnittsänderungen oder Ablösungsgebieten nicht realistisch erfasst werden, Eigenschaften, die in hydraulischen Strömungen jedoch generell vorhanden sind. In *FLUENT* sind daher modifizierte k-ε Modelle implementiert. Der Unterschied liegt in der Berechnung der turbulenten Viskosität, der turbulenten Diffusion und dem generierenden und destruktiven Term in der ε Gleichung.

Realizable k-ε Modell (RKE)

Dieses Modell basiert auf der Grundidee, die physikalischen Eigenschaften der turbulenten Strömungen auch für große Beschleunigungsraten beizubehalten. Das Standard k-ε Modell erzeugt in diesem Fall negative turbulente Normalspannungen und somit zu hohe Produktionsraten von k. Um das zu verhindern, wird beim realizable k-ε Modell der Faktor C_μ zu einer abhängigen Größe. Zudem ist die Transportgleichung von ε modifiziert. Beim Standard k-ε-Modell werden die Terme der Transportgleichungen für die turbulente kinetische Energie und deren Dissipation für eine voll turbulente Strömung mit hoher Re-Zahl modelliert. Deshalb ist dieses Modell in den Regionen, in denen viskose Effekte gegenüber turbulenten Spannungen dominieren, nicht gültig. Im RKE-Modell existiert daher folgende Erweiterung: Die Gleichungen in der Grenzschicht werden unter Verwendung von Dämpfungsfunktionen gelöst (Low-Re-Modelle). Diese Dämpfungsfunktionen werden in Abhängigkeit vom dimensionslosen Wandabstand y^+ und einer turbulenten Reynolds-Zahl Re_t angegeben.

$$y^+ = \frac{y}{v}\sqrt{\frac{\tau_w}{\rho}} \qquad (A.75)$$

$$Re_t = \frac{k^2}{v\varepsilon} \qquad (A.76)$$

k-ω Modell (SKW)

Hierbei werden die Transportgleichungen für die kinetische Energie und für die spezifische turbulente Dissipationsrate $\omega = \varepsilon/k$ (inverses Zeitmaß) modelliert. Im Vergleich zu den k-ε Modellen ergibt sich eine Verbesserung bei der Behandlung der wandnahen Strömungen. Der Nachteil ist die starke Abhängigkeit der turbulenten Viskosität von den Randbedingungen für ω in der freien Strömung. Das k-ω Modell beinhaltet Modifikationen für Strömungen kleiner Reynolds-Zahlen, bei denen die turbulente Viskosität μ_t durch einen feldabhängigen Dämpfungskoeffizienten reduziert wird.

k-ω SST-Modell (Shear Stress Transport SST)

Das k-ω SST-Modell entstand aus der Idee, sowohl die Vorteile des Standard k-ε Modells, das „gute" Eigenschaften in der Berechnung der Kernströmung (wandfern, geringe Stromlinienkrümmung, mittlerer Druckgradient) aufweist, als auch die Vorteile des Standard k-ω Modells, welches die Strömung in der Nähe der Wände (große Stromlinienkrümmung, großer Druckgradient) gut beschreibt, miteinander zu verbinden. Dabei werden die Transportgleichungen von k und ω mit einer (Blending-)Funktion multipliziert. Diese Funktion aktiviert in wandnahen Regionen das k-ω Modell und schaltet in der freien Strömung auf das transformierte k-ε Modell um. Eine Erweiterung mit der Transportgleichung der turbulenten Schubspannung dient der verbesserten Beschreibung bei ungünstigen Druckgradienten.

Bewertung der Turbulenzmodelle

Für alle Turbulenzmodelle ist eine ausreichend hohe Gitterauflösung bis unmittelbar zur Wand zu beachten, um die Wandgrenzschicht bis in die viskose Unterschicht aufzulösen, insofern auf Wandfunktionen verzichtet wird. Bei gitterauflösenden Ansätzen bis zur Wand sollten der dimensionslose Wandabstand des ersten Knotens $y^+ = 1$ betragen und mindestens 10 Zellen zwischen der Wand, viskoser Unterschicht und dem sich anschließenden Überlappungsbereich (logarithmisches Wandgesetz) der turbulenten Grenzschicht liegen, um die steilen Gradienten in der Verteilung der Geschwindigkeit, vor allem jedoch der Turbulenzgrößen, ausreichend numerisch aufzulösen. Bei Strömungen mit stark anisotroper Turbulenz, mit komplexen Geschwindigkeitsfeldern oder mit starkem Einfluss der Rotation stoßen diese Modelle an ihre Grenzen. Turbulenz ist in einphasigen Strömungen durch eine große Bandbreite von Längen- und Zeitskalen der Strömungswirbel charakterisiert. In mehrphasigen Strömungen vervielfachen sich diese Skalen aufgrund der Vielfalt der möglichen Phasenverteilungen. In dispersen Zweiphasenströmungen können die Blasenbewegungen zur Anfachung oder Dämpfung der Turbulenz auf allen Längenskalen energietragender Wirbel führen. Das Gebiet der Turbulenzmodellierung wie auch das Gebiet der Mehrphasenmodellierung unter besonderer Berücksichtigung von Kavitation werden auch in absehbarer Zeit nicht abschließend zu behandeln sein. Für tiefere Einblicke bieten sich /F1, F8, F10, S5/ an.